海上风电工程施工技术

中国电建集团华东勘测设计研究院有限公司
浙江华东工程咨询有限公司　　　　　编著
浙江大学

中国建筑工业出版社

图书在版编目（CIP）数据

海上风电工程施工技术 / 中国电建集团华东勘测设计研究院有限公司，浙江华东工程咨询有限公司，浙江大学编著. — 北京：中国建筑工业出版社，2024.1

ISBN 978-7-112-29543-2

Ⅰ. ①海⋯ Ⅱ. ①中⋯ ②浙⋯ ③浙⋯ Ⅲ. ①海上-风力发电-电力工程-工程施工 Ⅳ. ①TM62

中国国家版本馆 CIP 数据核字（2023）第 253796 号

全书共分为 10 章，内容涵盖绪论、海上风电机组基础施工技术、海上风电机组安装施工技术、海上升压站施工技术、海缆敷设施工技术、陆上站工程施工技术、海上防冲刷保护施工技术、调试及倒送电技术、海上风电工程数字智慧化技术、海上风电工程施工技术发展展望等内容。

本书可为从事海上风电产业相关工程师、管理人员、研究人员提供参考，也适合作为高等院校新能源专业师生的参考书。

本书未特别注明的，单位统一为 mm。

责任编辑：徐仲莉　张　磊
责任校对：芦欣甜

海上风电工程施工技术

中国电建集团华东勘测设计研究院有限公司
浙江华东工程咨询有限公司　　　　　　　编著
浙江大学

*

中国建筑工业出版社出版、发行（北京海淀三里河路 9 号）
各地新华书店、建筑书店经销
北京鸿文瀚海文化传媒有限公司制版
建工社（河北）印刷有限公司印刷

*

开本：787 毫米×1092 毫米　1/16　印张：20½　字数：510 千字
2024 年 1 月第一版　　2024 年 1 月第一次印刷
定价：**90.00** 元
ISBN 978-7-112-29543-2
（42095）

本书编写委员会

中国电建集团华东勘测设计研究院有限公司
浙江华东工程咨询有限公司　　　　　　　　编著
浙江大学

主　　编：叶锦锋　李海林　郭　晨

副主编：骆光杰　陈大江　奚灵智　沈佳轶

编写组：洪华斌　许海波　张　强　周晓天
　　　　　王忠锋　阮　建　陈凤云　孙焕锋
　　　　　徐锡斌　许　亮　侯斯嘉　俞建强
　　　　　黄　昱

前　言

能源是经济社会发展的重要物质基础，能源安全与绿色可持续发展是当今全人类的重大问题。为有效应对全球气候变化并促进能源结构的健康发展，我国自 2020 年开始提出碳达峰碳中和的"双碳"目标，明确了加快构建清洁低碳安全高效的能源体系。大力发展新能源是构建清洁低碳安全高效的能源体系重要内容。海上风能资源丰富，能量密度高，环境影响小，已成为我国新能源发展的重要支撑。2022 年，我国海上风电累计装机已超3000 万 kW，连续两年位居全球首位。根据国家《"十四五"可再生能源发展规划》，"十四五"期间我国沿海省份的海上风电得到大力发展，海上风电行业将会继续得到蓬勃发展。

我国自 2007 年开始探索海上风电技术，经历了龙源如东海上（潮间带）试验风电场和上海东海大桥 100 MW 海上风电示范项目的技术验证，积累了一定的技术及经验。2014年之后得益于技术的突破和政策的促进，我国海上风电事业得到快速发展，2021 年累计装机开始位居世界第一位。近十五年来，我国海上风电工程取得快速发展，施工技术和装备也取得长足的发展。由于海上风电工程不断向着深远海、大型化、集群化等方向发展，对海上风电施工装备和技术也提出新的挑战。为了保障海上风电产业健康发展，提高海上风电工程施工能力，需要对海上风电施工的关键技术进行全面系统总结。

中国电建集团华东勘测设计研究院有限公司（以下简称华东院）是我国海上风电工程建设的努力践行者，自 2005 年积极投身于工程规划、勘测、设计、EPC、工程数字化、智慧化升级和项目管理中，已成长为行业最有影响力的优势企业。截至目前，共计承接 22个海上风电 EPC 总包项目，地理区域分布主要集中在渤海、黄海、南海、东海海域，合作的发电企业主要有东台双创新能源开发有限公司、国家能源投资集团有限责任公司、中国华能集团有限公司、山东能源集团有限公司、浙江省能源集团有限公司、国家电力投资集团公司、广东省能源集团有限公司、中国国电集团有限公司、江苏交通控股有限公司、协鑫（集团）控股有限公司、中国船舶重工集团有限公司、广西投资集团有限公司、中国三峡新能源（集团）股份有限公司等，总装机容量 8152MW。华东院通过总结自身在海上风电工程施工技术经验编著了本书。

本项目得到中国电建集团重点科研项目的支持，编写过程中得到华东院设计团队的技术支持。感谢山东能源渤中海上风电 B 场址工程 EPC 总承包项目在项目调研、资料汇编以及经费方面的支持。感谢江苏竹根沙（H2♯）300MW 海上风电项目 EPC 总承包项目、江苏启东海上风电 H1、H2、H3 项目 EPC 总承包项目、江苏如东 H5♯海上风电场工程 EPC 总承包项目、国家电投江苏如东 H4♯、H7♯海上风电场项目 EPC 总承包项目、协鑫如东 H13♯、H15♯海上风电场工程 EPC 总承包项目、中船重工大连市庄河海域海上风电场址 Ⅱ（300MW）EPC 总承包项目、华能大连市庄河海上风电场址 Ⅳ1（350MW）总承包项目、华能大连市庄河海上风电场址 Ⅳ2（200MW）总承包项目、浙能台州 1 号海上风电总承包项目、国电象山 1 号二期海上风电场总承包项目、广西防城港海上风电 A 场址总承包项目、国能龙源射阳 100 万 kW 海上风电项目 EPC 总承包项目、越南平大（Binh Dai）310MW 海上风电总承包项目等项目提供的翔实的工程资料。特别感谢山东渤海二号风电有限公司、广投北部湾海风公司、国家能源集团江苏射阳新能源有限公司、东台双创新能源开发有限公司、苏交控如东海上风力发电有限公司、国电象山海上风电有限公司、浙江浙能临海海上风力发电有限公司、大连船舶海装新能源有限公司、华能（庄河）风力发电有限责任公司以及相关单位为本书编著提供的工程资料和建议。

本书将海上风电场施工技术的基本方法、技术要求和适合于我国国情的海上风电工程案例相结合，基于我国在江苏、山东、辽宁、浙江、广东、广西、福建等海上风电项目的宝贵实践经验，系统阐述海上风电场建设各分项工程的施工方案及关键技术问题，具有很强的实用性。本书系统介绍了海上风电工程建设的相关施工技术。全书共分为 10 章，分别介绍了绪论、海上风电机组基础施工技术、海上风电机组安装施工技术、海上升压站施工技术、海缆敷设施工技术、陆上站工程施工技术、海上防冲刷保护施工技术、调试及倒送电技术、海上风电工程数字智慧化技术、海上风电工程施工技术发展展望等内容。本书将成为海上风电施工技术具有代表性的专著，对从事海上风电产业相关工程师、管理人员、研究人员具有一定的参考价值。

鉴于编者理论水平有限，书中难免存在一些纰漏与错误，真诚希望读者朋友提出宝贵意见。

编者

2023 年 8 月 30 日

目 录

第3章　海上风电机组安装施工技术 / 70

第4章 海上升压站施工技术 / 113

第5章 海缆敷设施工技术 / 157

第6章 陆上站工程施工技术 / 206

第7章 海上防冲刷保护施工技术 / 229

第8章 调试及倒送电技术 / 252

第9章 海上风电工程数字智慧化技术 / 281

第10章　海上风电工程施工技术发展展望 / 296

第1章　绪论 ·⋯·⋯·⋯

当前世界各国正采取措施减少温室气体排放，来应对全球气候变暖。中国于 2020 年提出了"3060""双碳"目标，"二氧化碳排放量力争于 2030 年达到峰值，努力争取 2060 年前实现碳中和"。为实现"3060""双碳"宏伟目标，需要大力发展新能源。我国海洋风力资源丰富，海上风电是构建清洁低碳安全高效能源体系的重要组成部分，"十四五"我国沿海省份出台了大力发展海上风电的规划，然而海上风电工程项目投资大，作业风险高，对工程施工提出严重考验。近些年，我国海上风电行业发展迅速，技术更迭快，为满足日益增长的海上风电工程建设需求，提高海上风电工程施工能力，促进行业健康发展，有必要对海上风电工程施工的关键技术进行系统总结。

1.1　海上风电发展概况

1.1.1　全球海上风电发展概况

1.1.1.1　全球海上风电装机容量

海上风电技术是推动能源变革和解决气候变迁的重要技术。1990 年，瑞典安装了第一台试验性的海上风电机组，单机容量为 220kW。1991 年，丹麦在波罗的海建成了世界上第一个海上风电场，拥有 11 台 450kW 的风电机组。2000 年，海上风电出现兆瓦级风电机组，初步具备了商业化价值。2002 年，丹麦在北海海域建成了世界上第一座大型海上风电场，共安装了 80 台 2MW 风电机组，海上风电开始了产业化进程。随后，瑞典、德国、英国、法国、比利时等欧洲国家陆续开展海上风电场建设。从 20 世纪 90 年代初期欧洲开始，历经三十多年的发展，世界范围内的海洋风力发电已经有了长足的进步。除了欧洲传统的海上风电大国持续领先之外，其他国家，例如中国、美国、日本等，也成为海上风电新兴市场。《全球风能报告 2022》显示，2021 年全球海上风力发电新增装机容量为 21.1GW，海上风电累计装机总量已达到 57.2 GW，如图 1.1-1 所示。2021 年新增装机容量和累计装机总量分别是 2012 年的 17.6 倍和 10.5 倍。

从地区分布来看，中国已成为全球风电累计装机容量最大的地区，达到 47%。欧洲依然是最大的海上风电市场，其装机容量在世界范围内已累计安装 50.4%，如图 1.1-2 所示。

1.1.1.2　未来发展趋势

《全球风能报告 2022》预测了全球主要海上风电市场在今后 10 年内新增装机容量和累计装机量，如图 1.1-3 所示。到 2026 年，世界上的海上风力发电装机将以 6.3% 的速度增长，2026—2031 年将达到 13.9%；预计到 2027 年，新增装机容量将突破 30GW，到 2030 年将突破 50GW。

1

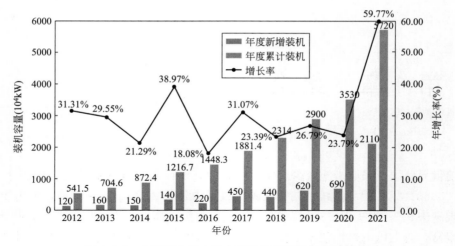

图 1.1-1 全球海上风力发电新增装机容量及年增长率

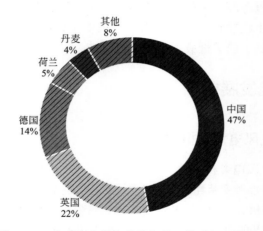

图 1.1-2 全球海上风电总装机量（截至 2021 年底）

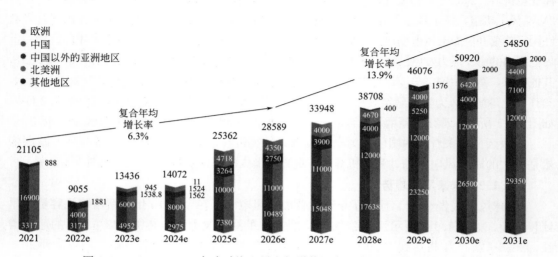

图 1.1-3 2022—2031 年全球海上风电新增装机容量走势预测（单位：MW）

此外，据世界风力发电委员会预测，2022—2031 年，全世界将新增 315GW 以上的风力发电量。虽然亚洲在 2022 年超过欧洲，成为世界上最大的风力发电市场，欧洲将持续提高海上风电的年度装机容量，北美洲在 2031 年将继续保持世界第三大风力发电市场，紧随大洋洲及拉丁美洲。到 2025 年，北美洲的贡献率将会不断增加。2022—2031 年间，以巴西为主体的拉丁美洲和主要是澳大利亚的大洋洲不大可能有更多的装机容量。

1.1.2 我国海上风电发展概况

1.1.2.1 我国海上风电现状

1. 海上风电装机量

我国海域辽阔、海岸线漫长、滩涂广布、港湾优越、海岛众多，海洋新能源资源禀赋优越，发展海上风电产业具备良好的基础，但是相较于欧洲各国我国海上风电起步较晚。2007 年，中国海洋石油公司在渤海湾绥中 36-1 油田建成投产，成为中国第一个海上风电机组；2010 年，龙源如东海洋（潮间带）第一个试点风电场在中国首个海洋潮间带风电示范工程竣工；2010 年，上海东海大桥建设了中国第一座大型海上风电场示范工程，总装机 100MW，总风机 34 台。近年来，我国海上风电产业蓬勃发展，成为推动全国海洋经济增长的新动能。2010—2022 年我国海上风电并网装机情况，如图 1.1-4 所示。2023 年 1月，国家能源局发布的 2022 年全国电力工业统计数据显示，截至 2022 年底，海上风电累计装机容量达 30.46GW，相较于 2021 年海上风电新增 16.90GW 的历史最高纪录，2022年中国海上风电新增装机容量只有 4.07GW，新增装机容量较上年减少约 75％。这主要是 2021 年"抢装潮"大幅透支建设需求，以及疫情反复导致的施工进度推迟等多方面因素叠加造成的。此外，虽然广东、山东、浙江、上海等省市陆续推出地方财政补贴政策用以缓解中央财政补贴退坡带来的影响，但是从补贴力度来看，地方财政补贴要远低于中央财政补贴水平。因此，2022 年海上风电行业经历了短暂的周期性业绩下滑。

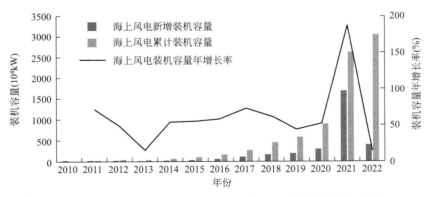

图 1.1-4 2010—2022 年我国海上风电新增、累计并网装机情况

2. 我国海上风电场的分布

我国海上风电主要分布在江苏、福建、浙江、广东、上海、海南、山东 7 个省市海域。这些地区是我国最大的风能资源区，我国部分海上风电场信息，如表 1.1-1 所示。国家发展和改革委员会、海洋局、科技部以及沿海地方政府为促进该产业发展制定了越来越

明确的规划和促进政策。合理高效地开发和利用海上风力资源，加速海上风电的发展，将有利于优化我国能源消费结构，促进经济发展与转型。

我国部分海上风电场信息（截至 2021 年底）　　　　　　表 1.1-1

地区	风电场名称	所在市（区、县）	装机容量（单机容量）（MW）
上海	东海大桥风电场	上海	102(3)
	南汇大型海上风电	上海	201
	奉贤大型海上风电	上海	300
江苏	龙源蒋沙湾风电场	盐城	300(4)
	三峡大丰海上风电	盐城	300.75(3.3,6.45)
	如东 800WM	南通	800(4)
	东台五期	盐城	200(4)
	滨海南 H3♯	盐城	300(4)
	射阳 H2♯30 万 kW 海上风电	盐城	300(4.5)
	射阳海上南区 H1♯30 万 kW 风电	盐城	300(4,5)
	华威启东 H1,H2 海上风电场	南通	500(4,6.45)
	华能灌云海上风电华能集团	连云港	300(6.45)
	江苏如东 H14♯海上风电	南通	200(4)
	华能大丰二期 10 万 kW 海上风电	盐城	100(2.5)
	华能盛东如东海上风电	南通	400(5)
浙江	浙能嘉兴 1♯海上风电场	嘉兴	300(4)
	玉环海上风电	台州	301(7)
	岱山 4♯海上风电扩建	舟山	18(4.5)
	嵊泗 5♯,6♯海上风电	嵊泗	282(6.25)
	华润电力苍南 1♯海上风电	苍南	400(10)
福建	平潭大练 300MW 海上风电	平潭	300(6)
	福清海坛海峡 300MW 海上风电场	福清	300(6)
	平潭长江澳 185MW 海上风电	平潭	185(5)
	平海湾海上风电场 F 区	莆田	200(5)
	平海湾海上风电一期项目（第一部分）	莆田	264(6)
	平海湾海上风电一期项目（第二部分）	莆田	50(5)
	平海湾海上风电	莆田	300(7)
广东	珠海桂山海上风电	珠海	111(3)
	阳西沙扒一二期海上风电	阳江	301(7)
	湛江外罗海上风电二期项目	湛江	200(6.25)
	珠海金湾海上风电场	珠海	300(5.5)
	阳江南鹏岛海上风电	阳江	400(5.5)
海南	文昌海上风电场	文昌	300(6)
山东	烟台海阳海上风电	烟台	301.6(5.2)
	山东半岛南 4♯海上风电	山东半岛	300(5.2)

3. 海上风电机型

在机型选择方面,当前主流整机厂商的小兆瓦机型大多采用双馈异步风电机组的技术路线。在大兆瓦机型技术路线选择上,明阳智能与维斯塔斯选择了体积更小、效率更高且便于运输的半直驱永磁路线;直驱永磁路线因发电效率高、维护运行成本低、并网性能好等优点,受到金风科技和西门子等整机厂商的青睐。半直驱永磁同步风电机组对轴承、齿轮箱的制造工艺要求相对较低,发电机转速较高,机组整体结构紧凑、体积小,有利于运输和吊装,与我国海上风电发展情况更契合。国内海风机型及单机规模发展路线,如图 1.1-5 所示。

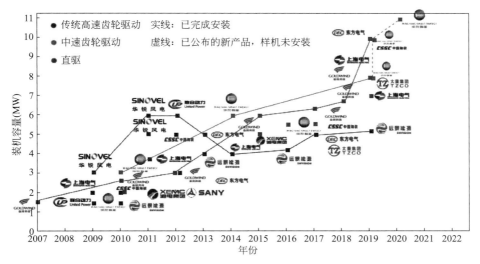

图 1.1-5　2007—2022 年国内制造商海上风电机型及单机规模发展路线示意图

在机型功率方面,2015 年我国海上风电新增装机的平均单机功率为 3.6MW。2021 年,我国海上风电新增装机的平均单机功率为 5.6MW。新增海风机机组逐年平均单机功率如图 1.1-6 所示。

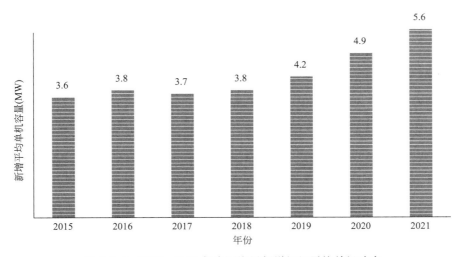

图 1.1-6　2015—2021 年全国海风新增机组平均单机功率

4. 风机叶轮直径

随着风电机组功率的增加，风机叶片尺寸也逐步增长。图1.1-7给出了2010—2021年辽宁、江苏、上海、浙江、福建和广东地区新增风电机组叶轮直径的变化情况。新增装机的机组平均叶轮直径已由2010年的78m增加到2021年的151m。截至2021年，海上风电机组风轮直径最大可达230m，新增风电机组平均风轮直径达到151m，较2020年增加15m。

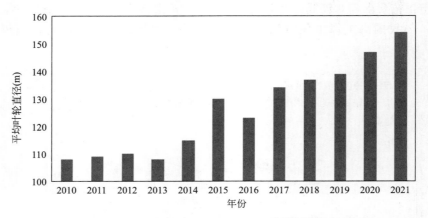

图1.1-7　2010—2021年新增风电机组平均叶轮直径变化

5. 基础结构类型分析

目前，海上风机的主要基础类型有单桩基础、多桩基础、导管架基础、吸力筒式基础、重力式基础。辽宁、江苏、福建、广东地区海上风机基础类型的统计数据，如图1.1-8所示。

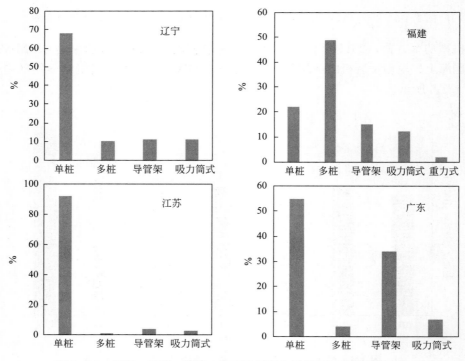

图1.1-8　辽宁、江苏、福建、广东地区海上风机基础类型及其占比

对比分析显示，海上风电场最为广泛采用的基础类型是单桩基础，其次为多桩基础和导管架基础，吸力筒式基础的应用相对较少；重力式基础应用较少，仅在福建海域适用，且比例仅为 2%。辽宁、江苏、广东海上风电主要采用单桩基础，其比例分别为 68%、92%、55%；福建海域主要采用多桩基础，占比 49%，其次为单桩基础和导管架基础，分别占比 22% 和 15%。由于东海和南海平均水深较深，导管架基础适合安装在水深大于 20m 的海域，因此导管架基础在广东和福建两省占比较高，分别占比为 34% 和 15%。此外，中国首座深远海浮式风电平台"海油观澜号"于 2023 年 5 月并入文昌油田群电网，正式为海上油气田输送电力。

1.1.2.2　我国海上风电规划

中国拥有漫长的海岸线，拥有广阔的可利用海域，具有充分的海洋风力发电开发潜力，因此，在"3060""双碳"目标的实施下，发展海洋风力发电成为中国发展新能源体系的必然趋势。"十四五"期间我国部分省份海上风电发展规划，如表 1.1-2 所示。山东省规划到 2025 年，海上风电工程开工 1000×10^4 MW，投运 500×10^4 MW，并重点建设山东半岛千万千瓦级海上风电基地。浙江省规划到"十四五"末，新增海上风电装机 455×10^4 kW 以上。广东省规划到 2025 年底，累计建成投产装机容量达到 1800×10^4 MW 以上。江苏省对海上风电市场的布局较早，规划"十四五"期间海上风电项目场址 28 个，规模 1800×10^4 MW。辽宁省规划到 2025 年，海上风电累计并网装机容量达到 4050×10^4 MW。相较上述省份，海南省和福建省的海上风电市场开发潜力更大。福建省的海上风电资源优异，但海底建设条件不佳，因而导致目前发展进度也不及预期，福建省提出在"十四五"期间规划开发 5000×10^4 MW 海上风电项目。海南省提出在"十四五"期间规划海上风电项目场址 11 个，总装机容量为 1230×10^4 MW，并计划打造千亿元级海上风电产业集群。预计随着施工技术不断升级，未来海南省与福建省必将加快海上风电建设节奏，装机需求有望在短期内集中释放。

"十四五"我国部分省份海上风电发展规划　　　　　　　　表 1.1-2

省份	政策名称	海上风电政策
山东	《山东省可再生能源发展"十四五"规划》	到 2025 年，海上风电开工 1000×10^4 MW，投运 500×10^4 MW
浙江	《浙江省可再生能源发展"十四五"规划》	到"十四五"末，新增海上风电装机 455×10^4 MW 以上
江苏	《江苏省"十四五"海上风电规划环境影响评价第二次公示》	规划"十四五"期间海上风电项目场址 28 个，规模 1800×10^4 MW
广东	《广东省海洋经济发展"十四五"规划》	到 2025 年底，累计建成投产装机容量达到 1800×10^4 MW 以上
福建	《加快建设"海上福建"推进海洋经济高质量发展三年行动方案（2021—2023 年）》	规划开发 5000×10^4 MW 海上风电项目
海南	《海南省"十四五"能源发展规划》	"十四五"期间规划海上风电项目场址 11 个，总装机容量 1230×10^4 MW，并计划打造千亿元级海上风电产业集群
辽宁	《辽宁省"十四五"海洋经济发展规划》	到 2025 年，海上风电累计并网装机容量达到 4050×10^4 MW

1.1.2.3 我国海上风电发展特点

1. 生产规模大型化

装机容量大型化是降低企业生产成本的一个关键举措，也成为海上风电产业发展的主要趋势。欧洲国家装机容量从 10 年前的 4MW 到现在研发设计的样机的单机功率 15～20MW。我国由于产业发展的历史不长，与大规模相匹配的生产技术还不够成熟，目前我国海上风电的主流机型为 8～10MW。

2. 风场区域深远海化

风场区域深远海化既是风能资源的丰富特点所决定的，也是海上风电场规模大型化对作业空间的刚性要求。而深远海化的区域远近程度是与技术水平息息相关的。依据欧洲经验，2019 年已经达到了离岸 59km、33m 水深。英国、德国更是具有离岸 100km 的能力。因此，优化产业布局、加强深远海浮式风机开发技术研究是我国当前海上风电产业战略方向。

3. 产业布局集群化

我国海上风电资源在沿海地区分布不均，而支撑海上风电产业集群化发展的相关资源各地也各有差异。江苏、山东、浙江、广东、广西等省区均逐步组建了海上风电产业园。各沿海地区急需依据各自资源禀赋，加快通过政策引导，促进其在物理空间上形成独具特色的海上风电产业集群，形成产学研用协作网络，形成研发、设计、生产、运维、销售协作网络，对外实现高水平开放，最终形成跨区域协作、跨国际协作的综合协作网络和世界级产业集群。

4. 产业发展智能化

海洋风力发电工业必须通过科技与模式的革新，通过新的技术与业务，如数码、区块链、机器人系统、3D 打印、存储及移动技术，来推动能源工业的革命性变化。一是通过智能设备如无人机、无人船、水下机器人等，降低设备选址和风场的试错费用。二是通过提高设备的智能化，提高设备在生产和运营期间的安全操作数据的采集与监测，保证生产的稳定。三是采用智能施工，实现无人作业，提高安装精度，降低安装工人的安全隐患。四是提高运维设备的智能化程度，提高对设备寿命的准确判断。五是储能的智能化，保证储能与应用的多样性。基于检测机器人，对风力发电厂的运行状态、寿命状况进行全面的监测，并给出故障报警、故障诊断等。

1.2 海上风电工程简介

海上风电场一般由基础工程、风电机组、海上升压站、集电线路及陆上集控中心等部分组成。其中风力发电机组通过塔筒连接基础，其所发的电力，需要通过场内集电线路输送到海上升压站，将电压等级提升后通过送出线路送往陆上集控中心并送入当地电网。

1.2.1 基础工程

海上风电常用的基础包含：单桩、高桩承台、导管架、吸力筒式、重力式和浮式基础等。单桩基础一般采用钢管桩，是海上风电机组最简单的基础结构形式，特别适用于浅水及中等水深且具有较好持力层的海域，设计与施工成熟，应用广泛。高桩承台基础是指由若干根桩和位于水面以上的承台所组成的桩基础结构，桩一般采用钢管桩，承台多用钢筋混凝土制成，具有承载力高、沉降量小而较均匀的特点。导管架基础是一种格构式结构，由桩和导管架组成，导管架与钢管桩通过高强度灌浆材料连接后固定在海底。导管架基础空间整体性好，抵抗倾覆弯矩能力强，同时刚度大，变形易控制。吸力筒基础是一种底部敞开、上端封闭、大直径、薄壳体的新型地基，具有安装简单、无须打桩施工、安装速度快、无噪声污染、施工费用低等特点。重力式基础主要靠重力及内部压载保持稳定，支撑整个风电机组，是海上风电机组基础中体积和重力最大的基础形式。重力式基础一般为水下安装的预制结构，自身重力大，对海床浅部土层的承载力要求较高。浮式基础通过系泊系统与海床相连，依靠海水的浮力支撑风电机组，靠重力、锚链拉力和浮力的平衡抵抗荷载、维持稳定。浮式基础具有较好的机动性能，能够进行整体拖航及安装，施工方便。

1.2.2　风电机组

风电机组主要包括：风轮、传动机构、调速和限速机构、机座回转体、调向机构、塔筒等。各部分的功能简介如下：风轮是风力发电机组的能量转换装置，利用风轮的转动，带动发电机发电，主要由叶片、叶柄、轮级三部分组成。传动机构是介于风轮与发电机之间的变速机构，其作用是改变传动方向和速度。调速和限速机构可以保证风轮安全可靠地运转，并使风轮在一个限定的转速范围内工作。常见的调速机构有离心变矩、风轮侧偏、机头侧仰、气动阻尼、风轮偏心、配重尾翼等形式。机座回转体的作用是支撑整个机头，并使其在塔架上端自由回转。调向机构是使风轮叶面总保持与来风处于垂直状态，以实现最大的功率输出。塔筒是风电机组的重要结构，起到连接机舱和基础的作用。

1.2.3　海上升压站

海上升压站作为海上风电场的电能汇集中心，是海上风电场输变电的关键设施。海上升压站由上部组块和下部基础组成。上部组块外形尺寸大、重量大，内部结构复杂，安装有大量电气设备。下部基础承受上部组块的荷载，主要有导管架基础和高桩承台基础。导管架基础通常采用钢结构，制作完成后，将其运送至作业海域进行沉放作业，然后用钢桩穿过导管插入海底，再往桩基和管道之间的空隙注入水泥，形成桩—导管基础。高桩承台基础由群桩和承台组成。承台一般为钢筋混凝土结构，把承台及其上部荷载均匀地传到桩上。桩基常采用钢管桩，呈轴对称布置，外围桩一般为抗浪、水流荷载，中间采用填塞或成形的方式连接，整体向内倾斜有一定的角度。

1.2.4　集电线路

集电线路是汇集风机所发电量并输送至升压站的输电系统，海上风电场集电线路主要由送出海缆和区间海缆组成。集电线路的布置需要考虑风场的规模、风机单机容量、海缆电压等级、冗余度或可靠性要求、工程造价等各种因素。海上风电场的风电机组，一般通过 35/66kV 的区间海缆，集中到海上升压站，将电压提升到 220/500kV 通过送出电缆，然后送到岸上控制中心，然后并入当地的电网。因此，在海上风电项目中，区间电缆是电力传输的重要环节，送出电缆是整个风电场与陆地集控中心之间的唯一连接，也就是海上风电项目的主动脉。

1.2.5 陆上集控中心

陆上集控中心是指用于对海上风电场进行集中监控和控制的设施。陆上集控中心通过实时监测海上风电机组的运行状态、电力输出情况、风速、风向等参数，并进行数据分析和故障诊断，能够及时发现问题并采取相应的措施进行调度和维修。陆上集控中心还可以进行风电场的计划和调度管理，优化风电机组的发电效率，提高整个风电场的运行效率。通过远程控制和监测，可以减少人力资源的投入，提高风电场的可靠性和运行安全性。

1.3 海上风电工程施工技术简介

海上风电工程大量建设活动需要在海上完成，需要面临复杂多变的海洋环境，其施工特征为海上有效施工时间短、作业风险大、施工技术要求高等。我国近十年在海上风电施工技术领域取得了长足的发展，具备了海上风电工程勘测、设计、施工、运营全生命周期工程建设能力。海上风电工程建设相关的施工技术包括：海上风电基础施工、海上风电机组安装施工、海上升压站施工、海底电缆敷设施工、陆上集控中心施工、海上防冲刷保护技术、调试及倒送电技术、海上风电工程数字智慧化技术等内容。

1.3.1 基础施工

基础是风电机组的支撑结构，受制于不同海况和地质条件，海上风电工程基础种类繁多。目前海上风机的主要基础类型有单桩基础、群桩基础、导管架基础、吸力式基础、重力式基础、浮式基础等类型。

1.3.1.1 单桩基础施工

单桩基础施工主要包括：钢管桩运输、船舶进点布置、稳桩平台施工、翻身立桩、下桩自重入土、套锤、锤击沉桩、法兰水平度和焊缝检测验收等。

1.3.1.2 群桩基础施工

群桩基础施工常规作业包括：沉桩施工和承台施工两部分。其中，沉桩施工与上述单桩基础施工类似。承台施工主要包括：辅助平台施工、辅助桩施工、电缆J形管、靠船设施及防撞结构安装、钢套箱制作与安装、承台底板施工、承台钢筋施工、承台一期混凝土施工、挑梁拆除、芯混凝土施工、承台二期混凝土施工等作业。

1.3.1.3 导管架基础施工

导管架基础施工主要包括：沉桩和导管架安装两部分。根据沉桩和导管架施工的先后顺序可分为先桩法和后桩法。先桩法是先打桩后放置导管架的方式，后桩法则是先放置导架后进行沉桩施工。沉桩施工主要包括：稳桩平台施工、辅助桩、定位桩施工、工程桩施工。导管架安装施工主要包括：导管架制作、导管架运输、桩基测量与数据反馈、桩盖拆除、钢管桩桩内清泥、导管架起吊安装、导管架调平与固定。

1.3.1.4 吸力式基础施工

吸力式基础施工主要包括：基础自沉、排水抽气和灌浆填筑。首先，依靠自身重量沉入海床一定深度形成足够密封环境；然后，通过基础顶部预留的排水抽气孔向外抽取海水，筒内外形成压力差，当压力差超过下沉阻力时，基础会被缓缓压入土中，通过精确控制抽水速率及水量，控制吸力筒的下沉速率和深度，使其缓慢沉入指定深度；最后通过注浆填充筒体内部的未填充空间。

1.3.1.5 重力式基础施工

重力式基础一般为水下安装的预制结构，施工安装前需要首先进行海床处理，涉及挖泥去淤、基槽开挖、基床夯实和平整等工作；随后开展基础定位、吊装和水下安装；最后，对预制件空腔内进行压载填充。

1.3.1.6 浮式基础施工

浮式基础主要有 3 种基本形式：单立柱式、张力腿式和半潜式。单立柱式基础施工主要包括：基础建造与拼装、基础湿拖浮运、基础自扶正、系泊系统和锚固基础施工、系泊系统与单立柱式平台主体连接。张力腿式基础施工主要包括：基础建造与拼装、基础湿拖浮运、桩基安装、筋键与连接器安装、张力腿安装。半潜式基础施工主要包括：半潜式平台建造、拖航运输、吸力锚安装、系泊系统安装。

1.3.2 风电机组安装施工

海上风电机组安装的主要部件为塔筒、机舱和叶片。目前对于海上风机进行安装的主要方式有两种：风机分体安装和风机整体安装。风机分体安装是通过运输驳船将风机的塔筒、机舱、轮毂、叶片等各个零部件运输至海上风电场，然后通过风机安装船上的起吊装置在风电场对零部件进行现场组装。风机整体安装包括陆地风机整体组装、风机整体海上运输以及海上整体安装。

1.3.2.1 风机分体安装

典型的风机分体安装施工步骤为：塔筒安装、机舱—发电机—轮毂组合体的整体安装及叶片安装。

塔筒安装：首先，塔筒内设备和内附件平台需要在底段塔筒安装前完成安装；然后塔筒的 4 段按照底段塔筒、第 2 段塔筒、第 3 段塔筒、顶段塔筒的顺序分别进行安装。

机舱—发电机—轮毂组合体的整体安装：首先，盘车工装安装和定位后，安装临时防雨棚，并安装盘车集装箱；然后，安装机舱—发电机—轮毂组合体的吊具，并对机舱—发电机—轮毂组合体进行安装；最后，在紧固螺栓后，拆除吊具。

叶片安装：首先，搭设叶片过驳贝雷平台，准备叶片，并利用夹具夹持叶片；然后，进行叶片安装，将叶片与变桨轴承对接，安装叶根螺栓；最后，叶片夹具松钩，启动盘车装置进行叶轮盘车。以同样的方式安装第 2 支和第 3 支叶片。

1.3.2.2 风机整体安装

整体安装施工包含：陆域拼装、整体运输、海上整体安装 3 个阶段。通过常规吊装方式，在码头将风机部件分体拼装至运输船舶上，通过运输船专用工装承载、固定，然后整机运输至场区机位，通过大型浮吊整体安装至承台就位。

陆域拼装：首先，利用场地内履带式起重机将轮毂和 3 片叶片拼装成叶轮，并通过移动台车运输至码头前沿；随后，在码头上设置两个独立墩，其中一个为履带式起重机作业平台，另一个为工装塔筒基础独立墩，工装塔筒上口法兰与机舱法兰相吻合；最后，用履带式起重机将机舱吊装至工装塔筒上，采用浮吊配合组装，将叶轮吊装至机舱上。

整体运输：是指待风机整体组装完成后，将风机与船上的支架固定，使风机在整个运输过程中保持竖直状态。风机海上整体运输须配备具有组装风机各部件和具有整体组装平台功能的专用运输驳。专用运输驳被拖航至预定位置后，能够准确定位和抛锚，可靠地系泊在安装位置，在海上吊装前后可顺利进点与撤离。

海上整体安装：安装需要控制风机下降加速度及安装精度，因此需要依赖一套软着陆及定位功能吊装体系来保证安装的平稳和精度。上部吊架系统和下部就位系统共同作用，实现风力发电机组在海上的安装，用于完成塔筒对接的导向、缓冲、同步升降以及精定位自动对中，使风机顺利地安装在海上单桩筒体上。海上整体安装施工包含风机整体安装初定位、风机整体缓冲安装、风机整体精确定位、现场施工测量与复核、工装拆除、机械电气收尾。

1.3.3 海上升压站施工

海上升压站由上部组块和下部基础组成。目前，升压站上部组块安装方式主要有吊装和平移两种安装方式。下部基础承受上部组块的荷载，主要有导管架基础和高桩承台基础。

1.3.3.1 上部组块安装

吊装施工：是将升压站上部组块在工厂组装好后，通过驳船将其运到海上，然后运输到下部基础位置，使用浮吊船进行安装。甲板人员操控船位，将起重船调整至上部组块设计安装位置，开始下落，下落过程中实时观测组块位置，并适当调整主钩高度，确保组块绝对位置及水平度满足施工技术要求，直至上部组块主支撑柱与导管架上部主腿对接。

平移施工：是将升压站上部组件运输至施工安装的现场海域，施工船号锚泊定位完成后，将半潜驳船调载与导管架上的轨道对接平稳，启动横滚小车顺轨道将上部组件从半潜驳船上横滚卸运至基础平台指定位置后，小车释放顶升装置将组件下降，组件的四条支腿落座至基础平台上，然后退出横滚小车机构平台，安装完成。

1.3.3.2 下部基础施工

导管架基础施工：主要包括沉桩和导管架安装两部分。根据沉桩和导管架施工的先后顺序可分为先桩法和后桩法。先桩法是先沉桩后放置导管架的方式，后桩法则是先放置导管架后进行沉桩施工。然后往桩基和管道之间的空隙注入水泥，形成桩—导管基础。

高桩承台基础施工：高桩承台基础施工常规作业包括：沉桩施工和承台施工两部分。沉桩施工包括：打桩船、桩驳驻位、画桩、吊桩、定位、锤击沉桩、生成沉桩记录、夹桩、警戒等作业。承台施工包括：测量、辅助平台施工、辅助桩施工、电缆 J 型管、靠船设施及防撞结构安装、钢套箱制作与安装、承台底板施工、承台钢筋施工、承台一期混凝土施工、挑梁拆除、芯混凝土施工、承台二期混凝土施工等作业。

1.3.4 海底电缆敷设施工

海底电缆敷设分为送出海缆和区间海缆两个部分。海上风电场中各个风力发电机组所发的电力，需要经过区间海缆统一汇集到海上升压站平台，将电压提升后，通过送出海缆送往陆上集控中心，并入当地电网。海底电缆敷设施工主要包括：路由勘察清理、海缆敷设和冲埋保护三个阶段。

1.3.4.1 送出海缆施工

送出海缆在浅滩区由于涉及多种施工方式转换，风险较高，施工难度大。针对海缆全路由区域不同的工况条件及其施工工艺的不同，通常可将送出海缆施工分为以下几个区段：陆上集控中心站内陆缆敷设段、浅滩登陆段、深水区敷埋段、交越特殊区段（高滩、航道、地下管线、基岩海床面等）、登陆海上升压站及站内敷设段。送出海缆施工关键技术主要包括：长距离海缆浅滩登陆施工关键技术、海缆上/下交叉穿越施工技术、海缆中间接头施工关键技术等。

1. 长距离海缆浅滩登陆施工关键技术

海缆在深水区施工工艺已经很成熟，但在浅滩、潮间带，海缆敷设施工难度相对较大，需要制定特殊的施工方案。长距离海缆浅滩登陆施工主要包括：海缆始端登陆、两栖挖沟、直敷海缆后冲埋、自行式浅滩埋设犁等施工技术。

（1）海缆始端登陆施工

始端登陆一般选择在岸边陆上集控中心侧。首先，在岸上提前布置好卷扬机等主牵引设备，待敷缆船在登陆点抛锚或坐滩驻位后，再在海缆端头绑扎牵引网套，连接牵引头和卷扬机牵引钢丝绳将海缆牵拉至陆上集控中心。为减小海缆牵引摩擦阻力，防止海缆牵引受损，可根据海缆的实际牵引长度和现场施工工况条件选取合适的登陆施工方案，常用的登陆施工方案主要有浮运法和支架法。

浮运法：是利用水的浮力牵拉海缆，适用于涨潮时能被海水淹没的地区。可以利用既有河道或电缆沟，也可以开挖临时沟槽。多数情况下，用挖掘机开挖沟槽，涨潮时海水灌入沟槽内，在海缆上间隔绑扎浮漂，使用钢丝绳牵拉海缆登陆。

支架法：对于岩石地质、陆地高差较大、滩涂上养殖区遍布等不适用浮运法的地区可使用支架法。支架法是预先在海缆路由上间隔设置 V 形托架或排架，海缆在 V 形托架或排架上牵拉前行，能减少牵拉过程中的摩擦阻力、防止破坏电缆外皮层。

（2）两栖挖沟施工

两栖挖沟施工指的是海缆从脚手架上移位至预先挖好的电缆沟槽内，并随即进行海底电缆的回填覆埋。登陆段海底电缆埋设深度为 2m，将采用机械和人工相结合的方式进行海底电缆的深埋敷设，即一台挖掘机在设计的海缆路由上开挖 2m 深的沟槽，由一台挖掘机和施工人员协助将海底电缆吊放至沟槽里，采用宽的吊带，最后由一台挖掘机进行沟槽回填覆盖，导航定位人员记录下海底电缆的实际位置信息。

（3）直敷海缆后冲埋施工

海缆直接敷设在海床表面，存在一定的风险因素，海缆直敷只作为抢装期间的临时措施。在风场全容量并网发电以后，需要对已敷设的海缆进行后埋设作业，以达到设计的海缆保护要求。主要施工步骤为：首先，确定直敷海缆施工路由坐标；其次，根据抛放海缆位置的水深情况，在施工船侧安装合适长度的吸泥机管，使得吸泥机悬在海床面上方50cm 位置；最后，启动高压射流水开始冲埋海缆，并使用空压机往吸泥机中间管道内送气，使用气举法排除冲刷出的泥沙。

（4）自行式浅滩埋设犁施工

海域水深较浅的区域，海上作业平台无法到达的情况下，可采用可升降自行式浅滩埋设机进行施工。这种埋设机是针对潮间带海底电缆敷设施工而研发的，主要有犁刀式埋设犁、导缆架、履带行走设备和升降式控制台等组成，它可以在潮间带行走自如，不受涨、退潮水的影响，可有效提高海缆施工的进度与质量。

2. 海缆上交叉穿越施工

海缆敷设过程中与现有管道、海缆等产生交汇或遇到海缆穿过基岩海床时需要采用保护措施。

海缆交越施工：可以在下部管线上敷设混凝土联锁排，用于隔离上部海缆。敷设混凝土联锁排的施工工艺为：首先，扫测交越海缆的位置情况及周边海底电缆路由信息；其次，根据扫海信息，确定混凝土联锁排敷设起始点；再次，吊机吊起混凝土联锁排的吊架，将混凝土联锁排放入海底，并及时调整位置；最后，缓慢松吊机钢丝使自动脱钩装置完全脱开。

海缆穿过基岩海床施工：基岩裸露区域和海底浅埋的基岩对海底电缆的磨损破坏最大。解决基岩区的海缆防护问题，可分为以下3种：在基岩上开槽，用爆破将电缆铺设区下面的基岩炸平，形成一条沟槽，然后将电缆置于沟槽中；在海底铺设完电缆后，用石头覆盖基岩区的电缆周围；套保护管，也就是在电缆外部加装耐磨、耐腐蚀、高强度的不锈钢防护套。

3. 海缆下交叉穿越施工

海缆登陆时，电缆与现有堤坝、航道、河道等会产生交汇。对于海缆登陆段通过海堤，通常采取定向钻井技术。首先，将钻机设在陆上钻井平台，进行导向孔和预扩孔；然后，采用对穿工艺从海面向陆地钻导向孔，钻头从海底出土后将其牵引至海堤陆地一侧。对于海缆跨越航道和水道的海缆，可以采取"海对海"的水平定向钻井方式。首先，在航道的两端安装一台水平定向钻机，在导孔上钻好导孔；然后，将电缆套管向后拖入导孔，用抽拉海底电缆穿过套管的方式完成穿越航道施工。

4. 海缆中间接头施工

海缆中间接头作为延续海缆长度的关键节点，其制作工艺、安装方案对海缆的安全可靠性具有重要影响。海缆中间接头按照制作工艺差别，分为工厂接头和刚性接头。工厂接头由电缆厂家在工厂内制作完成，敷设时亦无须额外的措施。刚性接头包含三大部分：整体预制绝缘件直通接头、接头保护壳体、弯曲限制器。刚性接头则需在海上施工船上现场制作，其主要施工工艺如下：首先，打捞海缆至施工船上后，用海缆进行检验，判断海缆是否完好无损；其次，切除部分电缆端头，预留一定交错长度；再次，开展电气连接，采用整体滑入式铜壳和热缩管保护接头；最后，中间接头电气连接制作完成后，进行光缆熔接及光缆接头盒安装，在接头外装配哈弗式金属保护壳体与海缆接头两端铠装锚固法兰连接。上述安装完毕后，对中间接头海缆吊放及敷埋。

1.3.4.2 区间海缆施工

风电场中各个风力发电机组所发的电力，需要经过区间海缆统一汇集到海上升压站平台，将电压提升后，再送往陆上集控中心，并入当地电网。区间主要施工顺序为：准备—路由复测—试航—海缆运输—扫海—牵引钢缆敷设—始端登陆—海缆敷设—终端登陆—交汇点海缆保护套管—电缆终端制作—电缆试验验收。区间海缆的敷设方式有抛放和深埋两种，抛放敷设指海缆受自重沉入海底，该方法工艺简便，但是在海水深度较浅的海域，海缆很容易受到人类活动的影响而发生损毁；深埋敷设是通过埋设设备将海缆埋置于海床土体内，这样可避免海底电缆受到外部环境的影响，有效保护海缆。区间海缆主要施工内容包含：始端登陆施工、中间海域施工、终端登陆施工。

1. 始端登陆施工

海缆通过固定在桩上的 J 形管或者桩身开孔方式从海底通到风机的底座平台。首先，电缆引入风机平台设备前采用大 S 形敷设，预留长度作为备用；其次，引入风机平台等构筑物时，在贯穿孔处安装 J 形管中心夹具和弯曲限制器，并进行海缆锚固，对管口实施防火封堵等措施；最后，由于桩基附近很容易形成冲刷坑，造成海缆张力加大，导致海缆损坏，因此必须采取相应的防冲刷措施对 J 形管末端和桩身开孔处的海缆进行保护。

2. 中间海域施工

中间海域敷设施工时，施工船依靠抛设在路由前方的钢丝绳牵引前进。牵引钢丝绳的一次抛放长度根据海缆路由的拐点合理设置。施工船前进的同时拖曳埋设机向前，将海缆边敷设边埋深。测量导航，路由偏差由施工船首尾部的侧向推进器控制。埋设机与船舶之间的牵引钢丝上设有导缆笼，海缆从导缆笼内通过，防止海缆打扭。

3. 终端登陆施工

首先，在海缆终端登陆前，完成终端登陆的施工准备工作；其次，准确测量登陆长度后，在施工船上截下余缆；然后，使用布缆机将电缆从退扭架中牵引出，把电缆呈"8"字形盘置在甲板上，直至牵引出电缆头，牵引钢丝绳和电缆头连接；再次，将电缆头与平台上通过转向滑车的钢丝绳、钢丝网套可靠连接；最后，将电缆由 J 形管口牵引至平台上预定位置后剥铠锚固，将施工船上电缆沉放至海床。

1.3.5　陆上集控中心施工

陆上集控中心是对海上风电场进行集中监控和控制的设施。陆上集控中心可以进行风电场的计划和调度管理，优化风电机组的发电效率，提高整个风电场的安全性和运行效率。陆上集控中心建设主要包含陆上站土建工程、电气设备安装及调试、送出工程建设 3 个方面。

1.3.5.1　陆上站土建工程

主要包括沉桩施工、地基处理、基础工程、主体工程、楼地面工程和面层施工等方面。主体工程采用预制装配式施工，所运用到的零部件都是提前在工厂做好再运到施工现场进行二次组装，能够节省相应的施工时间与施工空间。装配式施工的施工难点主要体现在施工图纸设计和施工准备等各个环节。在设计的环节就需要各方充分掌握装配式工程的建设目标，在此基础上对施工图纸设计方案包括的所有环节和内容进行研究。

1.3.5.2　陆上集控中心电气设备安装及调试

主要涉及以下工作：（1）电气一次设备主要包括变压器、电抗器、GIS、SVG、开关柜、各种配电箱、照明系统、防雷接地系统、电缆、电缆埋管、电缆支架（桥架）、防火封堵等。（2）电气二次设备主要包括保护装置、智能一体化系统、直流系统、通信系统（包括电话系统）、部分门禁系统等，并包括与各子系统的连接调试工作。

1.3.5.3　陆上集控中心送出工程建设

主要包括变电站施工和送电线路工程施工两部分。变电站工程大致可分为五个区域：主变装配区，220kV 配电装配区，110kV 配电装配区，35kV 配电装配区和无功补偿区，主控大楼等附属建筑物；送电线路工程总体包括基础施工、铁塔组立施工和架线施工等三部分。

1.3.6 海上防冲刷保护技术

防冲刷防护是海上风电工程建设的重要内容之一，其施工技术的选择和应用取决于具体的海洋环境条件和结构物的特点。目前，应用较多的海上防冲刷措施主要有抛石防护、砂被（砂袋）防护、连排复合结构防护、固化土防护和仿生草防护等。

1.3.6.1 抛石防护施工

抛石防护施工是通过机械或人工抛投块石、卵石等天然石料，在指定区域堆砌形成防护结构。通过合理搭配不同粒径级配的石块可达到反滤效果，阻止海床泥沙从块石缝隙流失，增加海床泥沙运移临界流速，从而达到防冲刷的作用。抛石施工技术工艺流程：施工准备、测量定位、方量计算、填充层和反滤层抛填、袋装碎石铺填、扫测、护面层抛填、扫测等。

1.3.6.2 砂被（砂袋）防护施工

砂被（砂袋）防护：砂被（砂袋）属于土工织物充灌袋的一种，适用于单桩、重力式、吸力筒（单筒）等基础形式。砂被（砂袋）保护相较于抛石保护更为经济，且施工简便，但抛投精度不易掌控，需要添置定点抛投的控制设备。砂被（砂袋）防护施工技术工艺流程：施工准备、施工海域扫海、施工船机就位、铺排船定位、运砂船靠泊、砂袋的铺设充灌与抛填、砂被铺设质量验收。

1.3.6.3 连排复合结构防护施工

连排复合结构防护主要有两种结构形式：混凝土连排砂被复合防冲刷结构和砂肋软体排复合防冲刷结构。

1. 混凝土连排砂被复合防冲刷结构：按不同规格进行混凝土片单元预制，然后进行整体组拼成连排，其优点是可以克服传统抛石结构因水下施工位置无法精确控制及抛石过程流失导致质量偏差大的问题。混凝土连排砂被复合防冲刷结构施工工法主要包含砂被、砂袋施工和混凝土联锁排施工两个主要流程。砂被、砂袋施工，如上所述；混凝土联锁排施工主要包括：联锁排制作、运输及吊装、混凝土块压载软体排铺设。

2. 砂肋软体排复合防冲刷结构：采用土工织物为基本材料缝接成一定尺寸的排体形式并在排体上设置一定的压重物体组成。砂肋能够有效保土透水，铺设到容易被水流冲刷的地方，能够降低水流冲击；同时土工织物能起到反滤作用，保护其下土壤颗粒不流失。砂肋软体排复合防冲刷工艺主要包括：软体排材料选择及制作、软体排堆放、级配石铺平、砂肋软体排施工、网兜石压顶施工等环节。

1.3.6.4 固化土防护施工

固化土防护是一种复合实用型材料固化新技术，淤泥中水分与固化剂接触，发生水化、水解反应，生成水化产物和胶凝物质。以海泥为原料，通过管道泵送方式，将其注入桩周海床，并通过控制泥浆流动度，实现泥浆自流到指定的防护区域。通过淤泥固化土的饱和性、较强的水稳定性、防冲刷性、整板性和边界延展性形成护底结构。固化土防冲刷工艺主要包括：测量定位、材料准备、取淤、运淤、泥浆制作、船机进场、固化土制备、固化土吹填/抛填等。

1.3.6.5 仿生草防护施工

仿生草防护技术是根据海洋仿生学原理而开发研制的一种海底结构物冲刷防护技术，一般由耐海水浸泡的高分子材料制成，固定在柔性基垫上。布设时，通过锚固的方式固定在海床上，可以根据实际工程情况与沙袋等支撑措施结合使用。相较于传统的刚性防护措施，仿生草防护不会形成结构物造成二次冲刷。铺设完成后，海流中的泥沙会在仿生草内部不断沉积至冲淤平衡，形成海底绿洲，能有效保护管道。仿生草防冲刷工艺主要包括：陆地上预制仿生草、船只运输、第一阶段仿生草种植、仿生草促进泥沙淤积、第二阶段仿生草种植、定期防冲刷效果检查。

1.3.7 调试及倒送电技术

海上风电工程陆上集控中心、海上升压站及风电机组的调试及倒送电是海上风电场建设的一个重要节点，影响着整个工程的进度和质量。所谓调试及倒送电技术，就是在风机安装完毕后，对风机、陆上集控中心、海上升压站的各个系统进行性能测试，各个系统在调试或运转中出现故障后，由排故工作人员找出故障的原因并加以解决。调试及倒送电技术主要包括：风力发电机组调试技术、变电站（海上升压站—陆上集控中心）调试技术、风电场受电启动调试技术。

1.3.7.1 风力发电机组调试技术

风机通常由变桨系统、偏航系统、齿轮箱及发电机冷却系统、液压系统、齿轮及轴承润滑系统、并网系统、风机主控制系统等组成。所谓风力发电机组调试，就是在风机安装完毕后，对风机的各个系统进行性能测试。风力发电机组的调试工作可以分为静态和动态两种。静态调试是一种基本的功能测试，它是在生产车间安装完风机后进行的。动态调试是在完成静态调试后进行的，实际上是对风机主控制器进行内部程序的调试，以及对逆变器、发电机的容量进行调整，可以在车间的全功率试验台和风场中进行。

1.3.7.2 变电站（海上升压站—陆上集控中心）调试技术

为了确保海上升压站和海上风电机组的安全运行，在陆上升压站设置集控中心，全面监测和控制着海上的运行设备。因此，开展海上升压站和陆上升压站的保护调试，使之各项技术指标满足生产厂家和设计部门的要求，确保升压站及集控中心系统安全投运，对海上风电系统安全运行具有非常重要的意义。变电站（海上升压站—陆上集控中心）调试包含分系统调试技术和风电场站内联合调试技术两个方面。分系统调试技术主要包括：线路保护调试、降压变保护调试、降压变非电量保护调试、高压电抗保护调试、高压电抗非电量保护调试、高压母线保护调试、场用电保护调试、动补装置保护调试、同期装置调试、直流系统调试。风电场站内联合调试包含：海上升压站及陆上集控中心对调、海陆"四遥"试验、信息子站及自动装置控制联调、送出线路保护联调等。

1.3.7.3 风电场受电启动调试技术

陆上集控中心和海上升压站的受电调试直接关系到风电机组启动和调试工作的质量与进度。在受电初期，岸上的陆上集控中心及海上升压站的受电装置都要进行负载测试。开展陆上集控中心及海上升压站的线路保护、电抗器保护、主变保护、母线保护及其相应二次控制回路的检查，使其具备投入使用的条件。风电场受电启动调试技术主要包括：陆上集控中心受电启动调试、海上升压站受电启动调试和风力发电机组受电启动调试。

1. 陆上集控中心受电启动调试

陆上集控中心受电启动调试主要内容包含：检查本次倒送电受电范围内的技术准备工作、保护投运方式、检查受电范围设备符合送电条件、检查主变保护跳闸压板投入、陆上集控中心送出线路受电执行、借调 2603 开关、主变冲击试验、动补送电试验、用变受电试验、备自投逻辑校验。

2. 海上升压站受电启动调试

海上升压站受电启动调试内容包含：检查本次倒送电受电范围内的技术准备工作、保护投运方式、检查受电范围设备符合送电条件、检查主变保护跳闸压板投入、高抗冲击方案执行、检查海缆线路压变电压、相序及幅值、220kV 正母线 PT、海缆线路陆上 PT 进行二次核相、冲击试验、母线受电试验、用变受电试验、备自投 PLC 逻辑校验。

3. 风力发电机组受电启动调试

风力发电机组受电启动调试内容包含：完成海上升压站受电启动调试作业内容最后一步工作后，合上风机箱变低压侧开关，对风机进行送电，送电后检查各带电设备是否运行正常，检查电压相序、幅值是否正常；并网后带负荷的情况下，检查电网的电压、电流、有功功率和无功功率数据是否正常，以及各个传感器的温度是否符合要求；风机离网调试，主要看风机的状态是否正常，风机有无故障。电网的电压、电流、有功功率和无功功率的数据是否发生了波动。

1.3.8　海上风电工程数字智慧化技术

海上风电工程数字智慧化技术是以数字化、信息化、标准化为基础，以管控一体化、大数据、云平台、物联网为平台，以数字技术为辅助，以管理智能化、生产智能化和设备智能化为模块，以实现风电场全生命周期综合效益的最大化为目标的风电创新发展模式。海上风电工程数字智慧化技术主要包括：智慧风场平台建设、智慧施工及远程管控系统、海上风电 BIM 技术。

1.3.8.1　智慧风场平台建设

海上风电智慧风场平台 O-Wind 平台是中国电建集团华东勘测设计研究院有限公司（以下简称华东院）基于"智慧风场"理念，通过先进的信息化技术手段，实现以海上风电全产业链、全生命周期的管理咨询、技术服务为目标，自主开发完成的工程项目信息化管理平台。O-Wind 海上风电场安全管理系统可以全面展示海洋气象、施工进度、工作安排、里程碑、项目公告、安全地图、动态演示等内容。通过大数据、云计算等先进的信息技术手段，在人员安全、设施设备、气象预测、项目建设等方面发挥了重要的作用。O-Wind 平台一方面提高了海上风电的项目管理能力，为管理者提供了更加精准、及时的信息；另一方面有效降低了项目建设成本，减少巡检人员的工作量，实现了项目数字化、可视化管理，对于海上风电信息化建设具有良好的借鉴意义。

1.3.8.2　智慧施工及远程管控系统

智慧施工及远程管控系统通过互联网将海上风电项目中的各个施工环节、施工船只、人员安防进行监测，并进行可视化及数字化，建立云端数据中心，能够实时监测海上风电工程施工作业期间的各种情况并及时发出预警。智慧施工及远程管控系统的应用推动了信息技术在海上风电施工的运用与发展，实现了数字化与工程建设互相促进的良性循环模式。智慧施工及远程管控系统包含：人员安全管理、船舶管理、施工进度管理、施工远程监管、海上安防作业管理等 5 个管理系统。

人员安全管理：O-Wind 平台配置了人员安全模块。该模块接入人员救援报警系统，通过为出海人员配置专用的落水报警设备，确保人员落水后会立即自动发射求救信号，平台接收求救信号后，立即进入报警状态，并通过卫星定位系统，实时定位落水人员位置，为救援工作提供极大帮助。

船舶管理：O-Wind 平台配置了船舶管理模块。该模块通过与信息服务平台进行对接，为风电场提供全天候船舶监控管理。该模块能对所有进入风场的船机进行监管，包括海缆水域船舶抛锚或停泊监管、施工船驶离监管等功能。

施工进度管理：O-Wind 平台中的里程碑节点、进度计划、累积工作等模块，跨越了管理人员与现场的空间距离；平台专门配置了施工进度形象图和海图，可清晰地展示每一个风机机位的施工状况，方便管理人员统筹协调船舶及人员作业；施工进度展示了施工进度地图、施工流程视频、累计进度。

施工远程监管：掌握风电场建设运维期间船舶、人员、通航环境等信息和安全管理资源，实现信息资源的集中存储、统一管理和统计分析。在系统中设定船舶出海、吊装、施工作业等水文、气象条件，当水文、气象不满足条件时进行预警。实时监控、录像回放直接嵌入了 O-Wind 海上风电场安全管理系统视频相关页面，指挥中心可随时查看上传视频。

海上安防作业管理：能够接收、识别场区内及周围 20 海里范围内的船舶信息，经数据解析、清洗、压缩后的实时数据通过网络传输给监控中心，实现对辖区船舶的动态监控。自动存储外部船舶闯入轨迹等信息，并且能够方便地查询、取证。

1.3.8.3　海上风电 BIM 技术

建筑信息模型技术（Building Information Model，BIM）在工程应用中具有可视化、协调性、模拟性、优化性等方面的优势。针对海上风电工程施工，BIM 技术可建立覆盖其工程建设及服役过程中的全生命周期（规划、设计、施工及后期运维）的协同管理平台框架。进而，通过此平台实现多方协同作业、避免时间冲突和空间冲突，并在风电工程施工进度、造价、质量、安全及运营维护等方面得到实时反馈的数据信息，从而对风电场建设及运营进行有效的管理，既能节约成本，还能显著提高海上风电场运营产生的经济效益。海上风电 BIM 平台主要包括：勘测设计 BIM 平台、施工建设 BIM 平台、运营维护 BIM 管控平台。

勘测设计 BIM 平台：BIM 具有强大的建模能力，通过建立三维地质模型，将大量的岩土工程参数及地质信息整合在同一模型中，可以完整地展示海床地质、地形分布情况，实现地质勘测最可能的接近工程实际。基于建筑信息模型进行方案可视化、三维交底等，可以降低基础设计过程中的人力成本和时间成本，提高风电建设的工作效率和施工预算精度，增强项目现场施工沟通效率，降低返工率等。模型设计完成后，可以通过 BIM 碰撞分析等功能对结构进行进一步优化，直至结构整体合理满足要求，并保证经济性。此外，待 BIM 分析与优化结束后，基于 BIM 的可视化，可形成一套完整的二维及三维施工图，自动统计工程量，提高设计出图效率。

施工建设 BIM 平台：海上风电施工及进度计划与 BIM 结合起来，并引入时间维度，可对风电工程施工过程进行动态模拟，直观地展现施工进度在各个时间节点上的分布，从而控制施工进度；以可视化的形式对施工建造的现场环境条件、工序和步骤以及资源消耗情况进行模拟和仿真，更全面、综合地分析施工组织设计的可行性及优化施工方案；导出的工程量和材料统计结果可直接应用于工程预算分析，为工程的投资分析、造价控制和竣工决算提供可靠的依据。

运营维护BIM管控平台：海上风电场的运维阶段至关重要。BIM在风机基础及风机结构服役期内的运营、维护方面发挥作用，即通过BIM技术整合整个风电场的气象信息、风机结构工作信息及结构自身的建筑结构信息，对整个风电场的运营进行综合管控，体现了全生命周期内海上风电场的运营情况，并为其维护、维修及防灾减灾措施的建立提供依据。

本章参考文献

［1］赵靓．2022—2031年全球海上风电市场展望［J］．风能，2022（7）：46-51.

［2］赵靓．未来五年欧洲海上风电发展概况［J］．风能，2022（4）：46-47.

［3］赵靓．我国各地海上风电电价补贴政策梳理［J］．风能，2022（12）：40-42.

［4］叶无极．最大规模招标结果公布，美国海上风电将走向何方？［J］．风能，2022（4）：54-57.

［5］雒德宏．我国海上风电发展现状及对策建议［J］．水电与新能源，2022，36（11）：76-78.

［6］毕志远，薛洋，胡金菊，等．新形势下我国海上风电产业发展趋势［J］．中国港口，2022（11）：6-8.

［7］孙丽平，易晓亮，宋子恒．我国海上风电发展面临的挑战和相关建议［J］．中外能源，2022，27（11）：30-35.

［8］宋固，杨力，赵磊，等．我国海上风电装备产业园/基地发展走向及建议［J］．风能，2022（11）：70-74.

［9］李志川，胡鹏，马佳星，等．中国海上风电发展现状分析及展望［J］．中国海上油气，2022，34（5）：229-236.

［10］胡丹梅，曾理，纪胜强．我国海上风电机组的现状与发展趋势［J］．上海电力大学学报，2022，38（5）：471-477.

［11］黄海龙，胡志良，代万宝，等．海上风电发展现状及发展趋势［J］．能源与节能，2020（6）：51-53.

［12］时智勇，王彩霞，李琼慧．"十四五"中国海上风电发展关键问题［J］．中国电力，2020，53（7）：8-17.

［13］张雪伟．日本海上风电再进一大步［J］．风能，2019（9）：46-47.

［14］袁惊柱．中美新能源行业产业竞争力比较分析［J］．中国能源，2019，41（3）：25-28，39.

［15］周舰，李渊，周霖．浅谈海上平台上部组块吊装技术方案［J］．中国设备工程，2018（3）：132-133.

［16］韩俊峰．风力发电机组试验平台研究［J］．农村牧区机械化，2018（6）：39-40.

［17］刘兵．海上风电场工程220kV海底电缆敷设施工简介［J］．中国工程咨询，2016（5）：60-62.

［18］吴超．海上风机一体化运输安装船起吊装置研究［D］．镇江：江苏科技大学，2016.

［19］林香红，高健，刘彬，等．全球海上风电产业发展现状及对我国的启示［J］．生态经济，2014，30（10）：82-86.

［20］李慧 . 基于某通信基站的离网型风力发电机组的控制技术［D］. 青岛：青岛理工大学，2010.

［21］申健 . 风光联合发电系统并网运行技术的研究［D］. 大连：大连交通大学，2008.

［22］王诗超，刘嘉畅，刘展志，等 . 海上风电产业现状及未来发展分析［J］. 南方能源建设，2023，10（4）：103-112.

［23］杜剑强，仲俊成，李斌，等 . 中国海上风电发展现状及展望［J］. 油气与新能源，2023，35（3）：1-7.

［24］李红峰，沈星星，葛中原，等 .8MW 海上风电机组的施工和安装技术介绍［J］. 太阳能，2021，327（7）：80-88.

［25］刘璐，王俊杰，黄艳红，等 . 海上风电单桩基础风机整体安装技术［J］. 中国港湾建设，2020，40（7）：43-45，73.

第2章　海上风电机组基础施工技术

海上风电机组通常由塔头、塔架和基础三部分组成。基础是与塔架连接支撑风电机组的构筑物，主要作用是固定风机，对整机安全尤为重要。海上风电机组基础类型较多，适用于不同水深和地质条件。目前主要的基础类型有桩承式基础、导管架基础、吸力式基础、重力式基础、浮式基础等。海上风电基础重心较高，所受荷载作用复杂、水平力和倾覆力矩，离岸远且容易遭受海水腐蚀。导致影响因素多、设计复杂，且受制于不同海况和施工技术。因此，根据实际工程海洋地质条件和环境因素，合理选择海上风电机组基础结构型式和施工工艺是建设海上风电场的关键。本章将基于实际工程案例，对海上风电机组基础施工技术进行阐述。

2.1　单桩式基础施工技术

2.1.1　单桩式基础施工技术简介

单桩基础由一根桩支撑上部结构，通常由大直径钢管桩构成，是最简单的基础形式。优点是建造和安装简单、稳定性好、承载力高、沉降量小、抗震性能好等；缺点则是结构刚度小、受海床冲刷影响大；若海床为岩石，则钻孔安装成本将大幅提高。因此一般适用于水深不超过30m的海域。本节基于工程实例，介绍单桩基础的结构形式及常规沉桩技术，重点介绍基于自升式辅助稳桩平台单桩、浅滩区坐底半潜驳船单桩和嵌岩单桩基础的施工技术。

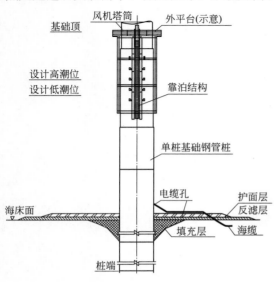

图 2.1-1　风机单桩基础立面图

2.1.2　单桩式基础结构形式与运输

2.1.2.1　单桩基础结构形式

单桩基础根据桩身材料不同可分为钢管桩基础和钢筋混凝土管桩基础。当前海上风电工程主要采用钢管基础，其结构形式，如图 2.1-1 所示。桩顶设有法兰盘与风机塔筒连接，桩身设置有附属构件，包含靠船防撞构件、爬梯、内平台、外平台、外加电流设备、电缆等。

2.1.2.2　单桩基础运输

目前，单桩海上运输主要有两种方式：驳船和浮运。

1. 驳船运输

驳船运输是将桩基础装上具备足够的长度和稳定性的驳船并固定，然后海运至指定风场进行安装。

（1）钢管桩装船

常用的钢管桩上船方式有滑移装船、滚装装船和吊装装船等。

1）滑移装船

首先将船舶靠港，在运输船甲板布置滑移轨道，利用顶升工装和平板车将单桩横移出总组工位，利用顶升工装平板车将单桩纵移滑至码头前沿。然后将运输船舶摆船到位，舰部顶靠码头，等待潮水。船上一组顶升工装、岸上一组顶升工装配合平板车和门机，将单桩 2/3 长度滑移上船。单桩上船到一定长度后，更换另一组顶升工装，船上一组，岸上一组，配合平板车继续滑移，直至完全上船，如图 2.1-2 所示。

图 2.1-2　钢管桩滑移装船

2）滚装装船

滚装装船（图 2.1-3）应当在潮位为高平潮时进行，需要持续调整驳船状态，使桩在滚装过程中保持平衡稳定状态，设备在过跳板期间，应充分利用驳船的调载，使驳船甲板面与码头面高差保持在 100mm 之内，超过此范围应立即停止前进，等待压舱水的调整和潮水起升来调节驳船高度，当驳船甲板面与码头面平齐或略高出时，模块车再次前进一段。不断重复上述过程，直到基础桩整体滚装上船。

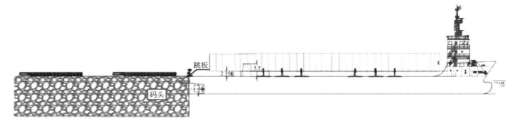

图 2.1-3　滚装装船示意图

3）吊装装船

当运输船进入码头，进行运输支架安放工作时，一根钢管桩需配备 6 个运输支架，运输支架按计算好的位置放置，焊接固定，完成后开始钢管桩吊装（图 2.1-4）。在行车使用前，进行行车电气检查，然后进行钢丝绳、吊带检查，查看是否有破损情况，并对卸扣进行周期性探伤。所有起吊用的设备及材料确保安全无误后，开始钢管桩吊装作业。钢管桩运用行车装船时，由技术部门提供吊点位置，确保起吊点受力均匀。采取兜吊法，使用三个吊带穿过钢管桩底部，将钢管桩兜在吊带内侧，固定好卸扣，确保无误后，行车吊钩慢慢上移，直到吊带贴紧钢管桩外壁，避免破坏防腐。之后吊钩继续上移，将钢管桩整支平稳拎起。如果钢管桩单支重量过大，可采用两台行车一起抬吊管桩，保持两个行车移动速度相同，向固定船位平移。

图 2.1-4　钢管桩吊装上船

（2）钢管桩运输

钢管桩主体放置在预先焊接在船甲板上的临时基座上，马鞍式基座采用钢板焊制，并在其与钢管桩基础的表面上固定 10mm 厚的橡胶垫，以便对桩身防腐涂层进行保护。装桩前，对运输船甲板进行清理，并对马鞍式基座上的橡胶圈完好性进行检查。支座数量需要经过计算，并进行强度校核。绑扎全部可组合支架并进行固定，每组横向支撑与运输船的强肋位对应，两端设置斜撑，防止船舶横摇过程中钢管滚落，保证运输安全。

2. 浮运运输

单桩浮运是通过在单桩的桩顶和桩尖部位进行封堵，使单桩内部形成不透水的空间，以保证在海面上有足够的浮力，可以使用拖轮等动力船舶拖带的方式，运输到施工现场，并且能够在起吊翻身时能够借助浮力实现单吊机的扶正。该技术可节约运输驳的配置，同时采用单起重船借助浮力扶正起吊的技术，可省去翻身辅助起重船的配置，节约项目船机成本，具备较好的经济优势。

单桩浮运封堵系统由桩顶封堵器、桩尖封堵器、拖航平衡梁组成，如图 2.1-5 所示。

桩顶封堵器通过由液压系统控制的 L 形勾爪，反向作用于内平台环板，使橡胶密封圈正向作用在内平台环板上实现端面密封。桩尖封堵器通过液压系统纵向挤压橡胶密封圈，使密封圈径向膨胀向外扩充，填充封堵器与单桩内壁缝隙，形成密封。拖航平衡梁为"哑

图 2.1-5 单桩浮运封堵系统示意图

铃"状，两侧浮箱在单桩横摇时，一侧没入水中，一侧露出水面，两侧浮力不平衡形成回复力矩使单桩恢复初始状态。平衡梁上设置液压固定装置，使其固定在单桩顶法兰上，避免拖曳力作用在桩顶封堵器上。远程监控系统设置蓄电池提供动力，配置压力传感器、液位传感器、角度传感器等，可远程感知液压系统压力、内部进水情况，并能够通过蓄能器远程补压等。

根据单桩参数和相关技术规范与指南计算拖航参数（吃水深度、拖航阻力和横摇参数）后进行浮运施工，施工总体流程如图 2.1-6 所示。

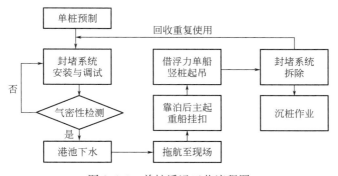

图 2.1-6 单桩浮运工艺流程图

（1）进行封堵器安装及检测。包括气密性测试和液压系统保压测试。

（2）下水及拖航。单桩下水采用前后兜吊的方式进行，吊点位置为主吊耳及单桩桩尾无油漆段。拖航为主拖轮在单桩前端主拖，拖曳点设置位于固定在桩顶法兰上的拖航平衡梁上，以保证拖曳力作用在单桩上；辅助锚艇在单桩尾部带缆防甩尾。

（3）起吊及沉桩施工。单桩到达现场后，主拖轮根据水流方向，将单桩按顺水流方向拖至靠泊船指定位置，完成靠泊作业。挂主吊钢丝绳，主起重船借助浮力完成扶正和起吊作业。依次入龙口、自重入泥、挂液压锤和沉桩作业。

2.1.3 常规单桩沉桩技术

2.1.3.1 常规作业

单桩沉桩工程主要包括：船舶进点定位、稳桩平台定位桩沉桩、稳桩平台提升就位、钢管桩竖向起吊、稳桩平台抱桩、液压冲击锤沉桩、稳桩平台及其定位桩解除等。

2.1.3.2 施工船机及设备

常规单桩沉桩施工主要设备有：浮吊船、稳桩、打桩船、履带式起重机、稳桩架、液压振动锤、液压冲击锤、起重吊索具，用于测量定位的 GPS 基站及测量平台等。

2.1.3.3 施工工序

沉桩工艺流程，如图 2.1-7 所示。

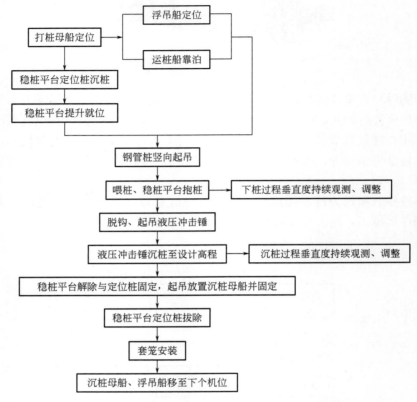

图 2.1-7 单桩基础（稳桩平台）沉桩施工工艺流程图

1. 定位测量

（1）测量平台搭设：在施工区域靠近海岸的方向 1～2km 处，通过作业船舶开展沉桩作业，打三根桩，使用型材将其焊接成一个整体，保证其稳定性。然后在桩顶安装测量平台，平台应能满足测量仪器的布设、最大浪头不能过顶。

（2）建立 GPS 基站后，在海上 GPS 基站平台上交点，共交两点，一点架设 GPS，一点复核。

（3）定期（1 月/次）安排现场专业测量人员对测量基站进行维护与复测，确保基础沉桩定位的准确性，如发现异常，及时联系设计单位并上报建设和监理及总包单位，及时处理。

2. 打桩母船就位

打桩母船（图 2.1-8）兼有单桩沉桩、稳桩平台功能，且可与稳桩平台脱离。稳桩平台上安装两层液压扶正和导向抱桩装置，用来调整和控制钢管桩的垂直度。除了稳桩平台，打桩母船还需要具备液压振动锤（施打和拔除稳桩平台定位桩）、液压冲击锤（单桩沉桩）、履带式起重机（辅吊）等主要设备。

浮吊船在打桩母船到位后进点，准备稳桩平台四角定位桩的施工，具体步骤如下：

（1）浮吊船进点就位，用副钩吊打桩母船上的液压振动锤，将振动锤准确地放在定位桩桩顶，启动液压振动锤夹具夹桩。然后解除定位桩与稳桩平台定位桩套筒的固定连接。

（2）副钩匀速缓慢松钩，当定位桩桩端与海床面接触时，启动液压振动锤施打定位桩，沉到所需高程后，彻底松开副钩。起吊液压振动锤，开始下个定位桩施工。

（3）依次完成4根定位桩的沉桩工作后，液压振动锤通过浮吊船吊回原位。然后起吊稳桩架，使其与打桩母船脱离。当稳桩架吊至设计高度时，及时锚固定位桩与稳桩架。

使用法兰螺栓固定定位桩与稳桩架，施工现场如图2.1-9所示。

图2.1-8 打桩母船照片

图2.1-9 稳桩架定位桩锚固现场图

3. 钢管桩翻身起吊及喂桩

（1）安装吊索具。安装用于钢管桩竖向起吊的扁担梁及吊索具（图2.1-10）。

（2）运桩船就位。运输船靠泊后，通过打桩母船上设置的履带式起重机安装桩顶替打法兰。

（3）运用浮吊船把主钩吊索具吊送到钢管桩主吊耳上方，两个主钩挂到桩顶扁担梁上的环形吊耳上，副钩则挂到桩底的溜尾吊耳上。

（4）当吊索具安装完成后，浮吊船将钢管桩吊起。先平吊桩体到设计高度，移开运输船，开始桩的竖向起吊，通过双主钩的升钩和副钩的回钩将桩慢慢竖起，当桩呈完全竖起状态后，副钩撤除。浮吊船现场主副钩配合竖向起桩现场，如图2.1-11所示。

（5）桩完成竖向起吊后，将稳桩平台上的活动龙口打开，利用定位测量系统检查复核稳桩架，确保其中心位置准确无误。利用浮吊船把钢管桩缓慢送进龙口，进入后关闭并锁定龙口。浮吊船慢慢松开吊钩，过程中持续观测和校正桩体，保证其垂直度。单桩靠自重下沉，此阶段是控制桩垂直度的关键阶段。下沉过程中，利用液压扶正装置调整垂直度，保持垂直下桩，垂直度控制在1‰以内（沉桩完成后设计要求3‰以内）。钢管桩竖向喂桩及稳桩平台稳桩示意图，如图2.1-12所示。

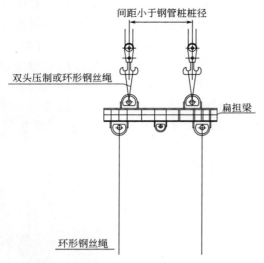

图 2.1-10　扁担梁及吊索具安装示意图　　　　图 2.1-11　主副钩配合竖向起桩图

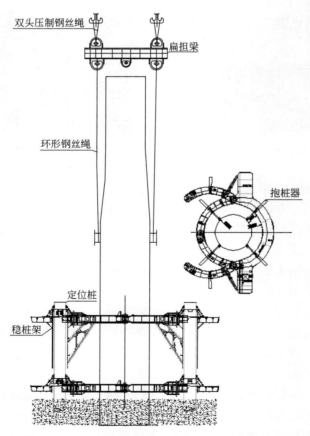

图 2.1-12　钢管桩竖向喂桩及稳桩平台稳桩示意图

4. 浮吊船起吊液压冲击锤沉桩

当桩在自重作用下下沉达到极限时，完全松开浮吊船主钩，并将钢管桩上的吊耳钢丝绳撤除。通过绞船把主钩吊送到打桩母船的液压冲击锤位置，利用浮吊船将吊液压冲击锤吊至桩顶，同时辅以打桩母船上的履带式起重机将液压冲击锤的液压管路起吊。然后，进行液压锤击沉桩。初期击桩时，要防止能量过大发生溜桩，因此需要使用最小的能量进行间断击打，同时要注意击打的精确性，避免偏心击打，保证安全和高质量沉桩。

5. 集成式附属件套笼安装

为了便于现场起吊安装，先将套笼竖向固定于运输船的甲板面上，然后运输至施工现场。针对单桩基础钢管桩内平台单体重量较大的特点，为提高工作效率，可利用安装相较于浮吊船更灵活方便的打桩母船上装备的 50T 履带式起重机进行内平台安装。

至此，单桩基础沉桩结束，浮吊船起锚转移，等待打桩母船就位后，开始下一桩的沉桩工作。

2.1.4　基于自升式辅助稳桩平台单桩沉桩技术

2.1.4.1　常规作业

单桩沉桩工艺主要包括：钢管桩运输、船舶进点布置、稳桩平台施工、翻身立桩、下桩自重入土、套锤、锤击沉桩、高应变检测、法兰水平度和焊缝检测验收等。

2.1.4.2　施工船机及主要设备

施工船机及主要设备如表 2.1-1 所示。

基于自升式辅助稳桩平台单桩沉桩技术施工船机及主要设备表　　表 2.1-1

序号	船机及设备	单位	数量	备注
1	主起重船	艘	1	适配管桩
2	自升式稳桩平台	艘	1	
3	运桩船	艘	1	
4	拖轮	艘	1	
5	抛锚艇	艘	2	
6	液压锤	套	1	
7	星站差分接收设备	套	1	可由基站及 RTK 实现
8	GPS	个	3	
9	全站仪	个	2	
10	水准仪	个	1	

2.1.4.3　施工工艺

施工工艺流程，如图 2.1-13 所示。

（1）测量定位

主力船机及自升式稳桩平台自带 GPS 定位系统，可自行定位，定位前，将机位理论

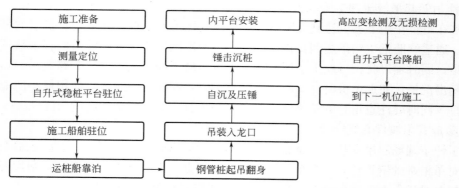

图 2.1-13　大直径单桩沉桩施工工艺流程图

坐标输入船舶 GPS 定位系统，之后通过绞锚的方式进行精确定位，并进行调整，考虑到离岸距离较远，测量复核方式采用星站差分测量技术，同时测量人员采用手持配套 GPS 接收机对具体机位进行再次复核，确保定位准确无误。

（2）自升式辅助稳桩平台驻位

自升式辅助稳桩平台通过运输驳船运到机位，在大约 5m 处抛锚，驳船锚泊通过 GPS 定位系统控制，抛锚时使用八字锚，下锚方向 45°垂直向外。机位通过 GPS 进行初步定位，通过绞锚不断微调，实现精确定位，平面定位偏差不超过 30cm。定位完成后，进行现场复核，误差满足设计要求后，可以开展桩腿顶升工作，此时需要借助液压顶升系统。在顶升工作时，要按顺序对桩腿的行程进行调整，以免阻碍顶升或造成结构破坏。整体平台的提升工作结束后，需要对平台开展精确调平，确保其水平度满足设计要求，即四个方位的高差不超过 1cm。

（3）施工船舶驻位

由于风电场处于外海，缺乏掩护，同时海域风浪大、施工条件差，保证钢桩的平面位置准确十分关键和困难。可通过充分利用浮漂的方式对施工机位的位置进行确定，保证位置误差不超过允许值。当自升式辅助稳桩平台驻位结束以后，使用八字锚驻泊主起重船和稳桩平台左前方船。下锚方式为：后锚，45°垂直向外；前锚，60°垂直向外。

（4）运桩船靠泊

施工船舶泊位结束后，运桩船靠泊。沿着设计路线逆水流行驶，进入位置后，利用拖轮或锚艇实现方向和位置的精准控制与调整，使用缆绳连接其船首与主起重船，且处于平行方位。将船最终靠泊到主吊船的下风区域，最后使用两个八字锚锚固船尾。

（5）钢管桩起吊翻身

主要通过主起重船完成钢管桩的起吊与翻身。两个主钩完成主吊任务，副钩则完成抬吊任务，辅助钢桩翻身。钢管桩上设置有吊耳，主钩锁具挂至上吊耳，副钩锁具挂至下吊耳。通过抬升主钩、下降副钩的操作完成钢管桩的翻转和起立。吊耳挖侧需要提前用土工布裹好，防止在工作时其防腐涂料受到破坏。起吊过程中，使用缆风绳辅助摘除和保护钢丝绳，使用卡环连接副钩钢丝绳和底翻身吊耳。起吊翻身不可一气完成，钢管桩首先水平起吊，离开夹板 100mm 时先停止吊升。对钢丝绳受力进行检测，在确认没有异常的情况下继续吊升。离开夹板大约 1m 时，运桩船需要起锚驶离吊装区域。然后把桩吊至水面附近，借助水深完成翻桩。钢管桩在这段时间内仍要保持水平状态，主吊船主钩逐步升高，副钩逐步下降，直到不受力为止。在翻桩过程中，桩底要留出 2m 左右的安全距离，以避免钢管桩在竖直状态下，解除副钩束缚，完成翻桩时，因钢管桩突然触底而导致的主钩脱钩。

（6）钢管桩吊装入龙口

钢管桩起吊、水中翻身结束后，撤除钢管桩主起重船上的副钩，利用绞锚移动主起重船，使其中轴线和稳桩平台中轴线对齐。之后利用船首八字锚上的绞锚移动主起重船，使其与稳桩平台保持合理距离。将钢管桩吊进龙口，然后用抱桩器将钢管桩抱合。移桩过程中，保持起重船和导向架的距离在 2m 以上，确保安全。在钢管桩入龙口之前，应使千斤顶伸缩量处在最大顶升能力状态。抱桩器具设立两台经纬仪，大约呈 80° 方向。进入龙口后，要严格监测桩身垂直度。如果垂直度满足要求，则需要综合利用主钩升降、扒杆转动和千斤顶调节等手段对其进行调整控制，使垂直度控制在 1‰ 以内。最后通过调整千斤顶顶升状态，完成钢管桩桩身预抱紧工作。

（7）自沉及压锤

钢管桩吊装入龙口及垂直度符合要求后，通过缓慢下放主钩使钢管桩自重下沉。钢管桩自沉应缓慢进行，接触到泥面以后，若下沉速度过大，泥土会对钢管桩造成较大阻力，容易使桩提前脱钩。因此桩身自沉时，控制速度是关键，要严密观测起重船起重量的变化。

除了自沉速度，沉桩过程中桩身的垂直度也是重要控制点。整个过程都要通过两台经纬仪实时观测桩身的垂直度。如果发现桩身垂直度超过设计要求，需要暂停沉桩，调整垂直度，综合利用主钩升降、扒杆转动和千斤顶调节等手段，调整到允许值后继续沉桩。如偏差过大（超过 1‰），需要将钢管桩提起至离开泥面，在钢管桩桩身呈自由垂直状态后，将钢管桩从泥面上抬起，重新下放。钢管桩自沉无进尺后，主钩慢慢减力，静置观察 5min 以上，直至完全不受力为止，如无异常，将主钩下放，解除吊索具。桩自沉结束后，主钩用带有卡环的钢丝绳将击锤的顶部吊点连接起来，套住击锤，将击锤吊到桩的顶部，开始击锤。压锤和沉桩时完全下放吊锤钢丝绳，需要借助油管下方安装移动万向滑轮防止油管磨损，用克令吊和吊袋来完成托吊冲击锤油管的辅助工作。

（8）锤击沉桩

操锤手根据平台上起重人员的指挥，先以最小能量单击，随后根据进尺逐渐增大锤击能量，根据地质分析资料，进入易溜桩层改为小能量锤击，根据实际进尺改变锤击能量。距离沉桩到位约 10m，联系高应变检测人员至平台，通过爬梯或吊笼完成高应变检测仪器安装，继续锤击沉桩，直至沉至设计标高。全程由测量人员控制垂直度，千斤顶操作人员根据测量人员反馈进行停锤调整。

钢管桩允许沉桩偏差：绝对位置（CGCS2000）的允许偏差不超过 50cm；桩顶高程偏差小于 5cm；基础顶法兰水平度（桩轴线倾斜度）偏差≤3‰，则不需要调平；基础顶法兰水平度＞3‰需报监理单位、建设单位和设计单位，进行专门研究处理。

当出现以下现象时，立即停止锤击，及时查明原因，并立即与有关方面取得联系，共同研究确定，迅速做出处理：1）桩顶达到设计标高，且最后 25cm 平均贯入度超过 2cm；2）桩顶未到达设计标高，但总锤击数超过 7000 击；3）桩顶未到达设计标高，以最大锤击能量打击 25cm 内平均贯入度仍小于 1mm；4）桩身严重偏移、倾斜。

（9）内平台安装

沉桩结束后，通过起重船吊机把内平台和相关物料吊送到桩顶安装。安装人员使用爬梯进入内平台，将内平台安装线与内平台上的标记对齐，对内平台螺栓进行拧紧，并进行密封胶涂刷。

2.1.5 浅滩区坐底半潜驳船单桩沉桩技术

2.1.5.1 特殊作业

船舶坐滩施工是指通过调节船舶压载舱中的海水实现船舶坐底和上浮，通过船舶坐滩施工可实现沉桩和风机安装，能有效地解决自升式安装船数量不足的问题。船舶坐滩施工虽工艺成熟，但不确定因素很多，存在很大风险。船体坐滩容易引起周围水体湍流，冲刷泥沙，掏空船底，造成船体不稳；同时产生的二次应力容易使船体发生结构破坏；另外，起重船需要在非浮状态下进行大负荷全回转作业，船体较易发生安全问题。钢管桩施工是在船舶全部坐滩状态下起桩、施打，为缩短船舶在退潮状态下的最后定位时间，采用锚机对船舶进行定位，以保证抱桩器与船体中心重合，从而缩短退潮状态下船体的最后定位时间。在低平潮期间船舶坐滩时，安排专人监测船舶周围冲刷情况，避免流沙掏空船底，造成船体失稳。

2.1.5.2 施工船机及设备

浅滩区坐底半潜驳船单桩沉桩施工主要设备有：可坐滩作业的沉桩工程船，配置有双层单管桩沉桩专用抱桩器、液压冲击锤；起重吊索具；用于打桩测量定位的 GPS 移动站、倾角传感器、漫反射式激光测距仪；打桩的船机设备起重船、运输船、起锚船、交通艇等。

2.1.5.3 施工工艺

施工工艺流程，如图 2.1-14 所示。

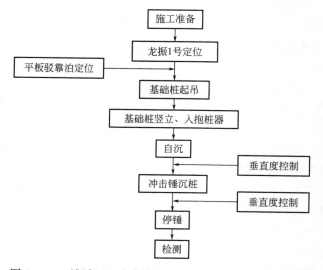

图 2.1-14 浅滩区坐底半潜驳船单桩沉桩施工工艺流程图

1. 打桩测量定位

如果施工区域距岸边较远，打桩定位推荐使用 GPS 定位系统，如图 2.1-15 所示。平面位置偏差可控制在 10cm 以内。船体的方位和姿态可通过两个 GPS 移动站和两个倾角传感器实时监控，抱桩器中心的位置可通过两台漫反射式激光测距仪实时监控并进行调整。实时位置数据与基桩的设计坐标实时对比，计算机控制界面上实时显示起重船的移动方位和具体的移动距离。船上安装"高程监测系统"，可以实时测出桩顶的标高；通过"锤击计数器"实时记录打桩的锤击次数，由此可以计算出打桩的贯入度，并实时显示在计算机监测系统界面。

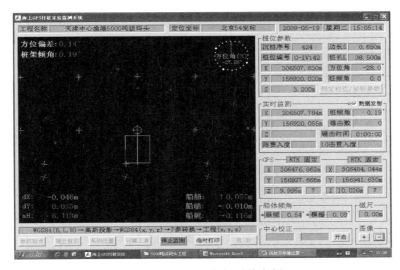

图 2.1-15 GPS 打桩系统案例

2. 起重船、运桩船驻位

在当地涨落潮平均流速为 0.28～1.24m/s，潮流方向与水道深槽方向一致，起重船、运桩船驻位时必须考虑潮流影响，依照海水涨潮和落潮规律安排船舶定位时机。所有船舶应赶在高潮平潮时段驻位，起重船和运输船平行布置，与涨（退）潮时潮流方向平行。起重船前后抛交叉锚固定，抛锚角度为 45°，锚绳长度不低于 300m，运输船傍在起重船右舷，且驾驶室方向与沉桩船驾驶室方向一致，并且带双缆绳保险。

3. 基础单桩起吊

准备好吊装索具，并检查其完好度。将组装好的索具挂于起重船主钩头上。起升该钩头并旋转臂架至基础单桩上端吊耳上方。将索具下端挂于基础单桩上端两侧吊耳上，并用浪风绳系于钢丝绳上。将钢丝绳圈通过 300t 卸扣与桩体尾部吊耳连接。旋转 800T 起重船臂架将另一个主钩头置于下端吊点正上方，下降钩头；并将 φ192m×22m 钢丝绳圈两端挂主钩钩头上。拆除该基础桩所有绑扎工装，同步起升 800T 起重船两个主钩头，抬起基础单桩。

4. 基础桩竖立、入抱桩器

（1）旋转起重船臂架，将基础单桩置于起重船尾端空旷滩面上方。

（2）同时下降两个主钩，将基础单桩放置于滩面上。继续下降基础单桩下端处钩头，并拆除钢丝绳圈。

（3）为便于基础桩吊耳方向垂直度的调整，将基础桩上端主吊单钩更换为双钩起吊。

（4）缓慢起升基础单桩上端起重船主钩头，并立起基础单桩。

（5）继续起升主钩头，至一定高度后（桩底离开滩面），回转起重机大臂将基础单桩套入抱桩器，收起抱桩器连系梁并插销锁紧。

（6）当基础桩在自然垂直状态时，利用起重机臂架和双钩调整桩的垂直度直至满足要求，然后把上下两个抱桩器的千斤顶锁紧。然后慢慢下放主钩，使基础柱在自重作用下沉桩，且需要实时调整和保证桩的垂直度。

（7）基础桩自重下沉结束后，将主钩下放，通过缆风绳将插编钢丝绳圈从桩上端的吊耳解开。在基础桩两个垂直方向分别读出每 10m 一挡的标尺度数，记为 A_{i0}（i 表示第 i 挡标尺，0 表示初始读数）。

（8）用索具钩用吊篮将测量人员吊至基础桩顶平台内，通过水准仪测量法兰倾斜度。

① 若测量法兰倾斜度偏差 $\eta \leqslant 1mm$，则自沉完毕不再进行垂直度调整，并根据测量倾斜度误差 η_0 换算成标尺偏差 $A_{i换}$ [$A_{i换} = 10 \times (i-1) \times \eta / d$，$d$ 为桩上端直径]，则各标尺读数为 $A_{i换}$ $A_{i换} = A_{i0} - A_{i换}$，$A_{i换}$ 的连线即为理论垂直度控制线。后续沉桩过程控制均以此线为依据进行。

② 若测量法兰倾斜度偏差 $1mm < \eta \leqslant 2.5mm$，需通过上下抱桩器调整基础桩垂直度，使法兰倾斜度偏差 $\eta \leqslant 1mm$，然后进行第①步操作。

③ 若测量法兰倾斜度偏差 $\eta > 2.5mm$，则需将吊篮吊卸至甲板面，重新将索具挂至基础桩上端两吊耳上。通过吊钩和抱桩器调整基础桩垂直度，使法兰倾斜度偏差 $\eta \leqslant 1mm$，然后进行第①步操作。

5. 冲击锤沉桩

吊装钢管桩后，钢管桩的垂直度由吊装钢管桩的千斤顶调节，再由吊机松钩，钢管桩开始自沉入泥中，桩的垂直度在自沉时被严密监控。钢管桩自重下沉完成后，开始锤击沉桩。首先吊锤及压锤，过程中要实时监测桩的垂直度，如果垂直度不满足要求，需要利用抱桩器上的液压滚轮进行调整，并重新压锤。压锤稳定后，开启液压锤通过锤击进行沉桩。开始先使用小能量轻轻击打一下，再次检查垂直度，若超过允许误差，则需要重新吊起击锤，查明原因并分析、重新调整垂度、重新压锤。沉桩过程中应注意在每次锤击沉桩前，预松吊机主钩至打桩锤顶卸扣呈 45°倾角即可，以防止由于锤击震动使卸扣松动，且每次沉桩前后做好检查工作。液压冲击锤海上沉桩，如图 2.1-16 所示。

6. 附属件安装

沉桩结束后随即进行桩基周边的高程复测工作，并按设计要求完成外平台、电缆管、救生舱等附属构件安装。急救舱在外平台安装完成后，由起重机吊装至外平台上指定位置并根据平台结构形式通过地脚螺栓、集装箱固定件、焊接等几种方式进行固定连接。舱在陆上预制而成，采用耐候钢按照设计要求进行焊接，其内布置有床铺、空调、折叠桌、储物柜等。

2.1.6　嵌岩单桩基础施工技术

2.1.6.1　特殊作业

当风场海域地质条件复杂单桩不能一次沉至设计标高时，需要进行嵌岩施工，需要配合钻机在岩层桩位中钻孔，然后通过桩锤击打直至设计标高，最后进行桩芯嵌岩混凝土浇筑，由钢管桩和混凝土芯共同承担荷载。该施工存在较多安全风险，包括桩基自稳能力和钻机荷载等问题；受地质条件影响较大，若遇硬岩，则对施工设备要求较高，施工效率较低、工期较长，且受海域大风、潮流、浪涌等环境影响较大。嵌岩单桩基础施工技术主要包括嵌岩桩施工和桩芯混凝土施工两部分。其中，灌注水下混凝土是成桩的关键工序，要做到快速、连续施工，确保灌注质量，防止发生质量事故。此外，在钢管桩沉桩过程中对不同沉桩深度遇到孤石要制定相应的解决措施，本节介绍采用整体式桁架钢平台作为施工平台的嵌岩施工方法。嵌岩平台为正方形整体式施工平台，平台在陆上加工基地完成制作后，水运至施工现场，采用起重船进行安装。利用基准桩和锚桩在设定标高位置焊接支撑牛腿钢管作为平台的搁置面。平台上安装一台门式起重机，放置长集装箱，用于施工人员的生活、材料存放、办公用房，四周设置高安全围挡，施工平台搭设后布置全液压钻机（图 2.1-17）。

图 2.1-16　液压冲击锤沉桩

图 2.1-17　施工平台搭设布置实例图

2.1.6.2　施工船机及设备

主要施工船机设备包括：起重船、全液压钻机、多功能驳船、130T 履带式起重机、水上混凝土搅拌船、嵌岩桩施工钢平台、交通船等。

2.1.6.3　施工工艺

嵌岩桩主要施工工艺流程如图 2.1-18 所示，包括：施工准备→钢管桩沉桩→嵌岩平台搭设→钻机就位→开钻→中间检查→终孔→清孔→测孔→钢筋笼制作→安放钢筋笼→安放导管→二次清孔→浇筑混凝土。

1. 嵌岩桩施工

为提高基础结构的水平刚度，工程桩采用 5∶1 的斜钢管桩，同时在承台以下钢管桩中灌注 C35 混凝土，以提高钢管桩抗弯刚度。嵌岩桩（斜桩）施工工艺具体如下：

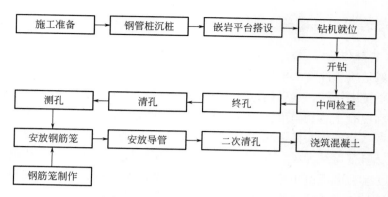

图 2.1-18 嵌岩桩施工工艺流程图

（1）钻机就位

钻机进场后在钢构加工基地内组装完成，吊至运输驳船，海运到施工现场，然后吊运到嵌岩施工平台，通过平台上的门式起重机移送到桩位，完成钻机就位。就位后，需要确保机架姿态正确且稳定，避免施工过程中出现倾斜、位移等现象。当安装钻杆时，钻杆、机架和钢管三者的倾斜度应保持一致，通过调整使钻机底座对中，然后允许开钻。在钻进过程中，通过监测保证孔倾斜度的偏差不超过1%。

（2）泥浆制备及循环系统

护壁泥浆需要具备以下特点：不分散、低固相、高黏度。泥浆配比试验在正式开钻前进行，选择不同产地的钙基膨润土，以及水、膨润土、碱、CMC、PHP等不同比例的膨润土进行试配，泥浆各项指标选择最优配比。泥浆池在钻孔施工前，先用泥浆机将膨润土泥浆搅拌均匀，待钢筒内泥浆性能指标达到要求后，再用泥浆泵将膨润土泥浆送入钢筒内开孔钻孔。

（3）钻进成孔

采用全液压钻机和配套工艺，使用的滚刀钻头必须和钻孔直径相一致。施工要点为：钢筒内清水钻进，钻头外径护圈上设置钢丝绳刷，随钻随刷洗护筒内壁的异物。钻进时，观察钻具运转情况，及时判断钻头是否顺利钻进。当钻头钻出钢筒后，采用中等钻压、缓慢钻进，在变层部位要严格控制进尺。每次接续钻杆前，必须先进行钻孔清扫，确保钻孔直径和钻孔垂直度达标。钻进过程中，要随时注意泥浆性能指标，保证孔壁的稳定。

（4）嵌岩起始面和终孔的确定

起始面确定原则：主要通过样渣对比，辅以地质剖面的岩层标高，由技术人员收集岩心，业主、监理和施工单位多方共同确定。根据钻孔地质报告初步判断钻机进尺情况及现场施工情况，结合沉桩记录进行比对。

终孔确定原则：嵌岩深度、成孔直径和成孔垂直度达到设计要求，经由施工方、监理方和设计方等相关单位审核批复后，方可终孔。

2. 桩芯混凝土施工

（1）清孔

终孔并验收后及时清孔。方法是先将钻具提至离孔底 30～50cm，使钻头慢慢转动，通过优质泥浆反循环以达到清空的目的，清孔过程中注意孔内水头，谨防孔壁坍塌。

（2）钢筋笼制作及运输

1）钢筋笼制作

钢筋笼制作时合理选择加工制作场地，钢筋笼依据各桩长分节制作。

2）钢筋笼运输

钢筋笼分节海运到施工现场，在平台上由门机起吊并逐节下放入孔。

（3）浇筑混凝土

1）下放导管

下放导管使用吊车。导管长度取决于桩长，桩的长度越大需要的导管数量越多，每三节导管要配备一支导向器。导管在使用之前，需先开展接头抗拉试验和水密承压试验（水压应大于 1.5MPa）。最底部导管的长度在 6～8m，导管端部与孔底保持 30～50cm 的距离。导管下放时，要记录好其安装顺序，同时测量每节导管的长度并做好记录。导管连接时，必须确保接头部位清洁、确保密封圈干净无破损，同时刷上黄油。导管必须安装紧固、牢靠。

2）二次清孔

导管安装好后，对孔深、孔底沉渣厚度进行再次测量，若孔底沉渣超过允许厚度，应开展二次清孔，使用空压机及导管，直至符合要求。

（4）水下混凝土浇筑

混凝土浇筑前，在搅拌船上准备好足够的砂石、水泥等原料，将混凝土现场搅拌均匀后，再用泵将其输送到嵌岩桩的导管中。

1）先将料斗灌满后再打开隔水球，靠混凝土自重和下冲力使孔内泥浆翻出，避免导管堵塞；2）每根桩存留标准试验块不少于三组，试块制备好后马上送去进行标准养护，待 28d 后进行强度测试；3）将钢筋笼内设置开口方钢，用测锤测量混凝土表面上升高度的测量，并记录在案，同时复核混凝土灌注量的计算值，以测量锤的多点测量为准；4）导管拆除：拆除导管要依照规范要求和相关经验，从埋管深度和时间两个方面确定；5）混凝土的实际灌注标高要高于设计标高 0.5～1.0m，以保证桩顶部位的混凝土强度；6）在保证灌注质量的前提下，水下灌注越快越好，且必须连续不间断；灌注过程中，随时检测混凝土的和易性、坍落度，保证质量；7）首批灌注混凝土的数量须由桩长计算确定。

2.2　群桩式基础施工技术

2.2.1　群桩式基础施工技术简介

群桩基础包括群桩和承台，是一种应用较为广泛的基础形式。高桩承台基础在国内具有丰富的施工经验，可靠度相对较高。其优点是整体性好、结构刚度大，纵向和水平承载力高，沉降量小且均匀；若为高桩高承台基础，还具备不受波浪影响的优势。缺点则是自重大、桩数多、承台混凝土浇灌工作量大，施工工序多；在近海若海床淤泥较厚容易存在地基承载力低的问题，在外海则存在施工困难问题。群桩基础一般适用于 0～25m 水深的海域。群桩基础的主要施工技术有设计基础的海运、沉桩和承台施工三部分，本节结合具体工程示例，重点介绍高桩承台式基础和导管架式基础的施工技术。

图 2.2-1 群桩基础示意图

2.2.2 群桩式基础结构形式及运输

2.2.2.1 群桩式基础结构形式

群桩基础（图 2.2-1）由群桩和承台组成，另外还包括电缆 J 形管、靠船设施及防撞结构等附件结构。承台一般为钢筋混凝土结构，起到承上传下的作用，把承台及其上部荷载均匀地传到桩上。桩基常采用钢管桩，桩内可灌注混凝土增加刚度和提高抗拔承载力。风机荷载通过刚性承台传递到钢管桩基础，桩基以拉压和水平力的形式承担承台传递的荷载，桩基呈轴对称布置。根据实际地质情况和施工难易程度，可选用根数不同的桩，外围桩一般为抗浪、水流荷载，中间采用填塞或成型的方式连接，整体向内倾斜有一定角度。群桩承台基础优点有承载力高，抗水平荷载能力强，沉降量小且较均匀等，缺点是工程量大，作业时间较长。

2.2.2.2 群桩式基础运输

群桩（钢管桩）多采用驳船运输，包括装驳和运输两个环节。简介如下：

1. 装驳

钢管桩由龙门档码头运出，采用龙门式起重机落驳。

（1）根据现场试桩经验，在竖桩过程中大钩易破坏桩顶以下一定范围内的防腐层。落驳前，在场地内可利用无纺土工布和塑料扎紧带对该区段进行包裹保护。

（2）落驳时，专职质量员负责对桩基的现场验收，并严格按落驳图落驳。

（3）桩驳甲板上设置专用搁置台座，台座与钢桩搁置处均设置"马鞍座"，保证钢桩与搁置面点契合。台座及"马鞍座"总高度需达到 600mm，以防止反扣吊耳压住甲板，在钢桩的接触面上设橡胶保护垫（防腐段）。第二层钢桩与第一层钢桩之间的垫木上包裹橡胶保护垫，以防止垫木损坏钢桩防腐层。

（4）每个承台有部分钢管桩分为 J 形管、靠船设施附件、防撞结构，其必须沉至设计确定的固定位置，制作时已标注特殊标记，落驳时需注意这些桩的落驳摆放位置。

（5）落驳时，将钢丝绳系在反扣吊耳上，钢丝绳另一端引出至工人便于操作的地方放置，钢丝绳与钢桩出现搭接的区段应包裹土工布（图 2.2-2）。

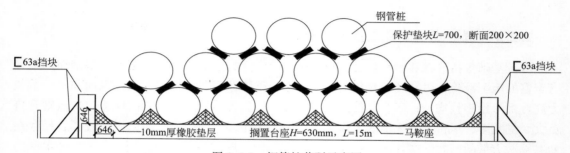

图 2.2-2 钢管桩落驳示意图

（6）落驳时，钢桩桩顶朝向运桩驳船首（楼子侧）。运桩驳到达现场后的驻位方向应保证其船首位于打桩船吊桩时的左舷侧。

2. 运输

钢管桩采用驳运船只的长度和稳定性满足施工要求，然后海上运输至安装点进行落驳。

3. 防腐涂层保护

为了保护钢管桩防腐涂层，钢管桩落驳、运输及沉桩施工中需做到以下几点：

（1）驳船上设置专用底座和"马鞍座"，钢桩接触面均需包裹橡胶垫保护。

（2）吊桩时不得移船，吊桩离开桩驳的瞬间要迅速，不能拖桩、碰桩。

（3）落驳和运输过程中，杜绝重铁件等硬质材料大力撞击钢管桩。

（4）现场应配备一定数量的防腐材料，施工过程中发现桩身防腐涂层存在破损，须及时予以修补。

2.2.3　高桩承台式基础施工技术

2.2.3.1　常规作业

高桩承台式风机基础施工常规作业包括：沉桩施工和承台施工两部分。其中沉桩施工包括：打桩船、桩驳驻位、画桩、吊桩、定位、锤击沉桩、生成沉桩记录、夹桩、警戒等作业。承台施工包括：测量、辅助平台施工、辅助桩施工、电缆 J 形管、靠船设施及防撞结构安装、钢套箱制作与安装、承台底板施工、承台钢筋施工、承台一期混凝土施工、挑梁拆除、芯混凝土施工、承台二期混凝土施工等作业。

2.2.3.2　施工船机及设备

沉桩施工投入的主要施工船机设备包括：打桩船、起重船、沉桩锤、发电机、GPS 定位系统等。承台施工投入的主要施工船机设备包括：起重船、混凝土搅拌船、运输驳船、拖轮、交通船、多功能驳等。主要实验仪器包括：振实台、坍落度筒、钢直尺、氯离子铁试模、砂浆试模、混凝土抗压试模、混凝土铸铁试模、水泥胶砂试模、游标卡尺、标养室温湿控制仪、水泥（混凝土）强度标准养护箱、干湿温度计、混凝土回弹仪等。

2.2.3.3　施工工序

高桩承台式风机基础施工包括沉桩施工和承台施工两部分。

1. 沉桩施工

沉桩施工工艺流程，如图 2.2-3 所示。

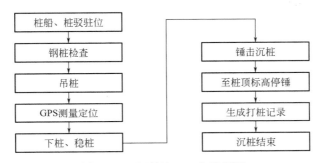

图 2.2-3　沉桩施工工艺流程图

（1）打桩船、桩驳驻位

打桩船和桩驳驻位要根据施工现场海域情况，确立各承台沉桩锚泊位置。考虑施工现场的潮流状况，利用打桩船沉桩时，要用八字锚和前后穿心锚将船只锚定。沉桩时，要考虑承台桩位，可通过或横流、顺流结合的方式进行打桩。进行桩的吊运时，打桩船、桩驳船长边轴线和水流呈45°角。桩驳在桩起吊以后马上转为顺流方向，降低其迎水面，防止走锚。综合考虑船型、风场地形地貌、风流和潮流等因素布置驳船停锚，防止各船锚缆相互干扰。

（2）画桩

画桩工作在钢桩落驳前的钢桩厂内完成，画桩长度为桩顶以下60m，加密段长度为桩顶以下25m。刻度线位置与阳极块安装侧一致，其整米刻度线的两端均需写上表示刻度值的数字。选择颜色与桩身防腐涂料色差明显的刻画线材料，以便测量人员准确观测，保证沉桩质量。画桩完毕后，根据沉桩顺序对将要施打的钢管桩进行吊桩作业。

（3）吊装、定位

进行桩的吊送时，要避免破坏桩身的保护层和防腐层，做到吊钩和吊绳缓慢轻放到桩上。吊装时，要迅速起吊，快速脱离装驳，避免碰桩和拖桩现象。及时通过定位测量系统对桩进行准确定位，在立桩之前要精确掌握水深，避免桩尖与泥面接触。

为提高工效、保证捆桩人员安全，钢管桩反扣吊耳提前系好一根5m长ϕ80钢丝绳，卸扣采用85t合金钢卸扣，反扣钢丝绳引出至易于吊装的部位暂放。

（4）锤击沉桩

采用俯打桩的方式进行沉桩。开锤锤击后，应在锤击过程中密切注意贯入度的变化，防止溜桩现象。当钢桩打至桩顶第一个吊耳距离龙口工作平台1m左右高度时，应暂停锤击沉桩，将以后妨碍J形管安装的第一个吊耳拆除（吊装工艺成功后该道工序可避免），然后继续沉桩，直到桩顶设计标高。

（5）生成沉桩记录

（6）夹桩、警戒

在完成各风机基础承台钢管桩沉桩后，为避免单桩立在海中失稳，要及时采取临时夹持、加固措施，并将太阳能警示灯安装在已经打好的承台桩上。

2. 承台施工

承台施工工艺流程，如图2.2-4所示。

（1）测量工程

1）测量定位控制

承台放样为外海作业，采用GPS定位放样。承台定位放样具体步骤：①底板铺设完成后，利用GPS系统测放出承台中心点。②以圆心为基准，在底板上测放和画出正北正南、正东正西方向轴线（与圆形承台直径一致）。③以圆心为基准，测放出承台边线，南北和东西轴线将承台圆周边线分为4等份，与钢套箱4片模板相对应。轴线与边线交接点为钢套箱模板拼缝处。④测量放线完毕，在边线内侧设置临时限位钢板（模板整体固定后拆除），模板安装就位后，在模板外侧设置限位支架，确保模板按定位边线安装到位。

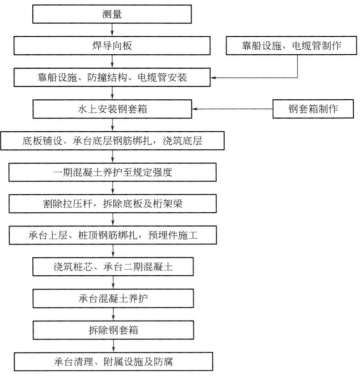

图 2.2-4 承台施工工艺流程图

2）测量工艺要点

①图纸提供的桩号、坐标、尺寸、高程等，在施工准备期间进行复核，并在图纸上使用 AutoCAD 进行绘制，以便对可能出现的错误及时发现并解决。②按照工程对测量仪器精度和性能的要求，选用合格的测量仪器。测量仪器必须由专人操作，以免损坏仪器。为保证测量精度及仪器安全，禁止在大风、大雨、大雾等恶劣气候条件下使用仪器。在阳光下或小雨天作业时，应采取遮阳、遮光或遮雨措施。为了保证仪器始终处于正常工作状态，仪器必须定期保养、定期自检，并按规定时间送专业检定中心检定。

（2）辅助平台施工

承台施工辅助平台的功能有：①储放预埋件、承台钢筋半成品、工具和设备等施工材料及器具。②设置钢筋加工点。③布设施工人员休息区。④平台上可安装履带式起重机，履带式起重机自身配备四个吊耳，辅助平台搭设验收完成后，利用起重船吊至辅助平台履带式起重机的设定区域。履带式起重机主要负责的安装构件和任务包括：J 形管、靠船结构、防撞结构、分体式安拆钢套箱、钢筋、承台预埋件，以及材料装卸等。

辅助平台能够实现承台施工变水上为"陆上"，可显著降低风浪对承台施工的影响。

1）辅助平台设计

①辅助平台导管架采用座底安装工艺，考虑导管架平台的自稳性能，其支腿需适当插入泥内一定深度。②可考虑通过使用大直径桩来降低用桩的数量。③采用整体拼接成形（含导管架、H 型钢、网格板、栏杆、钢梯、钢护舷等），考虑现场风浪工况条件差，采用

整体安装工艺。

2）辅助平台定位与安装方法

将两台GPS流动站在辅助平台下海侧的甲板上（图2.2-5中的A点和B点）测放出辅助平台安装边线。两台仪器中心构成的直线与船舷外沿平行，仪器间距大于稳桩平台尺寸。测量A点和B点与船舷外沿的垂直距离，使定位船舷与辅助平台边平行。在两台仪器居中的位置，标记出与船舷外沿相垂直的刻画线（图2.2-5中的C线）。分别测量两台仪器中心至C线的垂直距离。确定辅助平台吊装时的方向，在平台靠近方驳侧外沿上做好醒目标记（图2.2-5中的D点）。在辅助平台东西两侧各设置一根牵引缆风绳，用于在安装时防止辅助平台发生大幅度的晃动。

上述准备工作完成后，就具备了辅助平台安装施工定位的条件（图2.2-5）。

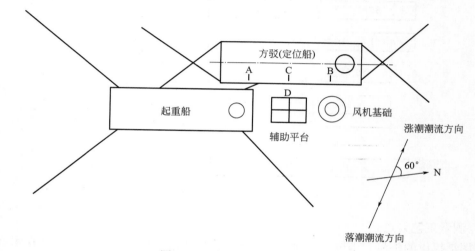

图2.2-5 辅助平台定位示意图

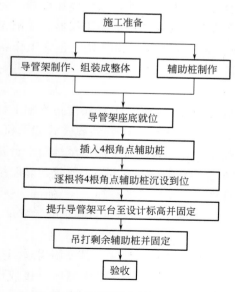

图2.2-6 辅助平台施工流程图

安装作业窗口的选择，原则上选择在小潮汛低平潮时段开始进行安装，涨潮期间完成安装工作，潮流小于1.14m/s时段约6h。

安装时，起重船将平台吊至事先做好标记的位置，辅助平台靠近定位船右舷（距离船边约50cm）。当辅助平台上的D点与船舷甲板上的C线在同一条垂线上后，平台调平后缓慢下放至设计高程（+3.0m标高）。确定辅助平台稳定后，脱钩，立即进入辅助桩施工阶段。

（3）辅助桩施工

1）辅助桩安装

单个辅助平台的施工流程，如图2.2-6所示。

在起重船配合下，将振动锤水平吊起，四个夹具靠近辅助桩桩顶，将夹具卡入桩顶并夹紧。起重船将夹住桩顶的振动锤缓慢吊起，使桩竖直，然后将钢桩插入导管架套管内。然后启动振动锤，将辅助桩打至设计标高。为防止导管架上提时辅助桩与套管憨牢，振动沉桩分为两批进行。第一批辅助桩打完后，利用起重船将导管架提升至设计标高。提升至设计标高后，对准套管上的安装孔，完成辅助桩安装孔的开孔。将搁置钢梁穿入安装孔内，详见图 2.2-7。将导管架下放安装至搁置钢梁上。随后依次完成第二批桩的吊打施工，并按上述方法开孔和安装搁置钢梁。钢梁与孔道之间存在高差缝隙处利用钢板垫牢。

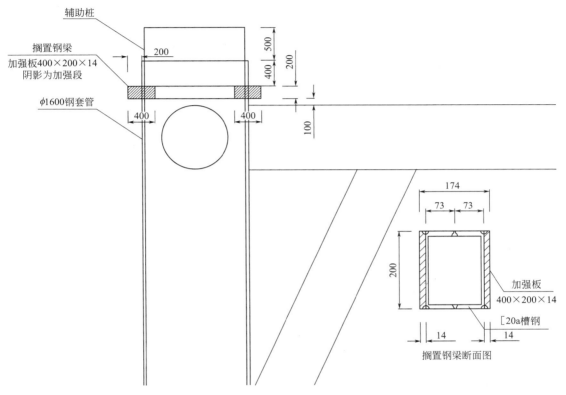

图 2.2-7　搁置钢梁安装结构图

2）辅助桩拆除

辅助平台拆除原则：单座风机承台混凝土施工完成后，利用辅助平台上履带式起重机将外爬梯及休息平台吊装完成，并将栏杆、挂篮、油漆等附属设施材料吊至承台顶面堆放，然后进行辅助平台拆除工作（进入下一承台的循环施工）。

拆除流程：拆除工器具，清空平台杂物→拆除履带式起重机→起重船吊住导管架→拆除搁置钢梁→先拆辅助桩→辅助桩放置至运输驳甲板上→将导管架平台整体拆除→放置至运输驳甲板上并临时加固→所有平台设施移至下一作业点。拆除所用振动锤与辅助平台打桩时相同。

辅助平台拆除后，项目部技术部门对辅助平台结构进行安全评估，保证辅助平台的结构安全性能。主要检查内容包括：辅助桩的完整性、变形情况、锈蚀情况，导管架防沉杆有无穿孔、漏水情况，网格板破损情况，爬梯的稳固性等。如果出现杆件变形、穿孔或焊缝处渗水等情况，需采取更换杆件、补焊修复，确保辅助平台整体结构完整、安全。

（4）电缆J形管、防撞结构及靠船设施安装

1）电缆J形管、防撞结构安装

电缆J形管和防撞结构在场内整体制作成形。沉桩后，由运输船运至安装点，利用辅助平台上的履带式起重机将其安装至设计的钢管桩上并塞好楔形塞固定。按照设计要求完成安装。

2）靠船设施安装

靠船设施安装，使用高强度水泥基注浆材料对靠船设施和桩体进行灌注，采用C40水泥。灌浆材料应具备很好的稳定性和耐久性。由于所处环境的特殊性，经常遭受风荷载、浪荷载、潮流荷载及船只撞击荷载，灌浆材料还应具备很好的抗疲劳性能。同时受海洋环境影响，对灌浆材料的耐腐蚀性要求也较高，必须能耐 Cl^-、SO_4^{2-}、Mg^{2+} 等的腐蚀。确保超过25年的稳固连接。

沉桩完成后，应选择在低潮位安装、布设靠泊防撞装置。

（5）钢套箱制作与安装

钢套箱模板包括底部桁架、挑梁和侧模板，可以分片安装，也可以整体安装。

1）钢套箱设计

钢套箱包络上、下挑梁、侧壁模板和底部桁架四个主要部分。钢套箱侧壁主要由10mm 厚钢板、10mm 加强钢板和角钢等组成，设置 80mm 厚度保温层。

2）钢套箱加工制作

钢套箱的加工制作可以在陆地工厂完成，整体海运至风场安装使用。钢套箱需要较高的加工精度，钢板拼缝的平整度不能超过 3mm，拼缝要使用橡胶密封，保证结构密实不透水。侧壁单片间需要通过螺栓锚固，与桁架梁的牛腿间则需要通过插销连接。

3）钢套箱运输

钢套箱在运出之前，需在套箱上标注安装方位。落驳吊装所用的钢丝绳规格、角度、吊高等均要满足安全和强度要求。通过运输方驳海运至施工现场。

4）钢套箱安装

① 测量控制

主要控制点是钢套箱钢梁主梁边线，在桩顶放样，标出安装定位点，同时在桩顶上焊接导向板，以便安装。

② 钢套箱分体式安装

利用辅助平台上的履带式起重机完成钢挑梁和钢套箱安装。先安装底部桁架，利用钢丝绳挂在桩顶上；然后安装下挑梁和上挑梁，完成铰接锁定，安装精轧螺纹钢吊筋，调平底部桁架；再然后铺设底板，最后逐片安装侧模板，在分片安装时，通过与上下挑梁及底部桁架及时加固，为了更精确就位，采用边安装、边测量调整，逐步焊接导向板及限位板的办法。

③ 钢套箱整体式安装

在起重船上完成整体拼装，下挑梁与底部桁架之间除了利用精轧螺纹钢连接，还需利用 30#槽钢进行刚性连接。通过起重船吊装，完成钢套箱的整体安装。安装结束后，通过30#槽钢把钢套箱和桩顶连接在一起，组成整体结构，由此可提高桩的稳定性，避免施工中发生晃动。

④ 钢套箱整体安装与分体安装工效对比

整体安装主要是在船上拼装成一个整体，通过大型起重船一次性进行安装就位。起重船上拼装条件相对较好，人员操作灵活性强，拼装及吊装时间可控制在 1~2 天时间内，该方式上平台时主要依赖大型起重船。

分体式安装主要分六个大部构件，底部桁架、挑梁及 4 片侧模，安装起吊次数较多，对现场安装风浪条件要求较大，同时每吊安装后须焊接加固，需要一定时间，工人水上操作较不便。该方案对现场施工海况要求较高，连续作业天数不可控，总体工效不高。

⑤ 钢套箱整体安装与分体安装的工况条件

考虑到现场风况、涌浪、船舶晃动等对钢套箱安装的影响，在不同情况下选择合适的安装方式，如表 2.2-1 所示。

钢套箱安装方式适用条件
表 2.2-1

安装方式	风况	涌浪导致船舶晃动横摇角度	涌浪导致船舶晃动纵摇角度
整体式起重船安装	≤6 级	$\theta \leqslant 3°$	$\theta \leqslant 3°$
分体式履带式起重机安装	>6 级但在吊臂可作业范围内	$3° < \theta < 5°$	$3° < \theta < 5°$

⑥ 钢套箱侧模拆除及维护

承台施工结束后需要进行侧模拆除及维护。模板拆除时，为了增加对侧模的保护，先对相邻两个侧模进行加固，再卸除需拆除钢模大部分的连接螺栓。通过起重设备吊至甲板上，拆除过程中配备两根缆风绳进行牵引，防止侧模板大幅度摆动，损坏模板。

钢套箱拆除后，项目部技术部门对钢套箱的锈蚀情况、平整度、刚度等进行检查验收，不能满足使用条件的模板须进行整修或替换，确保承台施工的安全及质量。

（6）承台底板施工

承台底模板采用底包墙的施工工艺。底部桁架上铺设格栅，并铺设一定厚度的竹胶板。

（7）承台钢筋施工

1）施工工艺流程图

钢筋施工工艺流程，如图 2.2-8 所示。

2）钢筋试验

钢筋进场后，经母材复检、焊接试验合格后，进行下料、弯曲成形或对接加工，通过多功能驳运至施工现场进行安装绑扎。

3）钢筋接头处理

对直径≥25mm 的钢筋，采用套筒机械连接；对直径为 16~25mm 的钢筋，采用闪光对接头焊并磨去接头毛刺；直径≤16mm 的环形钢筋，可采用绑扎搭接，绑扎搭接最小搭接长度为 $35d$；环形等钢筋需要现场封闭连接时，一律采用绑扎搭接，搭接长度为 $35d$，不得在现场搭

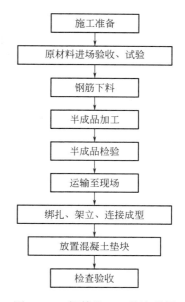

图 2.2-8　钢筋施工工艺流程图

接焊；同一截面内接头面积应小于钢筋总面积的 25%，连接区段的长度为 45d（d 为纵向受力钢筋的较大直径者）。钢筋接头数量、长度及接头的机械性能严格按规范和设计要求进行绑扎或焊接，焊接质量必须满足规范要求。

（8）承台一期混凝土施工、挑梁拆除

混凝土采用水上搅拌船浇筑，一期混凝土浇筑时间一般为 1.5h 左右。因侧模板需在所有承台混凝土浇筑完成后方可拆除，在浇筑完一期混凝土后，应对混凝土面标高进行检查，并利用小型抹子对模板边的混凝土面进行收光找平，确保施工缝水平一致。承台一期混凝土施工应选择天气较好时进行，防止钢管桩摇摆幅度过大导致混凝土破坏。

混凝土浇筑期间，应利用高压水枪冲洗桩身及侧模板上的挂浆（溢浆口位于模板顶以下 0.7m 处，即挂浆可能出现在模板中下部），做好成品保护，确保外观质量。

混凝土浇筑过程中，如果出现混凝土泵送管道堵塞，需要用水冲洗管道时，必须使用搅拌船压舱淡水进行冲洗；清理模板内混凝土时，严禁使用带海水的工艺进行清洗。

待底层混凝土达到规定强度后，拆除底部桁架、吊筋和挑梁，具体步骤如下：①将侧模板底部限位拆除，使侧模板与底部桁架脱开。②松开下挑梁顶的直吊筋螺母，让底部桁架在自重作用下缓慢下放 1m 左右。③拆除底模板，逐块放置到运输船上。④底板拆除后，拆除底部桁架梁位置"葫芦"与相邻的两片连接起来，卸除连接处螺栓，然后将该片桁架梁下放吊出。依次一片一片拆除，最后两片通过葫芦铁链挂在顶面悬挑梁上。

（9）桩芯混凝土施工

桩内抗剪钢筋在钢管桩加工场地，管节涂刷防腐层前按照设计图纸焊接在桩内壁，桩顶钢筋在现场制作安装，隐蔽验收后浇筑桩芯混凝土。

（10）承台二期混凝土施工

1）预埋件安装

风机设备基础预埋件包括预应力螺栓组合件和温度监控传感器。预应力螺栓组合件采用整体安装工艺。

选择某个承台作为温控典型施工，为拆模收集相关数据。在钢筋骨架和预埋件完成安装后，在钢筋骨架上安装固定温度传感器。温度传感器布置方式为：传感器布置在承台圆心竖直线两侧；表层传感器布置在 +16.2m 标高（混凝土顶面以下 100mm 处），共两个传感器，水平间距 400mm；下层传感器布置在 +14.9m 标高（混凝土顶面以下 1.4m 处），共两个传感器，水平间距 400mm。

2）混凝土分层浇筑作业

在浇筑二期混凝土前，应先对一期混凝土和桩内混凝土表面进行凿毛处理，并清理干净杂物、松动石子等。然后利用淡水充分湿润一期混凝土表面，铺同强度等级的富砂浆混凝土，以保证混凝土结合良好。

二期混凝土浇筑时，其分层浇筑高度不大于 500mm，自承台中心位置下灰，逐渐向四周布料。振捣应充分，快插慢拔，逐层振捣均匀、密实。

下灰前，利用土工布条对螺栓顶保护帽包裹保护，土工布条利用扎丝扎牢。下灰时，严禁直接灌注在预埋件上，避免对预埋件造成位移、损坏。振捣过程中，应注意保护温度传感器，靠近传感器 200mm 范围内不得直接振捣，利用振动效应密实即可。

3）温差监测

一期混凝土因厚度小，直接覆盖保温养护，不进行温差监测。

二期混凝土需进行温差监测。运用集成模块化监控温度系统，温度传感器采集频率为 2 次/h，远程收发信号，自动接收温度测值并开展温差分析。监测周期大于 14d，内外温差小于 25℃时，才允许拆模。

由典型施工评估拆模时间，指导后续承台施工。

2.3　导管架式基础施工技术

2.3.1　导管架式基础施工技术简介

导管架（桁架式）基础是一种格构式结构，由导管架与桩两部分组成（图 2.3-1）。导管架是一种以钢管为骨棱的钢质桁架结构形式，为预制钢构件。常用的有三腿导管架、四腿导管架、三腿加中心桩导管架和四腿加中心桩导管架等形式。导管架基础与钢管桩通过高强度灌浆材料连接后固定于海底，高强度灌浆材料具有流动度大、无收缩、早强及高强等特点，且制备简单、成本适中。导管架基础的优点是：导管架基础空间整体性好，具有较强的承载能力，抵抗倾覆弯矩能力大，同时刚度大，变形易控制；对打桩设备要求较低；在陆地上预制，海运至施工现场安装，施工简单。缺点是基础沉桩以及导管架的安装工程量较大，因此对相关海域可作业窗口的时间要求较高，且要求施工设施在风、浪、海水流动等复杂荷载下有足够的自稳能力。导管架基础一般适用于水深 0~50m 的海域，且在 20~50m 水深海域为宜。

图 2.3-1　导管架基础结构示意图

2.3.2　导管架式基础施工技术

导管架式基础施工主要包括沉桩和导管架安装两部分。根据沉桩和导管架施工的先后顺序关系可分为先桩法和后桩法。先桩法是先打桩后放置导管架的方式，后桩法则是先放置导架后进行沉桩施工。基于实际工程，本小节介绍先桩法沉桩施工及导管架安装关键工艺。

2.3.2.1　沉桩施工

沉桩主要工作为：1）稳桩平台施工（制作、运输、安装、拆除）；2）辅助桩、定位桩施工（制作、运输、沉桩、拆除）；3）工程桩施工（制作、运输、沉桩）。施工所需船机和设备主要有：起重船、甲板驳、拖轮、锚艇、交通船、液压锤、振动锤等。

1. 稳桩平台制作与运输

（1）稳桩平台结构

浮式稳桩平台由稳桩平台主体框架钢管、4 个浮箱、上下两层工作平台（型钢、格栅板）、平台间楼梯、栏杆等辅助设施构成。

（2）稳桩平台制作

稳桩平台前期钢管制作、卷管焊接、相贯线切割、管节部分防腐工序安排在广东省华盈科工集团有限公司进行加工，通过陆运方式转运至江门市新会航建工程有限公司进行片体安装焊接、整体组拼焊接、附件安装、最终防腐工作。稳桩平台制作分为：钢管制作、卷管焊接、片体安装焊接、整体组拼焊接、浮箱安装焊接、附件安装、防腐涂装。

（3）稳桩平台装船与运输

稳桩平台驳运至施工海域后，由起重船起吊倒驳至起重船甲板。稳桩平台在起吊、运输和堆存过程中，应避免碰撞、摩擦等原因造成的磨损、管节变形和损伤。

2. 辅助桩制作与运输

（1）辅助桩制作

辅助桩制作从材料进场到验收流程如图 2.3-2 所示。

（2）辅助桩装船与运输

钢管桩陆上制作后自航驳水运至现场。辅助桩在起吊、运输和堆存过程中，应避免碰撞、摩擦等原因造成的磨损。运输船上焊接吊桩用专用限位导向支座，并设置半圆形专用支架，接触面上铺橡胶垫层。每根桩的运输支架设置位置及数量应以运输全过程中不超过钢管桩允许承受的应力为依据。运输船舶系泊方案应可靠，保证在整个装船作业期间不发生问题。需根据驳船甲板的尺寸和形状及钢管桩结构特点等，做好钢管桩在驳船甲板上放置、固定的详细设计。

3. 稳桩平台、辅助桩现场施工

采用浮式稳桩定位平台，主要包括 4 根辅助桩、1 根定位桩、平台主体、4 个浮箱及平台与桩的连接系统。稳桩平台施工流程，如图 2.3-3 所示。

（1）中心定位桩施工

1）起重船初步抛锚就位后，运输船抛锚定位，其驻位方向与起重船一致。用 GPS 测出起重船简易抱桩器中心坐标，通过绞锚使得抱桩器中心位置与风机机位中心位置重合。

2）起重船中钩起吊振动锤（EP800），通过振动锤两侧的钢丝绳圈进行定位桩主吊耳挂钩工作，以运输船上提前焊接的翻桩器为支撑慢慢立桩，立桩稳定后起重船大臂旋转将定位桩送至抱桩器龙口处，通过龙口处限位装置将定位桩固定住，稳桩入土后，振动锤下落夹住定位桩，将定位桩沉至标高＋10m 位置（图 2.3-4）。

（2）稳桩平台安放

平台放入水中后，浮箱和底层平台钢管的浮力要大于浮式稳桩平台的总重量，并计算浮箱最终吃水深度（图 2.3-5）。

1）定位桩沉桩完成后，起重船绞锚离开 28m，稳桩平台起吊前用 4 根缆风绳（起重船、运输船各两根）系在平台 4 个角点处。

2）双钩起吊稳桩辅助定位平台，利用辅助平台的中心定位装置套在定位桩上，辅助平台浮在水面上后，稳桩平台解钩稳定后，通过卷扬机拉扯与起重船和运输船上相连的 4 根缆风绳，控制稳桩定位平台的方位角，确保方位角满足设计要求。

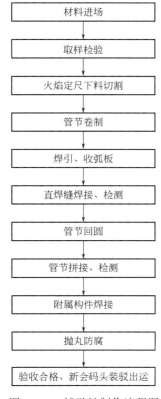

图 2.3-2　辅助桩制作流程图

图 2.3-3　稳桩平台施工流程图

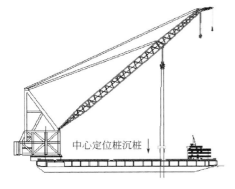

图 2.3-4　定位桩沉桩示意图

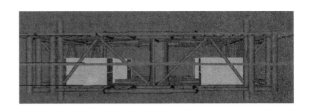

图 2.3-5　平台入水后示意图

（3）辅助桩施工

稳桩平台方位调整好后，起吊辅助桩利用振动锤分别施打在稳桩平台的 4 个角，依次将 4 根辅助桩沉桩至设计标高。

（4）稳桩平台与定位桩、辅助桩连接

1）采取平台反吊工艺：稳桩平台起吊至一定高度后，将提前固定在平台的 8 根柔性钢丝绳（12.8m 钢丝绳圈、55mm 柔性钢丝绳、4 个角各两根）挂至辅助桩饼式吊耳，调整平台上层平台标高至＋8m，调整稳桩平台水平度。调整完毕后，采用气保焊将稳桩平台与辅助桩（包括定位桩）采用 50cm×50cm×2cm 三角钢板（每个辅助桩焊接 8 块）焊接连接牢固。中间定位桩加固详见图 2.3-6（4 根辅助桩加固方式与其一致）。

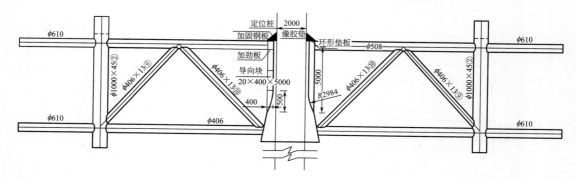

图 2.3-6　定位桩与稳桩平台焊接示意图

2）稳桩平台搭设完成，进入下一道工序施工。

（5）稳桩平台、辅助桩拆除

1）沉桩结束后，测量钢管桩相对位置及钢管桩桩顶标高等数据后，进行稳桩平台拆除准备工作。起重船进行稳桩平台吊耳钢丝绳挂钩，使钢丝绳处于刚要受力的状态，同时进行稳桩平台与辅助桩连接三角钢板的割除工作，确认钢板焊缝切割完成，提升平台将 8 根反吊钢丝绳从辅助桩饼式吊耳处解除，缓慢下放稳桩平台使其落至水面，此时解除钢丝绳。

2）起重船起吊振动锤依次将辅助桩拔出泥面吊装在运输船上，拉紧稳桩平台上的 4 根缆风绳使稳桩平台处于稳定状态，利用振动锤将定位桩拔出泥面吊装在运输船上。

3）起吊稳桩平台至起重船甲板面进行下一道工序施工。

4）辅助桩和定位桩（最后）依次拔出，起吊稳桩平台。

4．钢管桩制作与运输

（1）钢管桩（工程桩）制作

钢管桩制作流程，如图 2.3-7 所示。

（2）钢管桩运输

钢管桩运输由项目部组织运输船运输，钢管桩制作厂负责装船及加固。钢管桩的运输应确保满足现场的施工进度要求。为了适应工程海域风浪条件，选用合适吨位的自航驳作为运输船，沉桩采取一个工作面施工。

钢管桩采用 4 条搁置架焊在甲板上，用垫墩、支座和撑杆等支撑结构加固绑扎，将钢管桩可靠地固定在驳船上。钢桩固定架有可能与钢桩涂层接触的部位均需包裹 3cm 厚胶带。钢管桩防腐涂层完成后，在吊运过程中，均不得采用钢丝绳直接捆绑吊运。

5．钢管桩沉桩

沉桩工艺流程，如图 2.3-8 所示。沉桩起重船完成起吊、竖桩、送桩等工作。

（1）稳桩平台安装结束前，钢管桩运输船进场，与起重船抛锚方向一致，前后抛交叉锚。

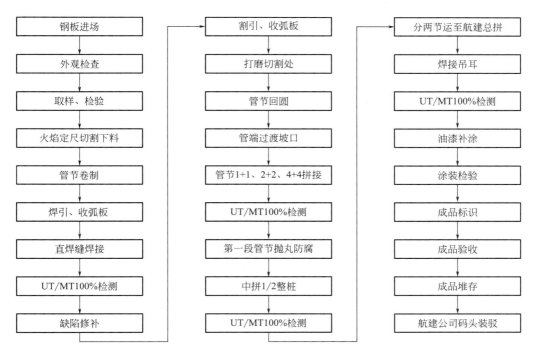

图 2.3-7 钢管桩（工程桩）制作流程图

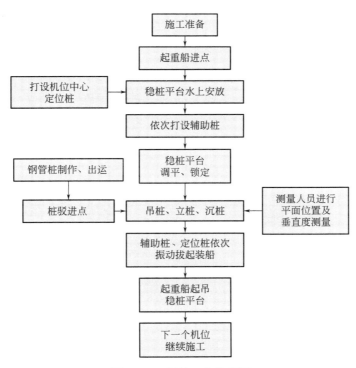

图 2.3-8 沉桩工艺流程图

（2）起重船船头适当绞锚调整船位，船侧与稳桩平台保持 10m 的安全距离，起重船定好位后，其左侧主钩通过 4m 钢梁连接主吊耳，右侧主钩通过钢丝绳卸扣连接翻身吊耳，大臂中心与桩的重心相重合，水平起吊钢管桩离开运输船甲板面一定高度。

（3）利用水深进行翻身立桩作业，立桩完成后，调整钢管桩高度，旋转大臂将钢管桩送至龙口处，先插 1 号桩（起重船旋转最远距离的桩）。钢管桩进入稳桩辅助平台的龙口中，在稳桩平台的上下两侧层的龙口处各安装 4 个千斤顶，调整龙口上的千斤顶使钢管桩垂直，下钩，不断调整龙口上的千斤顶，调整钢管桩桩身垂直度，使垂直度满足设计要求。钢管桩自重入土，稳定后，解钩（图 2.3-9）。

（4）1 号桩插好后，重复上述第（3）点工作流程依次插 2 号、3 号、4 号桩（图 2.3-10），4 号桩插桩时起重船需绞锚后退 5m 左右（根据船机起重曲线表舷外最小距离 13.5m）。

（5）起重船起吊沉桩用液压锤，套桩。锤重压桩，桩受锤重下沉。接着开始锤击沉桩，顺序

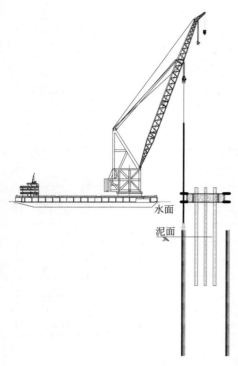

图 2.3-9　工程桩沉桩

依次为 4 号、3 号、2 号、1 号桩，过程中谨防溜桩。

重复以上过程，将 4 根桩打至设计要求标高。

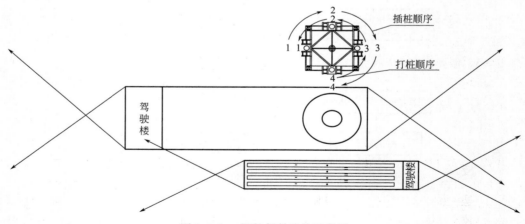

图 2.3-10　沉桩船舶驻位示意图

2.3.2.2　导管架施工

1. 导管架制作与运输

（1）导管架制作

风机导管架在陆地工厂加工制作，制作流程如图 2.3-11 所示。

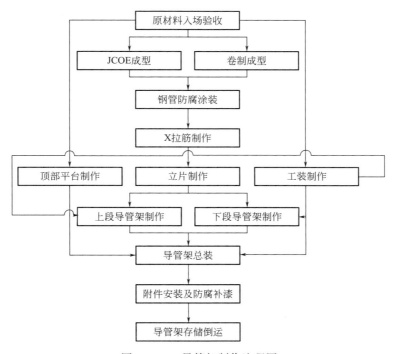

图 2.3-11　导管架制作流程图

（2）导管架运输

风机导管架采用运输船进行海上运输，工艺流程如图 2.3-12 所示。

1）装驳工艺选择

导管架需要从组装场地车板接货，短倒至码头前沿滚装上船，然后海运至目的地。

2）驳船就位

首先确认滚装时间，在驳船甲板上利用油漆画出运输车辆行走轮廓线、纵向中线，对位误差控制在 ±10mm 以内，并保证甲板与码头平面共面。滚装船驶入装船码头并与码头呈 "T" 字形摆好，调整船只甲板龙骨线与发运区中线对中定位，误差控制在 ±10mm 以内，通过尾部的系固缆绳与码头边缘的锚桩呈 "八" 字形连接并进行绞紧系泊。

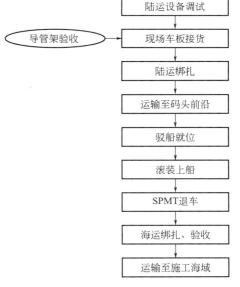

图 2.3-12　导管架运输流程图

3）导管架装船

SPMT 驶出导管架，施工人员将导管架底部与甲板进行焊接，对导管架做绑扎加固措施。在导管架内部拉好缆绳，采用 $\phi30\text{mm}$ 的钢丝绳、安全工作载荷不小于 34t 的螺旋扣、夹头及耳板等组合件作为绑扎机具对设备与船只之间进行绑扎，应注意绑扎机具与设备接触部位的防护，每个面的一对缆绳呈 "八" 字状态进行绑扎，绑扎情况如图 2.3-13 所示。

将支承座与支墩焊接，支墩与驳船的甲板进行焊接，保证支墩底部4个边满焊。

2. 导管架现场安装施工

施工工艺流程，如图2.3-14所示。

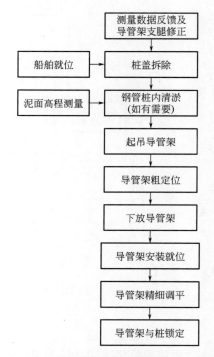

图 2.3-14　风机导管架安装施工流程图

图 2.3-13　设备装船绑扎绳索工具示意图

（1）桩基测量与数据反馈

根据沉桩作业后测定的钢管桩平面位置及标高，对导管架各支腿上的调平垫块进行焊接，调整导管架的垫块厚度，使导管架各支腿搁置面标高与桩顶标高基本吻合。将测量的数据反馈至导管架的制作厂家，将导管架的腿柱逐个编号，对应施工现场的钢管桩，通过调节导管架支腿顶板下钢板的厚度来保证导管架吊装后的粗调平。

（2）船舶就位

根据现场实际风向及流向，运输船抛锚结束后，导管架运输船进场，其抛锚方向根据设计塔筒门方向进行布置。

（3）桩盖拆除、钢管桩桩内清淤

起重船就位后，潜水人员先进行4个桩盖的拆除，并对钢管桩桩内泥面标高进行测量。根据灌浆区间的底面高程确定需要清理淤泥的厚度。清淤过程中，需常测量泥面标高，确保泥面标高满足支腿插入的同时，尽可能少清淤。

（4）导管架起吊安装

导管架吊装考虑双钩起吊，双钩间距5m，每钩吊两根30m（两端琵琶扣）长吊带，每根吊带两端分别系一个吊耳，8点起吊的方式进行导管架吊装。导管架安装在平潮时进行。可先进行最长支腿的对位，然后进行中长度支腿的对位，最后进行其他2条支腿的对位，保证导管架吊装时支腿垂直于水平面（图2.3-15）。导管架定位系统采用数字化和可视化软件系统。起吊之前在平台上设置 2 个 GPS 测点，顶面法兰面布置一台测倾仪（图 2.3-16）。

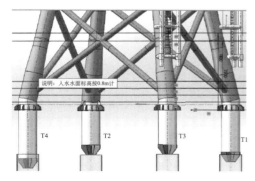

图 2.3-15　导管架支腿入桩定位示意图

图 2.3-16　导管架测量仪器布置图

在导管架起吊后，GPS 实时测定导管架位置，结合测倾仪测量导管架起吊过程中的倾斜度，实时反馈导管架 4 个支腿的平面位置及标高。根据导管架与钢管桩相对位置数据，起重船调整导管架位置，初步使导管架位置对准钢管桩。通过导管架缆风绳与起重船锚机连接的两根缆风绳，慢慢旋转导管架，直至导管架的支腿导向板对准钢管桩，下放导管架缓缓插入钢管桩，安装结束。

（5）导管架调平与固定

以沉桩标高控制为主、调平垫块微调为辅的方法来确保满足导管架基础法兰水平度的要求。导管架上的基础法兰水平度偏差要求不大于 0.35%，钢管桩间距为 22m。沉桩结束后，根据测量得出的桩顶标高，在每一个支腿的支持板下方焊接相应厚度的调平垫板，将标高误差控制在 10mm 以内。导管架安装结束后，导管架水平度满足要求，若因一些不可预见因素导致导管架水平度不满足要求，则需根据具体的水平度测量结果进行计算，在相应的支腿与钢管桩之间增加调平垫块（潜水作业）。导管架调平后，进行导管架支腿与钢管桩的焊接加固工作。

3. 灌浆施工

在灌浆船舶甲板布置履带式起重机及灌浆设备进行灌浆施工，灌浆工艺流程如图 2.3-17 所示。

（1）灌浆材料搅拌

灌浆料用水量和搅拌时间必须严格按照产品使用说明进行。

（2）泵送压浆

1）正式泵送前，再次确认管路上所有的阀门均处于打开状态，经确认后进行泵送；在开始阶段采用较大流量持续泵送；

2）控制好灌浆料浆体入泵控制标准。现场质量控制人员取样测试，确认符合入泵控制标准后方可入泵。

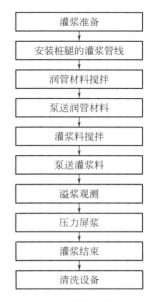

图 2.3-17　灌浆工艺流程图

（3）灌浆停止工序

当灌浆料泵送即将达到理论方量后，安排潜水员下水探摸试验模型水下溢浆情况。发现灌浆料均匀溢出时，通过水下摄像头将溢浆情况传输到岸边可视设备上，经灌浆专业工程师及监理确认后，确定水下溢浆。经灌浆专业工程师及监理确认灌浆结束后，先停止泵送，关闭灌浆管线上的截止阀，卸下灌浆软管。

（4）设备清洗

灌浆结束后应对所有管线和设备进行清洗。

2.4 吸力式基础施工技术

2.4.1 吸力式基础施工技术简介

吸力式（筒形）基础，也称负压筒基础，是一种底部敞开、顶部封闭的大直径圆柱薄壳结构，是一种新型海上风电基础形式。吸力筒基础主要靠泵出筒内的气和水形成压差，从而受到吸力发生下沉。因此，不需要海床深部土的承载力（桩基础），也不需要海床面的土具有较高的承载力（重力式基础）。吸力筒基础具有安装简便、不需要打桩施工海上安装速度快、无噪声污染、施工费用低、抗倾覆承载力高、能够回收再利用、节约钢材并可重复利用等优点。其缺点是在负压作用下，筒内外压力差引起的渗流容易引起土体变形，从而导致"土塞"现象；另外，土体流动容易导致筒的倾斜，校正工作量大。吸力式基础施工技术主要包括吸力筒运输、吸力筒沉贯与调平和注浆等工作。按吸力筒数量可分为单筒型和多筒型基础，本节根据实际工程，重点介绍多筒型吸力式基础施工技术。

2.4.2 吸力式基础结构形式及运输

2.4.2.1 吸力式基础结构形式

吸力式基础包括筒体和外伸段两部分，筒体底部开口、顶部密封，外伸段可采用钢筋混凝土预应力结构或钢结构，筒顶设有出水孔，出水孔可连接泵系统。当水深较大时，筒型基础需要设置较长过渡段，对基础的稳定性不利，此时可将吸力筒和导管架结合使用，称为吸力筒导管架基础（图2.4-1）。吸力筒导管架基础由吸力筒结构、导管架主体结构、过渡段结构、基础顶法兰和内外平台、栏杆等附属构件组成。附属结构通过焊接与基础结构相连，从基础顶至基础底布置有监测设备安全的风机监测设备。该基础结构既可以充分发挥筒型基础沉桩优势，又可以保证基础结构的稳定性。

2.4.2.2 吸力式基础运输

1. 湿拖浮运

在陆上制作好吸力筒以后，将吸力筒移于水中，倒扣放置，向倒扣放置的筒体内充气，将其气浮漂运到安装地点。

2. 干拖驳运

通过龙门式起重机将吸力筒放置于驳船设计摆放位置，完成绑扎和固定工作后海运至安装地点。

2.4.3　多筒型吸力式基础施工技术

本节介绍多筒型导管架基础的沉放安装施工技术。工艺原理如图 2.4-2 所示，吸力筒导管架基础的安装依靠自身浮重量贯入海床一定深度后形成足够的密封环境，然后通过基础顶部预留的排水抽气孔向外抽取海水，筒内外形成压力差，当压力差超过下沉阻力时，基础会被缓缓压入土中，通过精确控制抽水速率及水量，控制吸力筒的下沉速率和深度，使其缓慢贯入指定深度，最后通过注浆填充筒体内部的未填充空间。工艺流程如图 2.4-3 所示。本施工技术涉及的材料与设备包括：浮吊船、浮吊配套拖轮、运输驳船、抛锚艇、泵撬系统、吊装索具、吊笼、定位锚及配套索具、锚机、电缆、发电机及配电箱、叉车、焊接及切割和潜水装具等相关设备和材料。

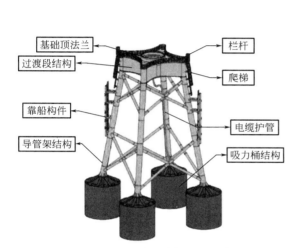

图 2.4-1　吸力筒导管架基础示意图

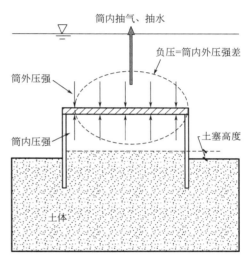

图 2.4-2　多筒型导管架基础沉放安装施工工艺原理示意图

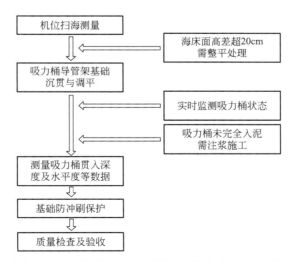

图 2.4-3　多筒型吸力基础沉放安装施工工艺流程图

1. 机位扫海测量

吸力筒导管架基础海上施工前，应对设计要求半径范围内的海床面进行扫海测量，当海床面高差大于20cm时，需对天然海床面进行整平，确保吸力筒沉贯到位。调查包括：(1) 基础安装位置水深；(2) 基础安装位置坐标（经纬度）；(3) 基础安装位置地貌（如泥面坡度、凹坑等）；(4) 基础安装位置处海底残余物情况及打捞情况。

2. 吸力筒导管架基础沉贯与调平

(1) 船机就位：根据吸力筒吊耳建造方向与船舶起吊设备性能调配船机就位（图2.4-4）。

(2) 起吊准备：进行索具挂钩以及测量监测设备调试，确保所有施工设备可正常运转；将泵撬块系统电缆接至驳船甲板发电机并调试（图2.4-5）。

图2.4-4　船机就位

图2.4-5　泵撬块系统安装

(3) 吸力筒导管架基础起吊：浮吊船起钩，吊机负荷每增加100T报一次负荷，负荷增加50%时停止观察5min，确认无问题再继续增加负荷，负荷增加75%时再次停止，观察5min。吸力筒导管架基础吊离甲板0.5m后暂停升吊，观察5min，确认没有任何异常情况后继续吊升作业。

(4) 运输船移位：当吸力筒导管架基础提升至安全高度后，运输船向后移位，直至驶离作业影响区域（图2.4-6）。

(5) 吸力筒导管架基础入水：浮吊船缓慢下放吸力筒导管架，通过测量仪器实时监测导管架水平度、绝对位置、方位角；当吸力筒导管架的实际位置与设计位置偏差较大时，则通过浮吊船移船或起落变幅进行缓慢调整（图2.4-7）。

(6) 自重入泥：通过筒顶设置的测深仪实时测量可判断筒底是否接触泥面，起重指挥人员控制吊钩配合下放，确保水平度满足要求，自重下沉需满足以下条件：①基础开始下沉至基础底部钢筒距泥面0.5m时，下沉速率不大于10cm/min（6m/h）；②基础底部钢筒距泥面0.5m至基础钢筒入泥2m，下沉速率不大于3cm/min（1.8m/h）；③基础钢筒入泥2m至自重下沉阶段完成，下沉速率不大于5cm/min（3m/h）。触泥后，吸力筒导管架通过自重下沉入泥。整个下沉过程中，保证管线的收放安全，同时实时监测吸力筒导管架水平度，若偏差过大，则适当通过起落不同钩头来调整水平度，直至吸力筒导管架自沉停止（图2.4-8）。

图 2.4-6　运输船移位

图 2.4-7　吸力筒入水

（7）抽水入泥：当自重无法保证吸力筒继续下沉时，启动水泵，水泵开始抽水，借助筒内外压差促使吸力筒下沉。吸力筒下沉过程中，根据施工技术要求控制整体速度，由专人保证管线的收放安全。通过测量设备实时监测吸力筒导管架水平度，若水平度偏差过大，则通过控制水泵不同频率达到流量不同的目的以对水平度进行调整，直至基础下沉至设计标高。负压下沉阶段基础下沉速率不大于 5cm/min（3m/h）。

（8）导管架初始安装到位：当吸力筒导管架安装至设计标高后（图 2.4-9），由潜水员下水将吸力筒筒顶所有阀门关闭，确保各阀门处于密封状态。

图 2.4-8　自重入泥

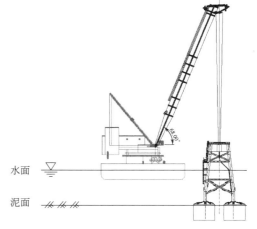

图 2.4-9　沉放到位示意图

（9）吸力筒注浆施工：若吸力筒导管架基础在沉贯完成后出现超高情况，即筒内未完全入泥，则应对筒体与土壤之间的缝隙进行灌浆处理（图 2.4-10）。采用灌浆泵通过预先安装在导管架基础上的灌浆管道注入空隙中，利用灌浆料挤出空气或海水达到密实，施工过程要缓慢均匀地进行，不得中断，待灌浆料从顶部溢出后即可停止，然后潜水员下水关闭阀门。

3. 数据复核

吸力筒导管架安装到位后，通过预安装的吊索具回收泵撬块系统；潜水员下水探摸吸力筒各筒体的入泥深度情况并汇报；同时测量人员通过结构爬梯登上平台，复核导管架水平度（含法兰水平度）、绝对位置、方位角及高程等数据（图 2.4-11）。保证基础下沉在允许偏差内：绝对位置允许偏差＜200mm，方位角允许偏差为±1.5°；高程允许偏差 0~500mm。

图 2.4-10　注浆部位示意图　　　　　　　图 2.4-11　吸力筒测量复核

4. 基础防冲刷保护

吸力筒导管架安装完成后，根据海底冲刷情况，对筒体周围指定区域进行抛石处理以进行保护，施工顺序：冲刷坑填平→抛填反滤层→抛填护面层。

2.5　重力式基础施工技术

2.5.1　重力式基础施工技术简介

重力式基础将风机和自身重力传递到海床表土，因此对海床浅部土层的承载力要求较高。重力式基础一般为钢筋混凝土结构，陆地预制，然后海运至风电场进行安装。其优点是结构较为简单，成本较低，稳定可靠，能承受较大的风暴和风浪荷载。缺点是笨重、不便安装；对海床表土承载力要求较高，一般需要对海床进行预处理；水深适应性较差。通常适用于海水深度 30m 以下且海床基土承载力较高的海域；随着水深增加，其经济性显著降低。本节对重力式基础施工技术进行简单的整理介绍。

2.5.2　重力式基础结构形式及运输

2.5.2.1　重力式基础结构形式

重力式基础通常由三部分组成：胸墙、墙身和基床，利用自身较大的重力来承受滑动和倾覆力矩，维持自身和风机的稳定。目前重力式基础已发展到第三代（图 2.5-1），由基床、底部沉箱、圆柱段壳、抗冰锥结构和工作平台构成。壳体呈上柱、下锥，采用预应力混凝土制作而成。壳体内填充压载，如块石、砂、土等，以增加基础自重，提高其稳定性，抵抗风浪、潮流等复杂荷载。重力式基础优点是构造简单、成本低、抗风浪荷载能力强，具备较强的稳定性和可靠性；缺点是体型较大，运输和安装难度较大，且对海床平整度要求较高。本节结合国内外应用现状，简要介绍重力式基础预制、运输和安装技术。

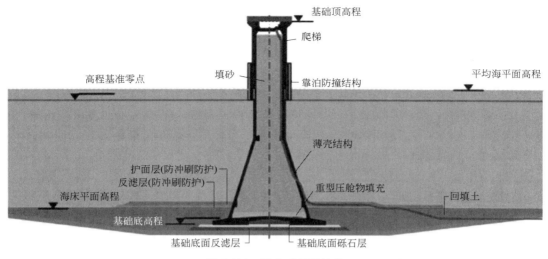

图 2.5-1　重力式基础结构

2.5.2.2　重力式基础运输

1. 场内运输

重力式基础由陆地工厂预制好后，需要厂内运输至码头，然后下水经由海运至风场海域。场内运输方式有高压气囊滑移运输、轨道台车运输和"蜈蚣车"运输等多种方式。其中，气囊运输的原理与滚筒搬运类似，将充气圆形胶囊放置在沉箱底部，借助充气加压的方式来对沉箱进行顶升，将牵引力施加到需要移动的方向上，带动气囊滚动，使构件移运得以实现。

2. 基础下水

基础下水主要包括 4 种情况：（1）使用起重船吊运到船上；（2）利用半潜驳下水；（3）在船坞中制作完成，并完成充水作业，起重船吊利用基础自带的浮力将其吊运到甲板上；（4）在浮式船坞中完成预制施工。

3. 海上运输

运输方式为驳船运输（图 2.5-2 和图 2.5-3），要全面分析天气等因素。主要考虑 3 个方面：气象、海域风浪、潮流等情况，施工窗口和船舶性能。制定周密合理的海上运输方案、计划及相关保证措施并严格执行，确保在窗口期内及时安全地将基础运输至施工现场。

图 2.5-2　驳船运输多个重力式基础

图 2.5-3　第三代重力式基础驳船运输

2.5.3 重力式基础施工技术

以下对常用的重力式基础施工技术进行简单介绍。重力式基础一般为水下安装的预制结构，施工主要包括以下几项工作：（1）重力式基础结构预制；（2）海床处理，因为重力式基础安装在海床表土层，因此对海床承载力要求较高，基础安装前需要首先进行海床处理，涉及挖泥去淤、平整海床；（3）进行基槽开挖、抛石、基床夯实和平整等工作；（4）重力式基础定位、吊装和水下安装；（5）对预制件空腔内进行压载充填；（6）进行胸墙的混凝土浇筑。

1. 重力式基础结构预制

（1）结构预制基地的选择

预制基地的选择需要至少满足两个要求：1）具备大型混凝土构件的生产能力；2）方便基础下水和出运，拥有满足基础出运及吊装能力的码头和船舶靠泊点。

（2）基础混凝土结构预制

由于基础主要靠重力保持自身和上部风机的稳定，其体型大，所需混凝土量很大，因此对混凝土浇筑质量要求较高，要严格控制表面混凝土的裂缝宽度。采用预应力施工技术，建议使用后张法，先浇筑混凝土、再张拉钢筋，且要严格控制施工参数，使成品混凝土构件的预应力达到设计要求。同时，要考虑海洋环境对混凝土材料的腐蚀性，采取相关措施保证其力学特性和耐腐蚀性。

2. 海床处理

海床直接承载重力式基础及上部风机机组的全部荷载，因此对其平整度和承载力有较高要求。因此基础安装前，常需要开展海床处理工作。

（1）基槽开挖

基槽开挖的目的是为重力式基础选取合适的持力层，涉及挖泥去淤和坑槽开挖。挖除海床表面的淤泥和松散土层时，要选用合理的机器设备，如反铲挖掘机等。根据项目地质条件和海床土层分布，确定实际挖泥厚度。当厚度小于 3m 时，基槽一次开挖到位；当厚度大于 3m 时，基槽则需要分层开挖。基槽开挖使用放坡开挖时，要根据设计要求严格控制边坡角，保证边坡的稳定性。在开挖过程中，严密监视基槽中的回淤情况，及时清淤，开挖完成后尽快抛石充填。

（2）基槽抛石

基槽挖好后进行基槽抛石。施工顺序如下：

1）布置定位和辅助抛石设施，水下安设钢框架和中心定位装置；

2）清除海床和基槽内的淤泥及松散土；

3）向钢框架中填充块石、碎石等石料进行压载；

4）潜水员下水，通过钢框架上配置的平板将碎石整平；

5）抛石整平后，将钢框架拆除；

6）必要时，还要对抛石进行挤密或者注浆。

碎石层一般设置两层：底层是透水层，粒径范围为 0～63mm；上层是砾石层，粒径范围为 10～80mm。

（3）基床夯实

基槽抛石后进行基床夯实，可以采用重锤锤击夯实或者水下爆破夯冲击振动夯实。工程中应用较多的是重锤夯实，利用船舶上的吊机将重锤吊起，反复锤击基床。基床夯实前，首先监测基床情况，对不平整的区域或粗平或抛补，保证局部高差小于 30cm。使用平底锤进行夯实，通过控制锤重和落距保证锤击能量。采用合理的夯实方案，分层分段，纵横接夯、试夯确定夯击遍数等，保证夯实效果达标，不漏夯、不隆起。

（4）基床整平

基床夯实后需要进行整平。潜水员水下操作，使用抛石整平平台，使用"导轨刮道法"，在抛石海床上安装垫块和导轨，轨顶标高即为海床平整后的标高。使用刮尺整平，高出尺底的碎石搬出，低于尺底的填充石料并刮平，小空隙用碎石填充。

3. 重力式基础安装

（1）定位

重力式基础安装，其位置的精准定位是首要环节。可通过水下定位和 GPS 定位相结合的方式实现基础的精确定位。

（2）基础的吊升和安放

可借助起重船等具有大型浮吊能力的船舶开展升吊及安装工作。如果无满足要求的大型浮吊，可考虑通过半潜驳船下潜的方式，使基础入水一定深度，在浮力的作用下能够有效降低吊装荷载，随后继续利用起重船进行吊装工作。吊装过程中，必须保证基础处于稳定状态，需预先计算出其定倾高度，判断其是否满足要求。若不满足，需要注水压载，力求基础自稳。

（3）压载物填充

安放好重力式基础后，对基础的空腔进行压载物填充，常用的压载物有块石、砂或土。若用砂，应先在施工船舶上将砂和水搅拌均匀，然后泵送至空腔中实现压载。

2.6　浮式基础施工技术

2.6.1　浮式基础施工技术简介

浮式基础结构组成包括两部分：浮体和锚固系统。浮体上固定塔架，锚固系统将浮体与海床相连，形成"软连接"。固定式基础与海底属于"硬连接"，整体固定至海底，依靠自身刚度和强度支撑风机机组，靠结构变形抵抗风浪潮流等荷载。其优点是具有较好的机动性能，能够进行整体拖航及安装，施工方便，成本较低，方便拆卸和回收利用，并且基本不受水深限制。其缺点是系统工作状态复杂、承受荷载复杂，欠稳定、抵抗风浪能力不大等。当海域水深较浅时（<50m），以固定式基础为宜。但当水深继续增大时，固定式基础的技术和经济可行性急剧下降，浮式基础的优点则凸显出来。因此，浮式基础更适用于深水海域，通常适用于水深 50m 以上的海域。

随着海上风电由浅海向深海的发展，风机基础也逐渐由固定式向浮式发展。目前浮式基础主要有三种基本形式：单立柱式（Spar）、张力腿式（TLP）和半潜式（Semi-sub）（图 2.6-1）。本节综合当前国内外研究现状，简要介绍这三种浮式基础及其施工技术。

1. 单立柱（Spar）式基础

Spar 式漂浮基础由浮力舱、压载舱和系泊系统组成。浮力舱提供浮力，压载舱提供重

图 2.6-1　海上浮式风机基础的结构形式

力，系泊系统固定压载舱。其基本受力原理是：压载舱保证风机和基础整体结构的重心低于浮心，风机受荷倾斜时，浮力会对重心产生复原力矩，使风机恢复竖直状态，由此形成"不倒翁"式结构，保持风电机组稳定。Spar 式基础吃水较深，所以它的垂稳性表现不错，但水平稳定性较差，容易产生大的横摇和纵摇运动。

2. 张力腿（TLP）式基础

TLP 式漂浮基础由浮式平台、垂直张力腿（系泊）和上部结构组成。平台提供浮力且大于自身重力，张力腿将平台锚固至海床，系泊张力用来抵消平台所受的浮力和重力差。其基本受力原理是：风机受荷倾斜时，两侧张力腿的张力差对重心产生复原力矩，使风机恢复竖直状态，保持风电机组稳定。由于张力腿始终处于张紧状态，可以有效抑制平台位移，使基础具有较好的垂直和水平稳定性。

3. 半潜（Semi-sub）式基础

Semi-sub 式漂浮基础由立柱、横梁、斜支撑、压水板和系泊系统组成。横梁、斜支撑将立柱连接组成一个整体平台，系泊系统固定平台。压水板设置在平台底部，用以抑制基础在风浪中垂荡。其基本受力原理是：风机受荷倾斜时，两侧短立柱由于排水体积发生变化产生浮力差，浮力差对重心产生复原力矩，使风机恢复竖直状态，保持风电机组稳定。

2.6.2　Spar 式漂浮基础施工技术

深远海上风机 Spar 立柱式基础主要施工工艺流程，见图 2.6-2。

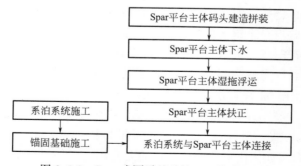

图 2.6-2　Spar 式漂浮基础施工工艺流程图

1. 码头建造拼装

Spar 式漂浮基础的制造在码头开展，先分片制造，然后组装成整体结构。

2. 基础下水

Spar 式漂浮基础在码头先装上半潜驳船，然后海运至适当位置后通过半潜驳船的下潜实现入水，在浮力的作用下漂浮到海面，并离开半潜驳船，完成下水。

3. 基础湿拖浮运

Spar 式漂浮基础下水后，即可采用拖轮将其湿拖浮运至风场。

4. 基础自扶正

通过漂浮基础自主压载，产生复原力矩，实现基础的自动扶正。

5. 系泊系统和锚固基础施工

在漂浮基础运输至安装位置前，先开展锚固基础施工，将系泊链一端固定到锚固基础上，另一端固定到浮筒上，使其浮在海面，以便与基础平台的锚固连接。

6. 系泊系统与 Spar 平台主体连接

漂浮基础扶正和就位后，将浮在水面的系泊系统端头与 Spar 式漂浮基础连接。

2.6.3　TLP 式漂浮基础施工技术

TLP 式漂浮基础施工工艺主要包括：陆上制造与拼装、海上运输和安装。

1. 陆上建造与拼装

TLP 式漂浮基础在陆上制造，其结构简单、以钢结构为主，因此对制造场地要求较低，可在船坞或平地进行建造。若在平地完成制造，基础下水可采用吊运或滑移下水。发电机组和 TLP 基础的拼装时机取决于 TLP 基础制造模式。例如在船坞制造，可以在船坞内与机组完成拼接，然后整体海运；例如在平地制造，受下水影响，不可与机组直接拼装，需等 TLP 基础下水稳定后再开展。

2. 海上运输

TLP 基础与发电机组拼装结束后，将其整体海运至施工海域。可湿拖浮运或干拖船运。

（1）湿拖

TLP 不能自稳，需要采取特殊措施：①绑扎助浮和配重装置，除靠船用橡胶，还可以压重块；②采用专用运输船舶，设置 U 形开口和升降立柱，辅助浮运过程的起浮和下沉安装；③配备压载设施，利用压载调整辅助 TLP 自稳。

（2）干拖

通过运输船舶对风电机组和 TLP 基础整体结构进行海上运输，此种方式对系固和运输船只的稳定性要求较高。

3. 海上安装

TLP 基础的海上安装，大致分为锚固基础和整体海上安装两部分。

（1）桩基安装

TLP 基础锚固桩基安装，并无类似导管架的限位结构，所以对桩基定位难度较大，需要通过结合水下机器人（ROV）和海底定位信标实现精准定位。桩基安装方案为：1）布设长基线定位系统，利用定位信标实现井口基盘和钢桩精确定位。2）基桩扶正。基桩海运至起重船后，先平吊、用夹桩器抱紧后再扶正。3）插桩。4）打桩作业。插桩结束后，开始打桩施工。起重机将击锤吊起锤击时，布置两台水下机器人，和击锤同时进入水中。其中一台机器人用来监测击锤，另一台机器人用来监测液压管路。提前设计好桩的入泥深度，当钢桩在击锤的作用下进入该深度1.5m左右时，暂停打桩。结合观测数据，对钢桩相较于基准面的标高进行论证，确认无误后，继续锤击打桩，将其缓慢施打至设计入泥深度。5）张力腿导向装置安装。桩基安装结束后，为了后期方便安装张力腿，首先在基桩的顶部安装张力腿导向装置，导向装置上需配置电极阳极。要在钢桩顶端安装带有阳极的张力腿导向装置，以便后续张力腿的安装。

（2）筋键与连接器安装

通常使用厚壁钢管制造筋键结构，筋键长度主要由海水深度决定。使用厚壁钢管的优点是：造价低、容易加工、强度和刚度大、安全稳定、有成熟的防腐技术和施工经验，同时其重量便于控制，因为钢管两端易封口。如果张力腿结构同样使用钢管管材制作，则需要在其两端（分别与锚固基础和浮式平台的连接处）安装连接器，连接器是一个球铰接头，能够360°旋转摆动（图2.6-3）。

图2.6-3　张力腿式平台连接器

（3）张力腿安装

张力腿是张力腿平台中主要的受力锚泊单元，由顶部段（TTS）、主体段（MBS）和底部段（TBS）三部分构成，如图2.6-4所示。其海上安装的步骤如下：

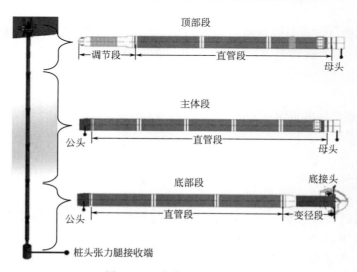

图2.6-4　张力腿组成示意图

1) 固定张力腿底部分段 TBS。

2) 使用专用连接器将主体段 MBS 与底部分段 TBS 连接。

3) 将上段 TTS 安装好，对接结束后，将紧张腿移动到临时搭浮筒的平台上，在张力腿上固定好浮筒。

4) 将张力腿起吊下放，插入基桩桩头。

5) 依次完成所有张力腿的安装，用钢丝索具将相邻立柱的张力腿连接起来绑好，避免其因浮筒碰坏引起倾倒。

完成以上安装工作后，锁死桩基与张力腿，使二者组成整体结构。

6) 施加初始张力，并调整压载水，将平台降低至作业吃水深度，并调整张力使其超过工作状态的张力大小（经计算确定），持荷。

7) 利用收紧装置平衡各锚泊的张力，并将其最终调整至工作状态的大小，位置、标高和张力等技术参数均要满足设计要求。

2.6.4 Semi-sub 式漂浮基础施工技术

Semi-sub 式漂浮基础施工技术，其主要施工工艺流程见图 2.6-5。

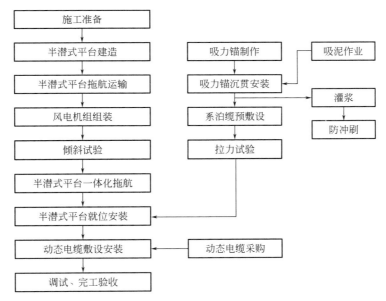

图 2.6-5 Semi-sub 式漂浮基础施工工艺流程图

1. 吸力锚安装

（1）测量扫海

前期进行吸力锚安装点 30m 范围内的扫海工作，海床高差在设计要求20cm范围内，如果有地形差异需对海床面进行整平处理。

（2）吸力锚运输及海上安装

在基地进行吸力锚建造，下段系泊链预连接，装船加固，海上运输。

（3）吸力锚安装—沉贯施工

采用吊装设备开展吸力锚的安装—沉贯施工。沉贯过程中监测内外压差，需达到以下要求：①吸力锚中心位置偏差＜500mm；②水平度偏差＜0.5°；③眼板方位偏差＜0.5°。

2. 系泊系统安装

系泊系统共由三部分组成：常规锚链、进口钢丝绳和加配重块的锚链。

（1）钢丝绳段系泊系统的安装

开展系泊系统—钢丝绳段系泊运输及海上敷设，首先进行系泊链的海上铺设作业，然后开展拉力试验。

（2）加配重块的锚链系统安装

开展系泊系统—配置块段系泊铺设，顺序为：锚链段系泊链与钢丝绳段对接、系泊链铺设、系泊链倒驳、系泊链与钢丝绳对接、系泊链铺设（图2.6-6）。

(a) 锚链段系泊链与钢丝绳段对接　　　　　　　　(b) 系泊链铺设

图2.6-6　加配重块的锚链系统安装

重型起重船参与加配重块段系泊锚链的铺设工作，锚链长度、作业环境、安装精度需求是选用重型起重船的主要原因。

本章参考文献

[1] 陈达. 海上风电机组基础结构 [M]. 北京：中国水利水电出版社，2014.

[2] 张浦阳，黄宣旭. 海上风电吸力式筒型基础应用研究 [J]. 南方能源建设，2018，5（4）：1-11.

[3] 阮建，胡大石，贾佳. 海上风电吸力筒导管架基础施工技术研究 [J]. 水电与新能源，2022，36（4）：10-14.

[4] 官明开，张险峰，向欣，等. 海上风电重力式基础施工工艺研究 [J]. 中国水运（下半月），2019，19（5）：170-172.

[5] 高宏飙，孙小轩. 重力式海上风电机组基础施工技术 [J]. 风能，2016（5）：62-65.

[6] 周绪红，王宇航，邓然. 海上风电机组浮式基础结构综述 [J]. 中国电力，2020，53（7）：100-105，112.

[7] 王国平，王俊杰，黄艳红. 海上风电大直径单桩浮运施工技术 [J]. 中国港湾建设，2022，42（3）：63-66.

[8] 黄炳南. 海上风电基础大直径嵌岩桩施工技术 [J]. 中国港湾建设，2015（8）：57-60.

[9] 李振作. 海上风电机组多桩承台基础结构设计与参数优化分析 [J]. 水力发电，2015，（1）：78-

81，98.

［10］卢干利．海上风电高桩承台施工质量的控制措施［J］．中国水运（下半月），2020（3）：256-257.

［11］管图军，张权．海上风机承台大直径钢套箱结构设计及定位、安装工艺研究［J］．科技传播，2012，4（18）：36-37.

［12］王彪，毕涛，肖志颖．海上浮式风机基础设计综述［J］．电力勘测设计，2018（9）：52-57.

［13］王浩宇，黄山田，王火平，等．张力腿平台海上安装技术研究［J］．石油工程建设，2017，43（5）：32-36.

［14］张成芹，王俊杰，刘璐．深远海域 TLP 漂浮式风电施工技术［J］．船舶工程，2018，40（S1）：307-310.

［15］卢益峰，黄超．浮式风机 TLP 平台运输方法［J］．船舶工程，2020，42（8）：7-10，38.

［16］王亮．张力腿平台海上安装技术简述［J］．科技与创新，2019（2）：48-49.

［17］张忠中．高桩承台在福建海上风机基础的应用［J］．水利科技，2015（1）：56-60.

第3章 海上风电机组安装
施工技术

海上风电机组安装的主要部件为塔筒、机舱和叶轮。目前，风机的安装主要分为两种，一种是分体安装，另一种是整体安装。风机的分体安装是由运输驳船将风机的塔筒、机舱、轮毂、叶片等部件运到近海风场，再由风机安装船上的起吊装置将这些部件现场组装起来。风机的整体安装包括三个步骤：陆地风机整体组装、风机整体海上运输以及安装施工。首先，陆地组装是指将风机各部件运输至港口码头，使用岸吊或履带式起重机在专用的运输驳船上进行整体组装；其次，风机海上运输是指待风机整体组装完成后，将风机固定于船上，并使风机在运输过程中保持竖直状态；最后，采用大型起重船对整体风机进行起吊安装。本章基于工程案例操作流程，对海上风机分体安装和海上风机整体安装施工技术进行阐述。

3.1 风机分体安装施工技术

3.1.1 风机分体安装施工简介

海上风机主要包括塔筒、机舱和叶轮三大模块，而叶轮又是由三只叶片和轮毂组成。所谓的分体安装就是按照一定的安装工艺在海上组装风力发电机的模块或部件。这些部件间的组合方式有很多，导致海上分体安装方法具有多样性。由于受到安装驳船和起重机吊高的限制，目前海上安装大多采用分体安装的形式。但是风机的海上分体安装需要保证下部塔筒与风机基础法兰之间、塔筒与塔筒之间、上部塔筒与机舱之间、叶轮轮毂与机舱之间的准确对位，要实现海上连续施工的难度很大。风机分体安装大致可分为叶轮安装施工、水平法单叶片安装施工及斜插法单叶片安装施工三类。

3.1.2 风机大部件运输

海上风电机组正逐步向大型化、大兆瓦机组形势发展。风电机组的主要部件，如塔筒、机舱和叶轮，均存在不同程度的超重、超长状况。海上风机大部件运输工作的执行情况严重影响了后期的施工效率、工期及成本，所以海上大部件运输的前期策划尤为重要。

3.1.2.1 码头选择

需要在风场附近选择合适的港口码头设施作为物资水陆运输的中转码头，所选码头将承担大件物资中转运输与风机部件预组装、设备出海的功能。码头选择需要考虑以下内容：

1. 考察码头的空置场地是否硬化、平整；道路是否畅通；施工用电负荷能否满足；排水条件是否满足。风机大部件进场前进行优化布置，绘制风机大部件存储、预组、转运平面图，检查是否满足风机安装转运要求。

2. 考察场内存储、预组、转运所需机械设备是否满足要求，包括吊车、平板车、多轴车、叉车等机械设备是否充足；能否满足连续施工配置；夜间照明是否完备，能否满足抢工期时夜间施工所需。

3. 根据风场规模及码头工作量，合理安排施工人员，码头内部或附近要有适合居住的场所，水、电、通信及办公场所，合理选择布置。

4. 进行工效分析。分体式吊装预组工作主要是底塔预组装及其他塔筒内电气安装，机舱内部分电气、机械件的组装工作，具体根据主机厂家预组要求进行施工，并会同施工单位，完成一个风机吊装面的预组装工效分析，结合海上安装面配置，合理配置人员、机械设备和工器具。

5. 根据风场装机数量、单台预组工效、海上吊装面数量及安装计划，确定码头所需泊位数，并根据规范要求满足运输船舶安全靠离泊和系缆要求确定泊位所需长度。另外，还需考虑码头前沿水深及码头高程。

参考本地区自然条件、海洋水文条件、起重设备安装作业规程和风机厂家的作业要求，分析预估本年度作业窗口期及计划安排。

3.1.2.2 运输船舶及安全性分析

风机大部件运输在海上风电施工中是非常重要的环节，不可控因素多，若不能合理组织规划，运输延误会严重影响整体工期及施工成本。运输船舶选择需要考虑以下内容：

1. 运输单位选择

首先，要选择长期从事大件运输的海运公司进行合作，合理组织运输并进行计划规划，可避免不必要的延误或损失。其次，要考察其自有船机设备，避免皮包公司层层分包，不可控因素增多，造成工程损失。风机大部件单件重量基本都在百吨级别，甚至两三百吨，单桩重量尤甚。而叶片长度也普遍在 70m 以上，甚至超过 120m，属于超大、超重件运输。所以，应严格审核海运单位的安全质量保证措施，最大限度地做好大部件的成品保护，从而间接达成省运输成本的目的。此外要调查运输公司的信誉情况。

2. 运输船舶符合性检查

严格入场许可检查，船舶证书、船舶资料以及船长、轮机长、船员资质检查，并现场核实是否为所报船舶入场，船员是否配置充足。根据相关要求及从安全性考虑，内河船只禁止入海，要在入场许可阶段予以排除。应现场查验船只状况，重点查验如甲板布置、船机设备保养情况、四锚定位、各类缆绳、应急逃生、夜间照明、AIS 等功能是否完善。

3. 船舶运输安全性分析

风机设备大型化带来的各部件超大、超重，对于船舶安全来说也是很大的考验。船长及船员需要清楚风机大部件运输过程中的各安全风险和隐患。对此主要从以下方面进行分析：(1) 甲板的稳定性：风机部件基本都为超重、超大件，积载在甲板面上会影响船舶的稳定性。(2) 甲板的局部强度，风机各部件基本在百吨左右，机舱甚至超过 200t，海运工装与甲板接触面积有限，对甲板或舱盖的局部强度影响较大。（3）风机大部件的海绑方案应该进行核算并进行审核、批准。若是无可靠的海绑措施可能会发生货物移位，尤其是在恶劣海况情况下，在巨大惯性下会危及船舶及人员安全。（4）根据主机厂家参数，提前核实运输船舶甲板长度、宽度及相关强度和平整度，检查甲板周边有无围栏挡板、甲板上舱室有无阻碍设备装卸，锚机是否正常运转，并且因为超高、超大等原因，要提前核实驾驶台瞭望盲区。各部件不要超出船舷，否则可能会给靠泊离泊带来安全隐患，并且容易造成设备受损。

3.1.2.3 运输方案规划

海上风机设备运输是施工成本的重要组成部分，运输方式在很大程度上决定了施工效率及总费用。常规方式使用中小型运输船一次运输一套或两套风机设备。运输方案规划需要考虑以下内容：

1. 根据码头预组工效及海上施工面数量、施工面工效，合理组织船机资源，以尽量满足每个工作面的风机设备需求。

2. 尽可能地利用现有运输船舶甲板利用率，如底塔在码头预组完成后进行直立运输，其他塔筒能否水平运输。若可行则需要提前准备底塔筒工装法兰并焊接在甲板上，具体布置根据施工船机的安装性能进行规划。在运输载荷增加的情况下，检查锚机配置是否可靠充足。

3. 现场考虑布置定位驳船（老锚船），运输船就位时可提高施工稳定性及安全性。定位驳船尽可能大，长度应超过运输驳船，以便运输驳船的靠泊。

4. 叶片叠层运输工装设计时，在不影响叶片翻身及安装的前提下，尽可能地使用双层运输方式，可大大降低叶片运输占用空间。但不宜超过 2 层，高度过高会给装卸叶片施工人员的安全带来极大风险。

3.1.3 叶轮安装施工技术

叶轮整体式安装是海洋风电工程中比较通用的安装技术，在有足够空间的甲板上进行轮毂与叶片组装，然后整体起吊翻身，在空中对叶轮和机舱进行组对安装。但是缺点也很明显，一是对安装船甲板空间要求高，随着大兆瓦机组的不断发展，叶片长度也随着急速增长，对甲板空间需求也急剧增加，吊高也在不断增加，可满足组装及安装要求的船舶越来越少；二是受制于风速的要求，叶轮整体安装一般要求 8m/s 以下风速，若风速过大则起吊过程中容易对叶轮失去控制，造成叶片损伤。

3.1.3.1 风机简介

本小节以某品牌 6.25MW 风电机组为例，介绍叶轮整体式安装施工关键技术。风电机组设备技术参数如表 3.1-1 所示。

风电机组各部件尺寸及重量表

表 3.1-1

部件	尺寸(m)	重量(t)	备注
机舱	15.10×6.50×7.25	240	内含发电、传动设备等
轮毂	9×7.5×7.5	110	叶轮（包含叶片和轮毂）总重
叶片	84	30	

部件	尺寸(m)	重量(t)	备注
塔筒上段	$\phi(4.145\sim6.00)\times36.00$	115.3	塔架总重 427.1t(含塔架内部附件重量)
塔筒中段 1	$\phi(6.00\sim6.00)\times28.00$	87.2	
塔筒中段 2	$\phi(6.00\sim6.00)\times17.08$	101.5	
塔筒下段	$\phi(6.00\sim6.00)\times13.880$	113.6	
机组(基础环以上)总重:867.1t			

3.1.3.2　施工准备

1. 技术准备

由项目技术负责人组织项目施工人员分析及总结前期风机安装存在的各种问题及情况,结合风机厂家安装手册中的要求,熟练掌握风机安装工作流程。同时根据现场的实际情况,编制施工工序卡,详细地描述质量控制要点、人员以及工器具的布置等,并联合风机厂家指导人员对作业班组全员进行电气安装交底、机械安装交底和安全交底。

2. 风电机组设备检查验收

组织监理、总包、风机供货商、施工单位四方联合检查验收风电机组设备,核对设备到货清单,收集设备合格证,检查设备表面质量,法兰圆度,并留存影像。同时由供货商上报材料进场资料,并组织填写四方验收签认单。

3. 工装、索具、工器具、消耗材料的准备

作业班组负责人根据风机厂家提供的安装工装、索具、工器具清单,组织人员清点检查各部件安装用索具、工装。施工员验证风机厂家提供的各套专用工装、索具和专用工具是否有合格证,并索要留存相关资料,没有合格证或检查不合格的起重索具严禁使用。安装负责人根据风机厂家提供的安装用工器具清单,组织人员清点检查各部件安装用工器具、润滑油脂、密封胶等安装工具和措施材料。电气安装负责人准备好电气作业专用和常用工具,同时准备好施工照明灯具,以便在自然光线不足的工作地点使用。安装现场准备急救箱,存放常用的医药救护用品。所有由供货商提供的工装、索具、工器具、消耗材料的合格证及计量证书等文件必须由供货商上报总包及监理。

4. 安全设施准备

安全员对施工人员的防护用品进行检查,确保安全防护用品安全可靠;安全员准备好所需安全保障设施,在作业过程中按照安全要求规定实施;施工作业前对船机设备、起重设备、吊索具等进行全面检查,验收合格后方可开始作业。

3.1.3.3　施工工艺流程图

叶轮安装施工工艺流程图,如图 3.1-1 所示。

3.1.3.4　叶轮安装施工方法

1. 塔筒下段预拼装

(1) 下段塔筒内设备和内附件平台的安装

下段塔筒内部需要预先安装的设备包括 PT 柜、计量柜、平台板、平台梁、电缆支架、爬梯等。电气柜安装完成后按厂家和设计要求进行电气柜内接线,每台电气柜以单独的接地线与接地母线相连接。

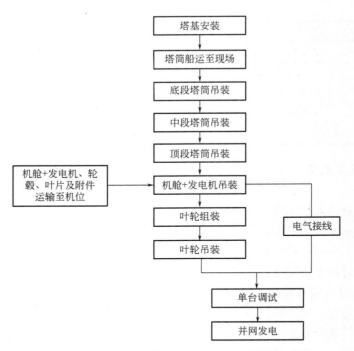

图 3.1-1　叶轮安装施工工艺流程图

（2）塔筒下段组装

塔筒运输船到达施工现场后，先将 SU 装配台组装好，然后安装 SU 平台专用吊具（图 3.1-2），并拆除底部支架连接螺栓（图 3.1-3）。

图 3.1-2　SU 吊具安装

图 3.1-3　SU 与支架连接螺栓

然后，将 SU 起吊至装配台，使 SU 底部销孔对准装配台立柱上的导向销后放下（图 3.1-4），并通过调节螺栓对 SU 平台进行调平。之后按照厂家要求将升降机捆扎固定在 SU 平台上（图 3.1-5）。

图 3.1-4　SU 起吊至装配台

图 3.1-5　电气设备固定

随后，起吊第一节塔筒，缓缓移动至平台上方，第一节塔筒下部法兰两侧各系一根溜绳，起重指挥吊车将第一节塔筒缓缓下放，确保不与平台碰撞。在放低塔架的过程中，左右两根导向销分别与第一节塔筒零位标记右侧 90°和左侧 90°法兰标记螺栓孔对准，继续下放吊钩将塔架搁置在装配台上，直到吊钩负载 10t 为止（图 3.1-6、图 3.1-7）。

图 3.1-6　第一节塔筒与 SU 平台组装 1

图 3.1-7　第一节塔筒与 SU 平台组装 2

人员进入塔筒，将开关柜单元支撑腿展开，在支撑腿底脚处将螺纹导向销装入塔架法兰孔，并紧固支撑腿螺栓（图 3.1-8），按照厂家指导手册安装吊带支撑架。

图 3.1-8　支撑腿与第一节塔筒法兰螺栓安装

起吊第一节塔筒前，在过渡段上西偏南 22.5°位置处标明塔筒门方向，以供安装时对位用。之后先将第一节塔筒安装所需螺栓等材料吊至过渡段塔筒顶部平台上。在过渡段法兰顶 O 形环垫片槽中涂抹 Sikaflex 硅胶，然后将 O 形环压入垫圈槽中，剪切 O 形环到适当长度，以满足槽两端要求（图 3.1-9）。拆除第一节塔筒 SU 平台支架螺栓，拆除完成后起重指挥指挥吊钩抬升，在吊带受力约 30t，绷紧后，起重指挥检查吊钩是否与第一节塔筒中轴线重合，确保起吊时第一节塔筒不侧向移动。在第一节塔筒准备阶段，工作人员须检查过渡段法兰表面，使用平锉磨去法兰上的斑点和毛边（图 3.1-10）。

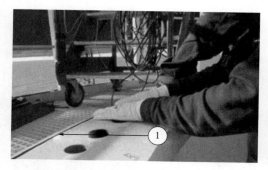

图 3.1-9　O 形环压入垫圈槽示意图

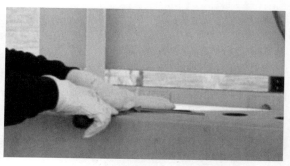

图 3.1-10　法兰表面清理

人员撤离第一节塔筒，起重指挥确认人员全部撤离后，指挥吊钩继续抬升，直至第一节塔筒抬升至一定高度，由 2 名工人在第一节塔筒下法兰两侧各安装 1 根溜绳，随后指挥吊车司机，将第一节塔筒吊至过渡段顶法兰面以上约 0.5m，过渡段内平台上有 1 名起重指挥和 6 名钳工，起重指挥指挥第一节塔筒精确就位，就位完成后，钳工将产品螺栓按照要求穿好。

指挥吊车司机放低塔筒直到起重机起重载荷仅为 8t 左右，用 1000N·m 拧紧扳手拧紧螺栓，然后拆除吊具。检查塔筒法兰件是否需要填隙：用记号标记塔筒法兰间超过 2mm 的空气间隙（如果存在），如图 3.1-11、图 3.1-12 所示。

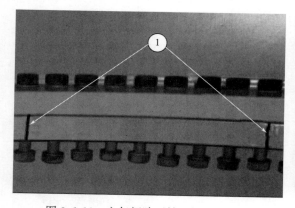

图 3.1-11　空气间隙开始和结束的位置

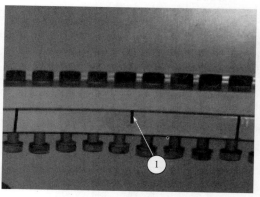

图 3.1-12　标记最大空气间隙位置

拧紧塔筒法兰：为了证明是否需要填隙，塔筒法兰间空气间隙超过 2mm 标记段内的螺栓必须由外而内拧紧。首先用拧紧扳手紧固螺栓 1，然后是螺栓 2，以此类推。再拧紧间隙最大处的螺栓（图 3.1-13）。最后紧固所有螺栓。

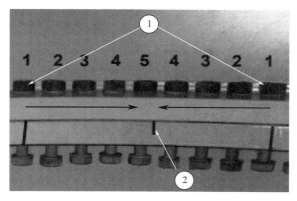

图 3.1-13　空气间隙处的螺栓拧紧顺序

连接塔筒间接地电缆，然后拆除第一节塔筒吊具，用液压扳手按厂家要求的施拧顺序施拧第一遍力矩。随后安装第一节塔筒外部楼梯，使用螺栓、垫圈和隔离筒将平台分段安装在第一节塔筒上。连接塔筒和楼梯之间的等电位连接电缆。调节下方的调节腿，与钢平台连接固定，如图 3.1-14、图 3.1-15 所示。

图 3.1-14　第一节塔筒外部楼梯平台安装

图 3.1-15　第一节塔筒外部斜梯安装

2. 安装船驻位

（1）自升式平台船由拖轮拖行至施工海域（距离安装位置约 500m），拖轮降低航速，根据预先输入的机位 GPS 位置，准备就位；（2）船长在就位操作过程中需保持与各岗位人员的联系畅通；（3）抛锚前观测水流、风向、风速等因素，选择适合航向就位；（4）根据机位安装位置点，由拖轮绑拖至设计锚点位置（选择在距离机位约 230m 的位置），由抛锚船依次将 4 只锚抛出。为防止抛锚过程中发生走锚，整个抛锚过程中，驾驶员要密切观察船位；（5）平台绞锚缓慢接近机位安装位置（GPS 定位），要求主吊机尽量正对基础桩法兰。

3. 定位驳船、运输船驻位

定位驳船从风机安装平台船左舷一侧驻位，如图 3.1-16 所示。定位驳至施工机位约 500m 范围内应降低船速，然后由锚艇按既定的锚缆布置方位进行下锚。定位驳船前后交叉抛 4 只定位锚，慢慢收紧锚缆。此时，定位驳船至风机安装平台船净距控制在 120～150m。运输船靠泊定位驳船系缆后，定位驳船通过收放锚缆对运输船进行移船，慢慢靠近平台船，控制平台船与运输船之间净距为 5～10m，完成定位驳船、运输船驻位。驻位方向与涨落潮水流方向一致，避免受水流影响造成运输船的走锚。

图 3.1-16　运输船靠驳驻位示意图

4. 主机、轮毂、工器具、物料过驳

主机、轮毂运输船在平台船左舷驻位，如图 3.1-17 所示。轮毂过驳后，拆除运输工装，主吊机将轮毂吊至风轮组装支架上。发电机侧安装防雨罩，防止雨水进入。使用平台船上辅吊将运输船上所需工具及物料等部件过驳至平台船甲板上。过驳后，对其进行清点，四方签认验收单，并分类入库，由各作业班组保存。

图 3.1-17　主机、轮毂过驳示意图

5. 塔筒安装

（1）安装前准备

1）清理基础顶部法兰的灰尘及锈蚀积水，法兰面清洁无油污；2）在基础对应塔筒门

的位置处,内外均做好标记;3)在法兰面涂抹密封胶,密封胶需连续无断点;4)塔筒起吊之前,根据风机厂家提供的作业手册检查塔筒电缆敷设,电气设备安装是否已全部完成;5)高强度螺栓施工不得暴露在雨中进行;6)安装所需的工装、工具和物料已经准备齐全,并在现场通过防雨布遮盖、集装箱存放等措施进行防雨保护;7)核对安装过程所需的螺栓、螺母和垫圈的型号、规格、数量、规格不对的,需及时反映给现场负责人;8)将塔筒安装所需的物料和工具包装好放置在基础桩内平台/塔筒内平台上;9)安装塔筒时要求100m高度10min平均风速必须小于或等于8m/s。

(2)底段塔筒安装

底段塔筒(含设备构架)采用垂直起吊方式,如图3.1-18所示。将塔筒吊具吊带一端挂在主吊钩上,另一端紧固在底塔上法兰上。与此同时,用清洗剂清洁基础法兰表面,并涂平面密封胶,胶线呈葫芦状,直径约5mm,具体操作根据风机厂家现场人员指导为准。缓缓起钩至吊带即将受力时停止起钩,将底段塔筒与设备构架在工装上的固定装置卸除。

图3.1-18　底段塔筒安装

缓缓起钩至底段塔筒离地100mm静置观察1～2min,同时在底段塔筒的下部法兰系上溜绳。在系溜绳之前,用清洗剂清洗塔筒下法兰表面。力矩班组涂抹螺栓润滑剂 MoS_2,螺栓上部露出2～3丝,涂抹长度13～15丝。涂抹原则为螺栓全润滑,螺母及垫圈接触面上的润滑剂厚度约为0.1mm。按全润滑方式涂抹螺栓润滑剂 MoS_2。螺栓润滑示意图如图3.1-19所示。

缓慢将塔筒吊至基础法兰上端,指挥人员指挥塔筒缓缓下落,安装人员注意拉溜绳稳定塔筒,避免塔筒外壁与基础法兰擦刷和碰撞。塔筒上升到基础上方,快要下落到既定位置时,找准两法兰的红色"0"位标记,先从上穿入3个螺栓进行定位,然后缓慢落下塔筒。对齐法兰面后,拧入剩余螺栓、螺母和垫圈,如图3.1-20所示。采用电动冲击扳手十字交叉对称紧固4个螺栓,然后按顺时针方向对称逐个紧固剩余的螺栓。

按照厂家指导进行液压扳手紧固,紧固完成后方可松钩并移除吊机,然后进行塔筒法兰连接螺栓紧固,最后联合总包、监理、风机厂家以终拧力矩值进行抽检、校验,待校验完毕后做好螺栓防松标识。

图 3.1-19　螺栓润滑示意图

图 3.1-20　电动冲击扳手紧固示意图

（3）中 1 段塔筒安装

第二节塔筒是平躺运输，所以从第二节塔筒开始需要对其进行翻身。塔筒上、下部法兰都需要安装吊具，上部法兰安装起重支架，工装螺栓使用电动扳手紧固，如图 3.1-21 所示。下部法兰安装起重吊钩工装螺栓使用电动扳手紧固。

图 3.1-21　起重支架、起重吊钩

工装安装完成后，主吊机吊塔筒上部法兰，辅吊机吊塔筒下部法兰，两台吊机进行抬吊作业，如图 3.1-22 所示。塔筒翻身过程中，力矩班组在第一节塔筒上部法兰涂抹密封胶，在螺栓、螺母、垫片上涂抹润滑剂 MoS_2，剩余安装步骤参照底段塔筒安装。注意：1）垫圈的倒角必须一直朝向螺栓头部或螺母；2）第一段塔筒和第二段塔筒之间要连接防雷接地线；3）塔筒安装方向正确。螺栓安装示意图如图 3.1-23 所示。

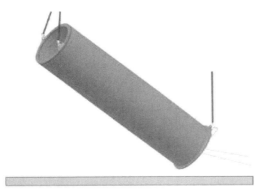

图 3.1-22　塔筒翻身

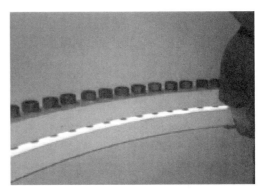

图 3.1-23　螺栓安装示意图

（4）中 2 段塔筒安装

安装过程参考中 1 段塔筒安装，中 2 段塔筒安装过程如图 3.1-24 所示。

图 3.1-24　中 2 段塔筒安装

（5）上段塔筒安装

安装过程参考中 1 段塔筒安装，上段塔筒安装过程如图 3.1-25 所示。

图 3.1-25　上段塔筒安装

在塔筒内作业时，要连接好照明，塔筒内的照明设备需与厂家确认后，方可连接照明电缆和插座电缆，插座使用前必须检查电压，如无法使用，则需要在厂家技术人员的指导下，使用临时照明系统进行照明。在塔筒和基础、塔筒和塔筒对接完成后，须立即安装爬梯连接件，确保爬梯牢靠固定，并尽快将塔筒之间的线缆进行连接，如接地软铜带等。每段塔筒安装完成后，都须立即放下塔筒内的临时钢丝绳或连接安全滑轨，确保安装过程中可使用安全滑块。确认塔筒内螺栓的数量及力矩满足厂家要求后，方可进行下一步机舱安装。

6. 机舱安装

（1）安装前准备

主机安装前，指派专人监控天气情况，主机安装过程中要求 100m 高空风速 10min 平均风速必须小于或等于 8m/s；将主机与轮毂连接的专用螺栓放入机舱内。主机安装使用风机厂家提供的专用吊索具，全部吊具包括：吊带、卸扣和吊梁；按照厂家要求，正确组装机舱安装工装；主机吊具安装完成后，在吊索具吊梁前后分别悬挂一根溜绳；使用电动扳手拆除运输工装与偏航轴承连接螺栓；由两到三名力矩班组人员在第四节塔筒平台上清理法兰表面，清除锈迹毛刺，并在法兰上涂抹密封胶。

（2）机舱起吊

主机安装过程由两名起重指挥协同完成，两名起重指挥分别位于平台船甲板上和第四节内平台上；一名指挥负责主机从甲板至高空的状态，另一名指挥负责主机从高空至安装完成状态。将主机起吊至 1.5m 高度左右，用干净无纺抹布和专用清洗剂清理底部法兰表面的杂质和锈迹。然后将主机与塔筒连接双头螺柱拧入对应孔位中，如图 3.1-26 所示。

图 3.1-26　主机螺栓连接示意图

（3）机舱与塔筒对接

通过吊机辅助以揽风系统，将机舱提升到超过顶节塔筒的上部法兰后，按照塔筒平台指挥指令缓慢移动吊机，待机舱在塔筒的正上方时，将定位销螺栓对准塔筒的安装孔位后，缓慢下降机舱，并缓慢移动吊机，直到所有螺栓穿入塔筒螺栓孔，如图 3.1-27 所示。将主机完全落下，吊机需负载一定的机舱重量，工作人员通过人字梯进入机舱搬运工具和物料，然后安装螺母。用拉伸器将所有双头螺柱交叉、对称先按终紧力的 50％ 紧固，此时可以松钩，再按终紧力的 100％ 交叉、对称紧固，紧固完成后对螺栓做好防松标识，并联合总包单位、监理单位、风机厂家进行抽检验收。

图 3.1-27　机舱安装示意图

7. 叶轮组装、安装

（1）叶轮组装

吊机起吊轮毂至象腿工装的上方，调整轮毂变桨轴承的朝向，使其中一个轴承的朝向与风向基本一致，以减少风对叶轮组装的影响，同时还应满足两个轴承在长象腿侧，另一个轴承在短象腿侧。最后使用螺栓将轮毂与象腿工装之间固定牢靠。叶轮安装前，指派专人监控天气情况，叶轮安装过程中确保 100m 高空 10min 平均风速必须小于或等于 8m/s，确认安装叶轮当日风力是否满足起吊要求。叶片运输至现场后，检查是否安装完成双头螺柱，螺柱的螺纹应涂覆螺纹锁固剂，螺柱外露长度应符合要求（图 3.1-28）。拆除轮毂法兰表面防雨罩，用干净抹布及专用清洗剂清理叶片上的污迹及油污，用角磨机打磨掉叶片法兰表面的毛刺，清理法兰表面，并在叶片法兰面涂抹两圈密封胶。

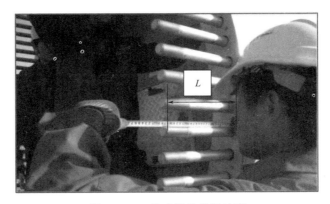

图 3.1-28　检查螺柱外露长度

叶轮组对采用厂家提供专用吊具进行安装，相当于双机抬吊；在叶片的叶根处和叶尖处分别系上溜绳，防止叶片转动，叶尖处需使用保护套，防止溜绳对叶片造成损坏。主吊机将叶片缓慢抬起，通过调整吊机的幅度和回转角度及作业工人拉拽溜绳，调整叶片转向，将叶根移近轮毂轴承面。对轮毂进行供电后，通过变桨操作，使叶片上的零刻度与轮毂上对应的轴承面零刻度对正；然后主吊机将叶片螺柱缓缓送入变桨轴承安装孔，直至两法兰面相互贴合。最后从轮毂内部拧入垫片和螺母，按厂家要求分次进行紧固，每紧固一次后用记号笔画一道横线作为标记。叶片组拼示意图，如图 3.1-29～图 3.1-31 所示。

图 3.1-29　第一支叶片组拼示意图

图 3.1-30　第二支叶片组拼示意图

图 3.1-31　第三支叶片组拼示意图

需要注意的是在三支叶片吊至平台船甲板上时，在每支叶片叶尖部安装好叶片牵引套和溜绳，以便后续叶轮安装过程中，对叶轮方向进行把控。按"先安装长象腿侧的两支叶片，再安装短象腿侧的一支叶片"的顺序，将三支叶片分别与轮毂进行组装。叶轮组装完毕后，断开轮毂供电。

（2）风轮安装

风轮轴承变桨，叶片后缘（刃口）朝上，三支叶片变桨角度应一致；将叶片锁推上齿槽，锁紧螺栓，待风轮安装完成后再将叶片锁解除；风轮采用正吊、单吊点起吊，但在风轮翻身过程中需用到一主一辅两个吊点，主吊点位于轮毂上，辅吊点位于主吊点对应叶片上，具体位置为距叶根法兰约 58m 吊点处。拆除导流罩上主吊点对应吊装孔封板及前钢架连接块，用主吊钩连接吊带将风轮吊具吊至主吊点，用螺栓将工装安装在主吊点上。同时，用扁平吊带捆绑在辅吊点（需安装前后缘叶片护板），挂入辅吊吊钩，安装时应注意不能伤及导流罩与叶片。用电动扳手加套筒拆卸风轮支架与轮毂之间的连接螺栓（如无法拆卸，使用液压扳手，适当增大力矩拆除）。主吊和辅吊同时平稳起吊（图 3.1-32），先离地 100mm 静置观察 5～10min 确认无误后，缓慢起吊风轮离地面 1m 左右，用清洗剂清洁风轮与主轴安装面；用主吊起升风轮，同时辅吊托引叶片，并配合主吊变幅，直到风轮达到垂直状态（图 3.1-33），然后卸掉叶片辅吊吊带。

图 3.1-32　主吊和辅吊同时平稳起吊

图 3.1-33　风轮达到垂直状态

　　拽住溜绳，按照正确的方向牵引风轮，在吊升过程中要保证绳子拉紧，以避免叶片撞击他物；风轮缓缓吊升至主轴法兰面高度，用主吊和绳子配合，拉动风轮到主轴法兰面正前方位置；根据机舱内工作人员的无线电指示，将风轮小心向主轴法兰面靠近；同时调整吊钩摆幅控制风轮轴线和机舱轴线重合（图 3.1-34）；通过机舱前挡板上的维护通道盖板，观察主轴法兰面上的安装孔是否跟风轮法兰上安装孔正对，不正对则松开高速轴制动器，通过控制齿轮箱尾部的盘车装置带动主轴转动，使孔位对正。

　　对齐后，继续使风轮靠近主轴法兰面；用对称两根双头螺栓旋入风轮安装孔后继续进给，直至两法兰面完全对齐贴合（满足安装螺栓为止）；用手电筒检查各螺柱孔是否对齐；

图 3.1-34　风轮靠近主轴法兰面

法兰面贴合后，将螺杆旋入风轮，用电动冲击扳手交叉对称拉紧螺栓。确认风轮安全固定达到摘钩条件后，缓慢释放主吊载荷；拆除风轮专用吊具；用液压扳手交叉对称拉紧所有主轴螺栓；最后复位导流罩上吊装孔封板，然后用密封胶封住封板周边间隙与螺孔间隙。将叶片锁退出齿槽并拧紧螺栓；将溜绳和牵引套从叶片上拉下来；完成风轮组装，风机机组安装完成；风轮机械和液压锁锁定风轮。

8. 电气安装

某 6.25MW 风力发电机组现场电气安装主要是完成主机设备与塔基设备之间以及辅助系统与主系统之间的电气（含通信）连接。主体机械安装的同时，可进行塔筒内电气电缆的施工、接地系统施工、电缆敷设、中间接头和终端接头制作。根据厂家要求和规范标准做好相关电气试验。

（1）中压电缆安装

安装中压电缆时，须先将电缆盘安放在钢平台上并固定，之后将电缆顺出，沿着滚轮组进入塔筒门（图 3.1-35）。之后在 SU 平台上安装一个滚轮组作为电缆滑轨（图 3.1-36）。在爬梯上等距安装滚轮组，在顶端平台上安装滚轮组（图 3.1-37）。连接电动葫芦，拆除障碍踏板（图 3.1-38）。

图 3.1-35　中压电缆进入塔筒门

图 3.1-36　在 SU 平台上安装滚轮组

由操作人员控制电动葫芦连接的链条下降，穿过所有滚轮组至 SU 平台上，将链条与电缆端部连接，然后提升电缆至马鞍桥处。在提升过程中，每隔一段距离需要更换链条与中压电缆的捆绑处，此时采用网兜固定（图 3.1-39）。用吊带穿过网兜前部吊耳与链条后

图 3.1-37　在顶端平台上滚轮组安装

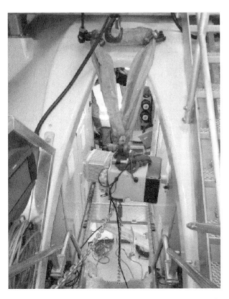

图 3.1-38　电动葫芦及链条安装

打结，并用扎带固定（图 3.1-40）。

　　当中压电缆提升至规定长度后，工作人员在爬梯上用电缆夹固定电缆支架上的中压电缆，起重链条从中央电缆孔通下去与中压电缆端头捆绑后，将中压电缆吊至机舱。当中压电缆吊至机舱楼梯处，在电动葫芦上用吊带挂一个手拉葫芦，将手拉葫芦的链条捆绑在中压电缆端部后方 3m 处，松开电动葫芦与电缆的连接，继续提升电缆至电缆端按照设计轨迹进入变压器电缆接口处。

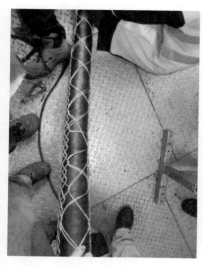

图 3.1-39　网兜安装

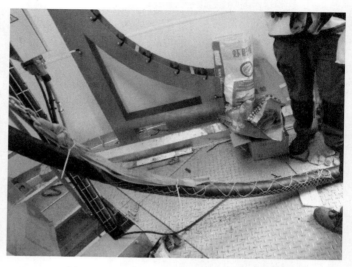

图 3.1-40　吊带、链条、网兜连接示意图

（2）交接试验

根据合同要求和规范标准做好系统接地电阻测试，进行变压器、盘柜和电缆等的交接试验。

9. 机组除湿

根据厂家的除湿要求、时间间隔与除湿频率，施工人员使用厂家提供的工具在厂家指导下配合进行除湿作业。未上电前采用柴油发电机组供电，或者采用小型风力发电机＋蓄电池方式供电。风机倒送电后采用集电线路供电。

3.1.3.5　叶轮安装施工工效统计

叶轮安装工艺单台风机安装工效统计如表 3.1-2 所示。预计每台风机有效作业时间约 82h，另外考虑部分其他影响施工的因素及工序衔接等，每台风机有效作业时间约 91h。

单台风机安装工效统计表　　　　　　　　　　　　　表 3.1-2

序号	作业内容	预计用时（h）	备注
1	平台船抛锚驻位	4	
2	平台船调载、顶升	5	定位驳船抛锚定位，机舱、轮毂运输船靠驳就位
3	机舱、轮毂倒驳至平台船甲板上	2	舷梯同步搭设
4	塔筒运输船进场靠泊定位驳	1	
5	在运输船进行准备工作	1	同步进行基础准备
6	底段塔筒预拼装（第一节）	6	
7	底段塔筒安装（第一节）	3	拆除防雨罩、解除螺栓与海绵等
8	中段塔筒1安装（第二节）	4	
9	中段塔筒2安装（第三节）	4	
10	上段塔筒安装（第四节）	4	塔筒运输船离场、叶片运输船驻位
11	机舱安装	6	同时进行塔筒内力矩紧固

序号	作业内容	预计用时(h)	备注
12	轮毂、叶片组装	24	叶片运输船离场（厂家要求 24h 内完成安装）
13	叶轮安装	12	
14	平台船拔腿移船	6	定位驳船起锚移位
15	合计	82	

3.1.4　水平法单叶片安装施工技术

由于叶轮安装需要较大场地区域和较多机械组装叶轮，且整体迎风面积大，对现场风速要求严格，施工作业有效窗口期较短。因此，面对现场复杂的施工环境，单叶片安装技术被广泛应用于海上风电工程。其优点为三只叶片均在水平状态下安装，可满足 12m/s 风速下安装，安装难度低且效率高。盘车工装的使用可应对安装过程中的突发风险、短期中断需求。吊高要求比其他方式低。其缺点为需要额外的盘车工装，工装的拆装流程复杂，影响施工效率；机组接口要求高，要增加盘车接口、机舱开口等额外成本；对后续大兆瓦机组的大叶轮荷载升高后的盘车能力是极大的挑战。本小节以某风电机组为例，详细阐述水平法单叶片安装施工关键技术。

3.1.4.1　风机简介

风电机组设备技术参数如表 3.1-3 所示。

某风电机组各部件尺寸及重量表（单台）　　　　表 3.1-3

部件	尺寸(m)	重量(t)	备注
机舱	14.6×4.5×7.1	146	内含直升机平台
轮毂	5.5×4.9×3.9	47	不含帽子头
叶片	78.9	23	
塔筒上段	$\phi(3.684\sim5.989)\times35.00$	78.73	
塔筒中段	$\phi(5.989\sim6.00)\times35.00$	117.1	
塔筒下段	$\phi(6.00\sim6.00)\times15$	85.32	
机组（基础环以上）总重：543.15t			

3.1.4.2　施工准备

同叶轮安装工艺。

3.1.4.3　施工工艺流程图

水平法单叶片安装施工工艺流程图，如图 3.1-41 所示。整个施工过程中：（1）底塔筒预拼装；（2）塔筒安装；（3）主机、轮毂、工器具、物料过驳；（4）电气安装等施工方法可参考叶轮安装工艺。本小节主要阐述机舱、轮毂及叶片安装关键技术。

3.1.4.4　水平单叶片安装施工方法

1. 机舱及轮毂安装

（1）安装盘车

1）拆除联轴器护罩及扭力扳手固定支架，并安装齿轮箱轮滑电机；2）打开机舱底板

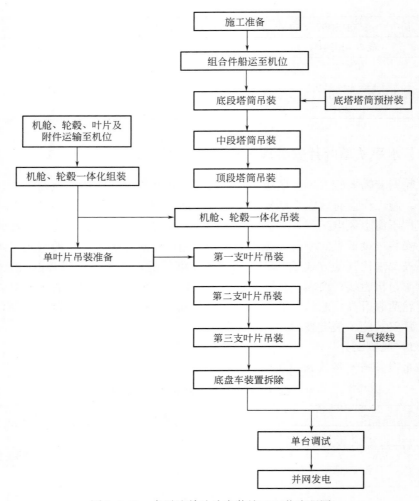

图 3.1-41 水平法单叶片安装施工工艺流程图

吊物孔盖板，并拆除两个挂梯，使用机舱小吊车将 1t 小吊车吊入机舱，然后安装在吊车横梁上；3）使用吊车将盘车工装及液压站从机舱顶部的入孔吊入；4）将盘车工装和搭块通过两个销子进行连接；5）使用 1t 行走小车，通过盘车工装自带吊耳、吊环螺钉与盘车突出部分使用三个手拉葫芦与行走小车之间用一个 15t 卸扣进行连接；6）缓慢移动，调节盘车工装法兰盘，使法兰的孔与刹车盘孔一一对应，并用销子将其紧固；7）通过 1t 小吊车，缓缓使盘车工装主体绕盘车圆心转动。将盘车工装上自带螺栓螺纹端顶住盘车支架板。将盘车工装自带连接板下端通过铰链转至支架安装板下方；8）使用销子穿进连接板的安装孔中，另一端使用螺栓连接副将一垫片与垫盖和销子紧固在一起；9）待盘车安装好后，将液压站从吊物孔中吊入机舱，并将动力站摆放在发电机后侧。

（2）轮毂翻身

轮毂翻身在轮毂的顶端安装组合吊具（图 3.1-42）安装轮毂翻身吊具，吊索具选用软吊带。解除轮毂与运输基座的螺栓约束后，安装轮毂底法兰螺柱，再将轮毂提升至一定高度，翻身吊索具带力，且组合吊具逐渐下放至不受力，完成轮毂翻身。

（3）轮毂机舱组对

吊机将轮毂缓缓移动至机舱主轴法兰面的正前方（图 3.1-43），并调整机舱与轮毂法兰孔位对齐，然后吊机持续下放吊钩，移动轮毂至两法兰面贴合，最后手动上紧螺母并使用拉伸器紧固，紧固时按厂家要求分次进行紧固，每紧固一次后用记号笔画一道横线作为标记。完成组对后拆除吊具，并安装导流罩、风轮方位传感器突起物等其他设备。

图 3.1-42　轮毂翻身

图 3.1-43　轮毂机舱组对

2. 机舱及轮毂整体安装

机舱加轮毂安装时，100m 高空风速不得大于 10m/s。在轮毂吊装安装防护网，并安装踏板等轮毂内其他工装。在机舱法兰上安装限位销。螺栓连接副等物料在机舱内固定完毕后，随机舱一同起吊。完成安装机舱顶部附件后，安装由风机厂家提供的专用吊索具，吊索具前后共有 4 个卸扣和机舱连接，较短的一侧连接机舱的前端，较长的一侧配备有定制花篮螺栓，并连接机舱的后端，最后解除机舱固定约束。为加强成品保护，采用软吊带安装机舱，并在专用工装的前端及尾端系溜绳，如图 3.1-44 所示。

图 3.1-44　机舱及轮毂试吊

吊机主钩将机舱抬升约 100mm 后，静置 10s 左右并确认吊索具处于正常受力状态后，主钩继续抬升，如产生机舱倾斜、吊带未绷紧等状况，立即停止安装。起吊的时候，保证机舱未与其他设备、配件等发生碰撞，同时通过溜绳调整机舱的空间姿态和摆动情况。

在机舱吊至距上段塔筒顶部法兰 100mm 左右时，吊机主钩停止移动，操作工人将机舱上限位销插入上段塔筒顶部法兰孔内，以确保法兰孔之间对齐。确认所有螺栓可自由穿入后，由操作工人迅速将所有螺栓带上。安装垫圈时，有倒角的一侧应分别朝向螺母、螺栓头部的支撑面；安装螺母时，带字头的端面应朝向外侧。吊机主钩缓慢下放至机舱底法兰与上段塔筒顶部法兰贴合（图3.1-45），这时吊机仍带有30%的吊力。使用液压拉伸器以最终拉伸力的50%、100%两次将螺栓紧固，首先对法兰面上十字对称的20个螺栓进行紧固，再按顺序紧固其他螺栓，每紧固一次后用记号笔画一道横线作为标记，待所有螺栓均完成终拧后，操作人员通过机舱天窗到达机舱顶部，将吊索具解除。确认机舱内螺栓的标记数量是否与厂家要求的紧固次数一致，如一致则代表机舱内所有螺栓的力矩均达到额定值，可以进行下一步叶轮安装。

图3.1-45　机舱轮毂安装

3. 叶片安装

叶片起吊时，100m高空风速禁止大于10m/s。叶片起吊前在吊机大臂上安装缆风绳系统，并确认缆风绳系统能正常运作。在专用叶片吊具的两端分别系溜绳，然后平台船的主吊机吊起吊具（图3.1-46），将单叶片吊具的中心移动到叶片的重心位置，并操作吊具夹紧叶片。期间工人操作溜绳控制吊具的摆动量防止与叶片发生磕碰。完成吊具的安装后，拆除叶片与运输架之间的螺栓约束，同时还需在叶片上安装定位销。

图3.1-46　安装单叶片吊具

通过转动盘车使带有防护网的轮毂轴承面与水平面夹角120°，同时首个准备安装叶片的轴承面呈竖直状态。轮毂完成转动后，锁定风轮锁，停止盘车，确认轮毂不处于旋转自由状态后，操作人员通过进入孔进入轮毂内部，准备进行叶片安装工作（图3.1-47）。主钩缓缓起吊叶片，并检查叶根处法兰面是否处于竖直状态，如法兰面与竖直面夹角超过2°，则下放叶片并重新调整单叶片吊具与叶片重心的相对位置。主吊机继续抬升主钩，并通过缆风绳系统调整叶片吊具的角度，将叶片吊至轮毂变桨轴承水平的一侧。变桨调整叶片上的零刻度与轮毂的轴承面零刻度对正，然后将叶片法兰与轮毂变桨轴承法兰面缓缓对接（图3.1-48），并手动拧六个螺母，最后将定位销拆除。叶片安装时，机舱内指挥人员通过对讲机让吊车点动到叶片安装到轮毂最安全的位置，让叶片平稳缓慢地与轮毂对接，禁止螺柱在有明显卡住时强行安装。

图3.1-47　叶片安装起吊

图3.1-48　第一支叶片安装

按指定顺序分次对螺柱进行紧固，满足由风机厂家提出的叶片摘钩条件后，解除单叶片吊具约束。将能够紧固的叶片螺柱紧固后，人员离开轮毂，并将轮毂内的工具及物料带出轮毂，打开风轮锁，对高速刹车盘进行泄压、盘车，将第二支叶片安装位置转至水平，最后重新锁定风轮锁。

主吊机准备安装第二支叶片时应确认轮毂锁死后，操作人员方可重新返回轮毂中，将剩余的螺柱进行紧固。紧固完成后，手动变桨将已安装完成的叶片由0变至120°。重复上述步骤，将第二支、第三支叶片安装完毕（图3.1-49），最后将盘车与液压站从机舱的吊物孔吊出，并及时安装联轴器及其附件。

图3.1-49　第三支叶片安装完毕

3.1.4.5 单叶片安装施工工效统计

单叶片安装工艺单台风机安装工效统计，如表3.1-4所示。预计每台风机有效作业时间约78h，另外考虑部分其他影响施工的因素及工序衔接等问题，每台风机有效作业时间约87h。

单叶片安装工艺单台风机安装工效统计表 表3.1-4

序号	作业内容	预计用时(h)	备注
1	平台船抛锚驻位	4	
2	平台船调载、顶升	5	定位驳船抛锚定位，机舱、轮毂运输船靠驳就位
3	机舱、轮毂倒驳至平台船甲板上	2	舷梯同步搭设
4	塔筒运输船进场靠泊定位驳	1	
5	在运输船进行准备工作	1	同步进行基础准备
6	底段塔筒预拼装	6	
7	底段塔筒安装	3	拆除防雨罩、解除螺栓与海绵等
8	中段塔筒安装	4	
9	上段塔筒安装	4	塔筒运输船离场、叶片运输船驻位
10	机舱、轮毂倒驳至平台船甲板上进行拼装	5	轮毂通电变桨调试准备
11	机舱轮毂安装	3	同时进行塔筒内力矩紧固
12	轮毂、叶片组装	24	叶片运输船离场（厂家要求24h内完成组装）
13	单叶片安装（三支）	10	
14	平台船拔腿移船	6	定位驳船起锚移位
15	合计	78	

3.1.5 斜插法单叶片安装施工技术

斜插法单叶片安装（带角度单叶片安装）的优点是不需要盘车工装，省去盘车工装的拆装需求，安装流程简单；机组接口低，无盘车法兰及机舱开口需求，机组成本低，适应大兆瓦机组大叶片安装。但是斜插法安装对船舶的吊高要求比水平安装高10m或更高；由于液压变桨需要提前控制叶片运输角度（两支预弯向上，一支向下），对机组锁定销要求高，应对安装过程中的突发风险、短期中断需求能力低；夹具设计及使用复杂，叶片夹持对摩擦力要求高；此外，斜插法安装时，叶片对接难度较大，风速限制稍高于水平安装，效率水平及稳定性同样低于水平安装。

3.1.5.1 风机简介

同水平法单叶片安装施工技术。

3.1.5.2 施工准备

同水平法单叶片安装施工技术。

3.1.5.3　施工工艺流程图

同水平法单叶片安装施工技术。

3.1.5.4　斜插法单叶片安装施工方法

1. 叶片起吊准备

斜插法叶片安装也叫无盘车叶片安装，叶片安装采用无盘车单叶片安装方式，轮毂安装好后保持"Y"形锁定转子锁，吊具夹取叶片依次从 3 个角度安装叶片。吊具采用 Liftra 供应商设计的 Blade Dragon 吊具（图 3.1-50），重 75t，长×宽×高＝20100mm× 10960mm×13230mm；吊具重 108t，吊高 125.5m，可实现带叶片 250°旋转。

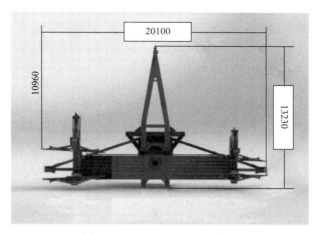

图 3.1-50　Blade Dragon 吊具

单叶片安装为厂家提供的专用叶片夹具（无盘车），在使用前填写"功能测试"检查表，检查"强迫释放系统"电缆可从机舱接入，给发电机柴油箱加油。单叶片安装起吊装置，如图 3.1-51 所示。需使用移动升降台将强迫释放系统的电缆固定到叶片根部左侧，强迫释放系统电缆的固定。

图 3.1-51　单叶片安装起吊装置图

2. 叶片过驳至甲板

因叶片安装夹具时要求处于相对静止状态，所以需提前将叶片过驳至安装船甲板上。

选用双机抬吊的方式过驳叶片，500T吊机副钩吊叶根，350T履带式起重机吊叶尖。叶根采用厂家提供的15t×25m的扁平吊带缠绕安装，吊点位置为距离叶根法兰面2m且超过防雨环的位置；叶尖采用4根15t×4m的圆环吊带。考虑叶片运输是两层，距离甲板面较高，需要在钩头上系上安全绳，操作人员在叶片上挂吊带时，必须将安全带与安全绳连接。起吊叶片必须保证有足够的起吊设备，应有至少两根溜绳，叶根支架两侧各布置一根，溜绳长度和强度要足够，并找好缆风绳锚点。工作现场必须配备对讲机，现场应配备足够的人员拉紧溜绳保证起吊方向，避免触及吊机大臂或其他物体。

3. 叶片安装

（1）叶片起吊前，将船体提升至33.7m高度（甲板面），作业人员上下船通过辅吊提升吊笼进行上下船。风机上施工人员先转移到定位舶上，再由交通船送至机位，通过套笼的爬梯上下风机。臂杆抬升至74°，将叶片起吊至正确的安装位置，安装完成，如图3.1-52所示。上方两支叶片安装完毕后，吊机趴臂，降船至12m高度（甲板面），避免垂直向下叶片安装完毕后叶尖碰到船体。

图3.1-52　Y形下方一支叶片安装图

（2）将叶片轴承吊至运行位置。安装叶片前叶片轴承必须位于正常运行位置（0°），将变桨角设置到12点钟前一点的位置。它允许轮毂上的叶片轴承能在两个方向上变桨，从"0记号"起设置上操纵记号11（顺时针），下操纵记号必须与上记号呈180°。它允许轮毂上的叶片轴承在两个方向上变桨，这能使叶片安装变得更容易。

（3）将叶片导入叶片轴承。轮毂内的技术人员必须向通过无线电与吊车和叶片起吊装置的操作者联络的技术人员报告任何必要的调整。用吊车将叶片朝轮毂方向移动，将叶片引导到叶片轴承上，通过变桨叶片法兰使上导销与叶片轴承上的"记号"对齐，再次通过变桨叶片法兰使下导销与叶片轴承上的"记号"对齐。

（4）用套筒扳手拧紧叶片螺栓。叶片到位时，在所有可以接触到的双头螺栓上安装螺母和垫圈，去除导销前，此时请勿变桨，用双头螺栓替换导销。使用专用螺母，用1000N·m的套筒扳手，去除双头螺栓。释放起吊装置前，用1英寸（1英寸＝2.54cm）1000N·m的套筒扳手或1000N·m的卡式工具紧固全部72个双头螺栓。

4. 叶片起吊装置的拆除

此时叶片用轮毂支撑，起吊装置用叶片支撑；未得到来自吊车、轮毂和机舱的批准前，起吊装置上的绑带不得松开；在得到来自吊车、轮毂和机舱各方人员确认后，起吊装置可以脱离叶片。

5. 叶片起吊装置吊离

松开叶片上的绑带，起吊装置吊离叶片；起吊装置吊至安装船甲板面，为下一次安装做准备。

6. 完成安装

过驳第 2 支、第 3 支叶片至甲板，然后安装完成，如图 3.1-53 和图 3.1-54 所示。

图 3.1-53　第 2 支叶片安装

图 3.1-54　第 3 支叶片安装

3.1.5.5　单叶片安装施工工效统计

同水平法单叶片安装施工技术。

3.2　风机整体安装施工技术

3.2.1　风机整体安装施工简介

海上风电机组安装受海况、天气影响非常大，风机安装工作功效较低。风机安装完毕后，塔筒内电缆连接等遗留工作较多，大幅增加海上作业时间和攀爬机组的频次，带来了施工人员的安全隐患。风机整体安装工艺可以大量节省海上风机的安装时间和风机内的消缺尾工。风机整体安装施工包含陆上拼装、整体运输、海上整体安装三个阶段。首先，采用吊装方式，将风机部件分体组装至运输船舶；其次，通过运输船专用工装将整机运输至场区机位；最后，由大型浮吊进行整体吊装风机到承台位置。

风机整体吊装工艺可以大量节省海上风机的安装时间。其主要缺点是组装码头航道必须满足万吨级船舶通行能力；满足吊高、起重能力的双臂架起重船的可选范围小；需要预制专用的运输支架、减震支架；运输过程中由于重心高安全风险较大。本小节以上海电气某风电机组为例，详细阐述风机整体吊装施工关键技术。风机整体安装施工工艺流程图，如图 3.2-1 所示。

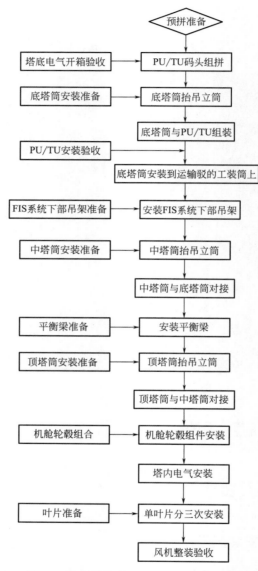

图 3.2-1　风机整体安装施工工艺流程图

3.2.2　风机整体组装

3.2.2.1　风机简介

本小节以某风电机组为例，介绍风机整体组装施工关键技术。该机型主要由塔架、机舱、轮毂、叶片及电气设备等组成，其中塔架分为过渡段塔筒、下塔筒、中塔筒和上塔筒四段。风电机组主要部件参数见表 3.2-1。

某风电机组主要部件参数表（单台）　　　　　　表 3.2-1

序号	设备名称	长（mm）	宽（mm）	高（mm）	重量（t）	备注
1	机舱	13900	4200	4020	142	
2	轮毂				43.8	
3	叶片	63450			单片重 18.3	共 3 片
4	塔架（87m 轮毂高）					
	上塔筒	22365	$\phi 4060 \sim \phi 3120$		41.651	
	中塔筒	22495	$\phi 5042 \sim \phi 4060$		52.355	
	下塔筒	23180	$\phi 5042 \sim \phi 5042$		84.21	
	过渡段塔筒	3000	$\phi 5042 \sim \phi 5042$		20.863	
	内部附件				约 11.2	不含 PU、TU 平台

3.2.2.2　安装设备

海工基地风机整体拼装码头前沿布置一台 1000T（或 1250T）履带式起重机作为主吊（图 3.2-2），完成风机各部件在码头前沿的整体拼装工作。同时配置一台 320T 履带式起重机作为塔筒翻身风轮溜尾的辅吊。履带式起重机为 SSL150T 超起 96m 主臂工况，主要性能如下：履带式起重机在码头前沿的位置作业半径为 30m；最大作业半径为 34m；无超起配重时额定起重量为 198t，160T 超起配重时额定起重量为 260t。塔架高度为 74.89m，机舱高度为 5.54m，合计为 80.43m，平均高潮位时驳船上的运输法兰高度与码头面高度基本一致，因此吊钩至机舱顶部还有 13m 的安全起升空间，完全能够满足机舱专用吊具的高度要求。

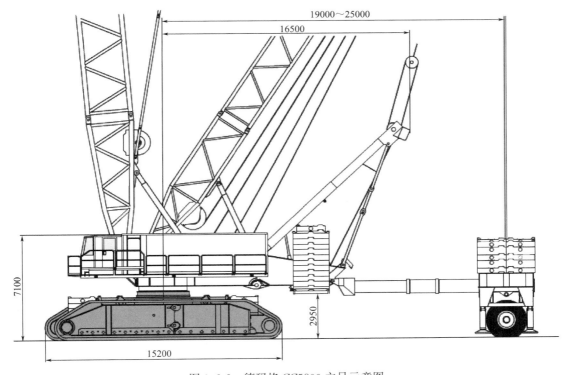

图 3.2-2　德玛格 CC5800 主吊示意图

3.2.2.3 风机整装组装施工方法

1. 底塔筒安装

（1）先将工装支架放置在预定的安装位置；（2）将塔筒下层平台放置在组装位置，然后在其上安装 PU、TU、电梯等部件，再在底部下层平台上预安装支撑腿；（3）再将组装好的下层平台安装在工装支架上；（4）将塔筒上层平台放置在组装位置，然后在其上安装变流器柜、主控柜和 PT 柜等部件，再将 4 个支撑腿安装在上层平台上；（5）将组装好的上层平台安装至下层平台上（图 3.2-3）；（6）通过 1250T 履带式起重机及 350T 履带式起重机抬吊的方式，将底塔筒竖立，从电气柜平台上方缓缓套入，与平台支撑腿连接。详见图 3.2-4。

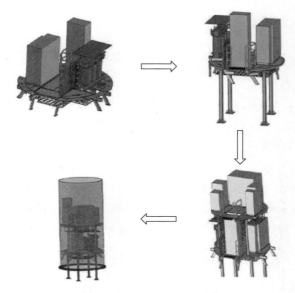

图 3.2-3 PU、TU 预拼装

图 3.2-4 底塔筒及电气柜安装实例

2. 塔筒安装

第 1 步：在驳船工装塔座上安装底塔筒，如图 3.2-5 所示。

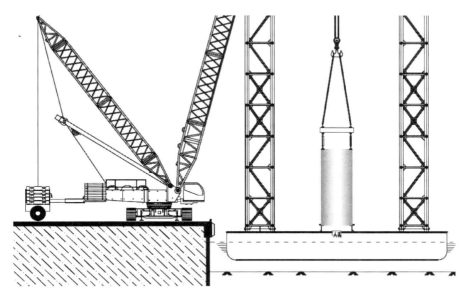

图 3.2-5　底塔筒安装示意图

第 2 步：在底塔筒的 T 形法兰上安装柔性安装体系（FIS）的上部吊架，检查确认塔架门的朝向正确，用主吊将上部吊架安装至底塔筒上，然后缓慢下落到正确位置。然后穿入工艺螺栓，并按照高强度螺栓技术要求拧紧，如图 3.2-6 所示。

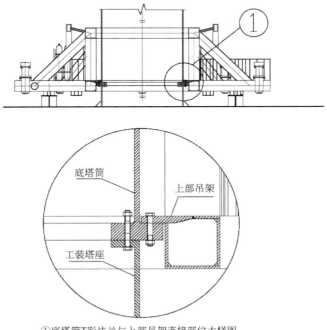

①底塔筒T形法兰与上部吊架连接部位大样图

图 3.2-6　上部吊架安装实例

第3步：安装中塔筒。按照底塔筒安装方法将中塔筒安装至底塔筒上。利用履带式起重机将平衡梁安装至运输驳上的"井"字架上的预定位置，并进行平衡梁与"井"字架上的节点连接。连接完毕后，缩回平衡梁上抱桩液压油缸，检查安装上塔筒时穿过平衡梁的空间，安装工况见图3.2-7。

图 3.2-7　中塔筒安装

第4步：安装第三节塔筒。按照同样的方法将第三节塔筒安装至第二节塔筒上，然后伸出平衡梁上抱桩液压油缸，顶住塔筒外壁，对平衡梁进行紧固。

3. 机舱轮毂预组装

根据安装工艺，需将机舱与轮毂预组装，然后整体安装。

(1)机舱、轮毂在卸货时已放置在拼装位；(2)机舱准备工作：取下机舱主轴上的O形圈，将螺栓推进舱内；(3)轮毂准备工作：移除轮毂上的木板、胶带和红色塑料塞，拆除轮毂工装螺栓，采用100T汽车式起重机安装轮毂拼装吊索具，并确保液压拉伸缸调节到长度最大位置；(4)将液压缸连接到液压站，采用100T汽车式起重机将轮毂吊起吊离工装适当高度，打开液压站使轮毂倾斜6°；(5)缓慢移动进行轮毂与机舱对接，通过缆风控制对位，如图3.2-8所示；(6)对接完毕后，按照风机安装指导手册进行螺栓副紧固，并进行相关电气施工及气象系统、防雷接地系统安装。

4. 机舱轮毂安装

安装机舱和轮毂起吊专用吊具，如图3.2-9所示。吊具连接完毕后，检查连接正确性，在现场起重指挥的指挥下，缓慢提升起重机吊钩，吊起机舱至上塔筒上法兰上方，机

图 3.2-8 机舱与轮毂组拼

舱头部和尾部各拉一根溜绳调整机舱方向，保持机舱偏航法兰面水平，利用引导销使法兰孔对正。当两个法兰面接触后，装上螺栓并按厂家规定的顺序和力矩进行螺栓紧固，如图 3.2-10 所示。

图 3.2-9 起吊机舱和轮毂组合

图 3.2-10 机舱轮毂与顶塔对接

5. 单叶片安装

安装叶片专用吊具及安全风绳，将机舱轮毂盘车偏航至方便叶片安装的水平方位角位置（图 3.2-11）。随后将叶片缓缓吊起，拆除叶片支架。叶片呈水平状态慢慢吊于轮毂叶根轴承法兰接口处。通过安装调试电源盒对轮毂轴承进行变桨微调，所有螺栓顺利穿入变桨轴承孔内，带上螺母，按要求紧固螺栓。采用同样的方式，安装其他两支叶片，至此风机主体拼装完成。详细步骤参考 3.1.4 节和 3.1.5 节。

3.2.3 风机整体运输

3.2.3.1 运输船舶选型

运输驳船采用均兼有运输与安装功能的加固措施（即"井"字架）的海上 6000T 某风机整机运输专用运输驳船进行整机海上运输，单航次运 1 台风机。某风机整体运输专用驳船基本参数见表 3.2-2，船舶布置如图 3.2-12 所示。

图 3.2-11　叶片安装示意图

基本船机参数 　　　　　　　　　　　　　　　　表 3.2-2

船机参数	数值
总长（m）	81.0
型宽（m）	36.0
型深（m）	4.80
设计吃水（m）	3.00
总吨位（t）	4208
甲板梁拱（m）	0.4
满载载货量（t）	6000

图 3.2-12　风机整体运输驳船布置图

为了保证风机在整个运输过程中的稳定性，将在运输驳船上采取一定的加固措施：

1. 在运输驳船上风机组装位置设立风机加固底座，底座尺寸 17m×17m，底座焊接在运输驳船甲板上，底座上设立法兰盘，法兰盘的尺寸与风机下塔筒底部法兰相吻合，风机运输时下塔筒与底座用螺栓紧固。

2. 在风机位置两侧，设立"井"字架，其平面尺寸为 7m×7m，"井"字架的高度为安装平衡梁底高，平衡梁的中心高度略高于风机合成重心。

3. 平衡梁通过液压系统夹紧筒身，并用螺栓将平衡梁与"井"字架紧固。

4. 叶片安装完成后，将三支叶片锁成倒"Y"形。

3.2.3.2 拖航前准备

1. 确定运输线路充分研究运输路线特点，制订相应的航行计划书，并获得海事局等相关管理部门的批准，拖航前提出适拖检验申请，通过检验获得"适拖证书"，办理进出港报关手续，向海事局等部门通告拖航信息。

2. 制定拖航前检查清单，根据检查清单逐项检查，认真做好封舱加固工作，同时确保避雷设备完好。

3. 运输驳船加固。运输驳船甲板面布置工装底座，风机与工装底座螺栓紧固；风机两侧设"井"字架，第二、三节塔筒法兰对接处设置平衡梁，平衡梁搁置在"井"字架顶部的底座里，并上保险；平衡梁通过抱紧装置抱紧风机法兰对接处，保障运输牢靠。

4. 拖航中，平衡梁电源线接入风机运输驳船电箱，进行不间断供电，设专人对风机状态进行值守查看，控制平衡梁抱紧器，防止松动。

5. 拖航中，通过690V变压器箱将船电接到风机除湿系统并对风机进行除湿。

3.2.3.3 整机运输

在完成拖航前准备工作后，密切关注天气情况，保持通信畅通。沿指定航线将运输驳船拖航至本风电场安装现场，风机运输驳船拖航采用吊拖布置方式，拖航速度约为8海里/h，拖航至现场约25h，天气预报连续三天以上风力小于6级，波高小于1m、二级海况以下方可安排拖航，风机拖航采用吊拖方式，拖航如图3.2-13所示。此种运输方式，已经过船舶设计院验算，验算结果：计算中重量重心、自由液面惯性矩等按不利情况选取，结果表明运输驳运载整机稳定性满足要求，也有足够的压载水裕度以调整浮态，有足够的空船重量裕度以满足实际的结构加强需求。按照稳定性计算的限定条件进行整机运输。

图 3.2-13 风机整机运输

3.2.4 无过渡段单桩基础风机整体安装施工技术

3.2.4.1 施工前准备

1. 基础法兰面水平度测量复核

风机安装前，清理单桩顶法兰表面，并用锉刀修整过渡段塔筒上法兰表面毛刺，用水平仪或激光测平仪检查其水平度（要求法兰水平度≤3‰），如图 3.2-14 所示。

2. 附属套笼安装

为方便整机安装，本工程将机位套笼分为三个部分，分别为套笼下半部分、上部外平台半片 1、上部外平台半片 2，套笼分解图如图 3.2-15 所示。套笼下半部分在单桩沉桩完成砂被铺设后直接安装套入单桩；上部外平台为可对拆结构，上部外平台在风机安装完成后分片安装。

图 3.2-14　法兰面水平度测量

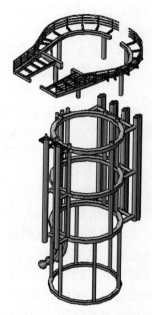

图 3.2-15　基础套笼示意图

3. 安装临时施工平台

套笼下半部分安装完成后安装临时施工平台（图 3.2-16），临时施工平台主要用于安拆下部就位施工。临时施工平台设计为挂笼结构，悬挂于下半部分套笼顶部圈梁。

4. 下部就位系统安装

临时施工平台安装完成后在基础顶部安装软着陆定位系统下部就位系统，下部就位为两片可对拆结构组成。下部就位系统支撑于桩身牛腿之上，支撑牛腿设计示意图如图 3.2-16 右图所示。下部就位系统由起重船先将方驳上的下部就位系统按要求安装在单桩环形牛腿上，顶部采用挂板临时挂在单桩顶法兰上。同时，利用水平仪调整下部就位系统 8 个缓冲承载平台及 8 个顶升承载平台的水平度。下部就位两半片结构临时安装完毕后采用力矩扳手紧固下部就位对接法兰螺栓完成下部就位安装。

3.2.4.2　起重船

1. 起重船船机参数

选用性能满足风机吊重、吊高及在特定海况下生存和正常工作要求的某 2400T 双臂起重船，如图 3.2-17 所示。本工程风机安装轮毂高度为 80.43m，整体安装单机总重量约 450t，外加附属设施（上部吊架 120t、平衡梁 110t，其他吊具索具等按 20t 计）总吊重约 700t，采用双扒杆起重船，主钩起吊高度 80m 以上，起吊能力为 2400t，双主钩绳间净距

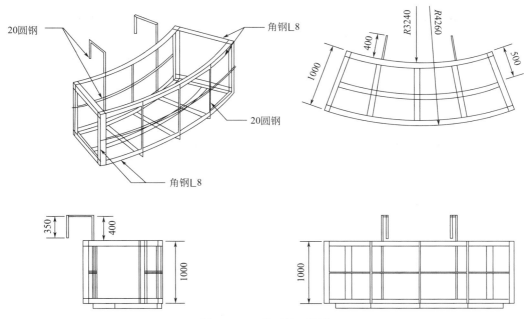

图 3.2-16 临时施工平台

需满足 4MW 发电机组的安全吊装距离。

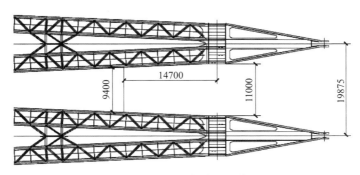

图 3.2-17 起重船臂头示意图

某专用起重船 4MW 风机整体安装能力分析如下：

（1）起重能力要求：4MW 风机整体重量为 450t，再将安装体系及索具的重量计入在内，总重量约 720t，将采用 2 个 600T 的前主钩同时起吊的方式，安装能力足够，并且起重船的两个主钩能保证同步；

（2）水深要求：根据水文资料测算，本风场场区水深 8~12m，设计吃水为 4.3m，安装作业时船首吃水为 4.56m，水深满足要求；

（3）吊高要求：4MW 风机轮毂中心高度为 80.43m（海平面以上），假定起重船作业要求水深≥6m，大臂在额定作业幅度（与水平面呈 68.3°）的情况下（舷外伸距 30.6m，满足伸距要求，其中风机中心与运输驳船首尾段距离约 24m），吊钩处起吊高度达 93.4m，风机轮毂中心仍在起重船大臂前端鹤头的下方，满足吊高要求；

107

（4）大臂间距的要求：起重船大臂前端鹤头净距离为11.0m，发电机宽度约为5.54m，因而机舱两侧与大臂鹤头板（或其下部主钩钢丝绳）的每侧间距有2.7m，有足够的安全距离，大臂间距满足要求。

由上述可知，该起重船在采用此种安装工艺的情况下，完全能满足4MW风机的安装要求。

2. 风机安装前准备

（1）运输驳船上准备

风机安装过程中所使用钢丝绳及索具均经过计算以保证足够富余的安全系数，在风机安装前对吊索具进行检查，确认吊索具无损坏。

（2）机位上准备

预先将底塔与基础连接螺栓放置在基础内，并按照要求在接触法兰表面涂抹密封胶。启动基础平台上供电发电机，对下部就位系统进行供电，缓冲液压油缸顶升回缩调试，精定位液压油缸伸缩调试，确保风机缓冲软着陆及精定位对接过程中液压油缸能正常工作。

3.2.4.3 整体安装施工

1. 船机抛锚及锚位布置

起重船顺流抛前八字锚、后交叉锚及前后穿心锚，并根据承台的布置，适当调整起重船平面扭角进行安装。安装时，运输驳船和起重船保持船中轴线与水流风向在同一条线上，减少船体迎水面，保证起吊质量及安全性，同时避免走锚等现象。考虑到施工区域过往船只较多，各个锚缆布置点必须设有明显的警戒标志，现场过夜船只设置专用的警示灯。

2. 现场施工测量与复核

现场施工测量内容包括：风机基础中心点复核、风机基础顶面标高复核、风机基础连接法兰顶面水平度复核。复核结果做好记录并报监理确认；主要测量方法：测量基线、基点采用土建工程设立的基线、基准；采用经纬仪、水准仪等仪器；基础环法兰顶面水平度用激光水准仪结合平水管测量。

3. 安装准备

由200T起重船先将方驳上的下部就位系统按要求安装在海上风机安装平台上。同时，利用水平仪调整下部就位系统8个缓冲承载平台的水平度。下部就位系统上设有4套刚性粗导向对中挡板、八套顶升油缸、两组切向位置调整装置和两组纵向位置调整装置。由起重船双臂双钩分别吊住平衡梁两端的吊索，解除平衡梁与"井"字架顶部的固定节点和风机塔身底部约束，吊索通过平衡梁受力于塔筒底部的上部吊架系统，双钩起升吊起整体风机至塔身底法兰底面标高，安装应平稳轻起。

4. 风机安装导向工序

在GPS卫星定位系统的引导下，起重船通过绞缆移位调整，使双臂起重船的两吊点中心与安装平台中心的误差不超过50mm。同时根据安装体系的工作原理，要求控制起重船的平面扭角误差不超过1.5°，以保证安装体系的正确定位。起重船吊着整套风机及上部吊架系统缓缓下降，通过4套刚性粗导向对中挡板的约束，达到风机塔筒中心与连接钢管中心初步对正。

5. 风机安装缓冲工序

风机及上部吊架系统沿导向装置慢慢下降，顶升油缸伸出 200mm 行程，8 个缓冲油缸逐件压在相对应的缓冲承载平台上，缓冲开始。在缓冲油缸的液压阻尼作用下，达到风机下降过程中加速度小于或等于 0.2g 的要求。随着风机继续下降，缓冲油缸 800mm 的缓冲行程结束后，风机、上吊架、平衡梁及部分钢丝绳重量由顶升油缸承载，缓冲油缸转为浮动工况，完成风机安装软着陆。

6. 插入精定位油缸连接销工序

当 8 个缓冲油缸缓冲行程结束后，通过液压同步升降技术，顶升油缸承接着风机及上部吊架系统平稳下降，至风机下塔筒法兰底面与连接塔筒上层法兰顶面相距 50mm 时，上部吊架上的定位销轴插入精定位油缸拉杆销轴座套，完成上部吊架与下部就位系统精定位油缸拉杆的固定，准备开始精定位工序。

7. 风机安装精定位工序

精定位系统开始工作，通过误差识别反馈系统的反馈信号，经电脑计算，发出一系列指令，控制下部就位系统上的 2 组纵向位置调整装置和 2 组切向位置调整装置动作，带动风机在 X 向、Y 向上平移及顺时针、逆时针旋转微调，达到风机的精确定位。定位结束后，穿上风机底部内法兰与连接塔筒上部内法兰螺栓并按要求紧固。

8. 工装拆除

（1）钢丝绳拆除

首先拆除 4 根平衡梁与上部吊架连接钢丝绳，钢丝绳与上部吊架采用 120T 卸扣连接，拆除钢丝绳时注意 120T 卸扣与钢丝绳绑扎牢固。拆除钢丝绳的同时进行平衡梁拼接法兰螺栓预松，然后对后拆的一段平衡梁进行临时焊接固定。

（2）平衡梁拆除

平衡梁拆除分两段进行。将第一段（未加固段）完成挂扣后，全回转起重船提升力保持 15t 左右，然后进行平衡梁拼接法兰面螺栓拆除。螺栓拆除完毕后施工人员撤至下方安全区域，确认人员安全后加大提升力缓缓提升平衡梁分段，提升平衡梁分段 1m 左右高度后全回转起重船以远离塔筒侧旋转第一段平衡梁吊放至自航运输驳船。

进行第二段平衡梁拆除时，完成挂扣后全回转起重船保持 15t 提升力，作业人员使用气割割断加固用连接板后以同样的方式吊放至自航运输驳船，作业人员进行气割作业时要求所站位置位于上部吊架上，佩戴护目镜和安全带。

（3）上部吊架拆除

上部吊架完成挂扣后再拆除法兰预留螺栓，然后对上部吊架垂直提升，提升高度为上部吊架底部可安全越过下部就位粗导向架。

（4）下部就位系统拆除

先将下部就位系统临时挂板通过螺栓固定至风机底部 T 形法兰外法兰，随后拆除 2 片下部就位系统之间拼缝处的高强度螺栓，随后依次拆除 2 片下部就位系统，拆除时注意不要碰塔筒外壁。

9. 机械电气收尾

缓冲系统及临时施工平台拆除完成后，风机整体安装工作基本完成，随即进行风机内零星机械、电气的施工及相关电气试验等工作。

3.2.5 有过渡段群桩基础风机整体安装施工技术

无过渡段单桩基础整体安装与有过渡段群桩基础风机整体安装，主要区别在于单桩基础有套笼，由于下部缓冲支架的空间需要，整体式套笼需设计成三部分。因此，有过渡段群桩基础风机整体安装相较于无过渡段单桩基础整体安装省去了下部缓冲支架安装，其他施工工艺与无过渡段单桩基础整体安装相似，故本节仅作简要介绍。

3.2.5.1 施工前准备

1. 风机在运输驳上组拼完成后，检查绑扎加固情况，做好相应的拖航准备。

2. 组装基地至风机机位拖航总里程约 10～15 海里，拖航速度约为 5 海里/h，拖航时间为 2～3h。

3. 准备拖航前，根据未来几天风场现场的气象预报和水文条件，选择合适的海域，由起重船将风机从运输驳船上起吊。若风场海域涌浪情况良好，选择在风机机位进行风机起吊并安装；若风场海域涌浪条件较差，而其他条件满足安装要求时，选择在离岸较近的海域或者风机组装基地码头附近，由起重船将风机从运输驳船上起吊，然后移位至风机机位进行安装就位。

4. 根据项目部近期对风场及周边海域的观测和分析，拟选择在风场北侧某岛的西北侧海域进行风机起吊作业。

5. 当选择在某岛西北侧海域进行风机起吊作业时，尽量选择低平潮时进行起吊，起吊后涨潮时航行至风机机位，并进点，高平潮后开始落潮时安装就位。

3.2.5.2 起重船

风机海上整体安装采用 2600T 某起重船（图 3.2-18）；利用起重船 GPS 定位系统，提高风机安装时的粗定位精度，缩短安装时间，提高施工效率；采用软着陆和精定位安装体系，实现平稳、安全、精确地安装就位。起重船船型参数及起重性能参数如下：船长为108m、型宽为 44.6m、型深为 7.8m。风机整体重量约为 460t，安装系统总重量约为220t，安装索具重量约为 50t，安装总量为 730t。风机海上整体安装时，起重船臂架角度

图 3.2-18　整体安装实景图

为 65°～70°，此时最大吊重为 2600t，吊钩最大起升高度为水面以上 86m。

3.2.5.3　整体安装施工

1. 船舶就位

起重船先于运输驳船就位。起重船纵轴线与主流向一致，先抛下受潮流及风一侧的锚，以便有效控制船舶。待船舶稳定后，按一定的顺序进行抛锚。锚绳的长短及方向，根据水深、风流的大小及作业的需求来确定。风机运输驳船与起重船站位方向一致，运输驳船的船首（或船尾）靠近起重船的船首，然后按照相同的原则抛锚，抛锚完成后，通过锚缆作业，使两艘船距离控制在 10m 左右。

2. 起吊

由起重船双臂下的扁担梁下的索具分别吊住平衡梁两端的吊耳。同时，利用起重船前部的两台小型绞缆机，分别采用一根钢丝绳牵引上部吊架，作为缆风绳。解除平衡梁与"井"字架顶部的固定节点和风机塔身底部约束，吊钩缓慢提升，平衡梁与上部吊架的吊索受力绷紧后（起吊重量达到约 200t），吊钩停止提升。拆除风机下塔筒与运输驳船上工装基础连接的螺栓，并插入四个导向销中。起重船再次缓慢起升吊钩，起重量接近吊装重量时，收紧全船锚缆，使起重船稳定定位，观察并调整起重船船位和臂架，保持风机重心与吊钩垂直。起重船继续上升吊钩使风机离开底座法兰 2m 的距离，并再次进行安全检查，确认无任何安全隐患后，继续上升主钩 3～4m，然后锁住主钩，起重船操纵移船绞车使起重船平稳地后移 50～100m。起重船平稳后退一定距离后，运输驳船迅速撤离。

3. 安装就位

起重船在锚缆作用下平稳地接近风机基础，在距离基础一定距离时，根据实际情况，起升主钩，调整风机底法兰的高度，起重船缓慢平移，使风机位于基础的正上方，起重船尽量锁紧移船绞车，使安装风机在空中的摆动幅度控制在最小范围内。

4. 施工流程

施工流程参考 3.2.4.3 小节。

本章参考文献

[1] 陈凤云，沙欣宇，范肖峰，等．海上风电风机叶轮吊装施工技术［J］．水电与新能源，2022，36（10）：20-23.

[2] 周国兴，孙焕锋，雷传，等．海上风电 7.5MW 风机叶片吊装施工技术研究［J］．水电与新能源，2022，36（10）：24-27.

[3] 张程远，盛雷．海上风力大发电机组吊装技术研究［J］．水电与新能源，2022，36（8）：14-18.

[4] 张程远，项建强．10MW 海上风力发电机组风轮吊装技术研究［J］．水电与新能源，2022，36（5）：48-51.

[5] 李红峰，沈星星，葛中原，等．8MW 海上风电机组的施工和安装技术介绍［J］．太阳能，2021（7）：80-88.

[6] 李美娇．海上风力发电机组分体安装技术分析［J］．机电信息，2021（19）：57-59.

[7] 张迪．风电吊装工序改进研究与应用［J］．中国电力企业管理，2021（9）：82-83.

[8] 中国可再生能源学会风能专业委员会．2021 年中国风电吊装容量统计简报［J］．风能，2022（5）：38-52.

[9] 逯辉. 海上风电单桩基础风机整机安装施工安全管理分析 [J]. 中国水运 (下半月)，2020，20 (3)：215-217.

[10] 吴德胜. 海上风电机组吊装难点分析与对策 [J]. 中国电力企业管理，2019 (12)：32-33.

[11] 王爱国，杨泽敏，胡宗邱. 浅谈海上风力发电机组安装技术 [J]. 水电与新能源，2019，33 (11)：65-70.

[12] 雷丹，潘路. 海上风机整体吊装技术在舟山海域的应用 [J]. 海洋开发与管理，2018，35 (S1)：134-139.

[13] 李俊来，雷丹. 复杂海况下海上风机安装技术研究与应用 [J]. 中国设备工程，2018 (9)：231-233.

[14] 徐成根，昌万顺. 采用顶升系统整体安装海上大型风电机组的方案探析 [J]. 华东电力，2010，38 (6)：946-948.

[15] 李宝明. 海上风机叶轮翻转机具及安装工艺的研究 [D]. 哈尔滨：哈尔滨工程大学，2009.

第4章 海上升压站施工技术

海上升压站由上部组块和下部基础组成，上部组块外形尺寸和重量大，内部结构复杂，安装有大量电气设备，上部组块施工主要包括上部组块的建造、运输和安装技术。下部基础承受上部组块的荷载，主要有导管架基础、桩—套筒基础及高桩承台基础，其施工工艺各有不同，导管架基础及桩—套筒基础施工主要包括沉桩和导管架安装两部分；高桩承台基础施工常规作业包括沉桩施工和承台施工两部分。本章基于不同的实际工程为例，分别阐述上部组块建造、运输、安装及下部基础施工关键技术。

4.1 下部基础施工技术

4.1.1 导管架基础

4.1.1.1 导管架基础简介

导管架基础是一种由桩和导管架组成的格构式结构，导管架与钢管桩用高强度注浆材料连接后，固定在海底。导管架基础空间整体性好，抵抗倾覆弯矩能力强，同时刚度大，变形易控制，适用于海上的升压站基础，如图 4.1-1 所示。结合江苏省某升压站导管架基础施工实例，阐述导管架基础施工技术和施工要点，详细介绍导管架基础施工中的导管架沉放作业、钢管桩植桩、导管架定位、灌浆施工、皇冠板和上部模块安装座板的焊接等施

图 4.1-1 导管架模型图

工内容；另外，还对沉桩停止锤的标准控制方法、导管架安装容许偏差、注浆材料的质量控制等进行详细的论述。

4.1.1.2　总体施工方案

导管架基础施工流程见图 4.1-2。导管架采用整体预制、整体装船运输、现场整体安装的方案，总体施工内容主要包含：导管架的海运、导管架安装、钢管桩沉桩、导管架与钢管桩间的灌浆连接、升压站上部模块安装座的焊接。

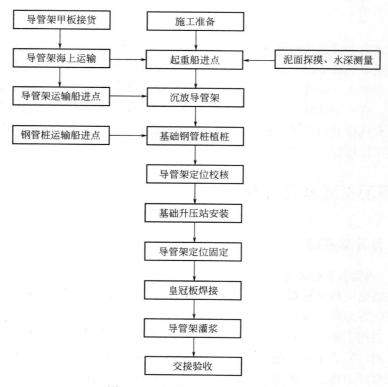

图 4.1-2　导管架基础施工流程图

4.1.1.3　施工前准备

在施工之前，安排该区域的扫测工作，以确认扫测结果，扫测范围为基础安装位置30m 半径范围内，调查的内容包括：（1）基础安装位置的水深；（2）基座的坐标；（3）基础安装位置所处的地形特征；（4）基础安装位置所处的海床上的残留物情况。

4.1.1.4　导管架安装

1. 导管架测量定位

导管架的控制重点在于导管架的水平和高度。在安装导管架之前，先进行导管架区域的水深测量，以确定其泥面标高、高差与设计值相符，并向监理工程师报告。采用 GPS-RTK 实时定位，当吊机的主钩下降到 300mm 的时候停止，这时测量人员对导管架上的固定点进行精确的测量和定位，如图 4.1-3 所示，并进行误差的计算。核准导管架的位置和间距，重新将导管架移动，由测量人员进行准确的测量；在确定可以松开的情况下，浮吊必须保证所有的锚索都在同一时间上力，然后慢慢地把吊钩松开，把导管架固定到预定的位置上。

2. 导管架起吊与安放作业

选择风浪条件好的天气，船舶进点驻位，做好准备工作。导管架220kV电缆管侧靠向起重船船头，导管架中心线与吊机中心对齐。船舶进点完成后，挂好钢丝绳，缓慢起吊导管架，如图4.1-4所示。导管架起吊距离运输船甲板2m后，运输船移开，保持起重船纵吊的状态，通过锚缆作用，起重船移动至导管架设计中心进行定位，定位完成后将导管架下放至海床面，缓慢松钢丝绳，待导管架下沉稳定后，对导管架标高、中心位置等进行测量，若不符合设计要求，需要重新定位下放，直至满足设计要求。

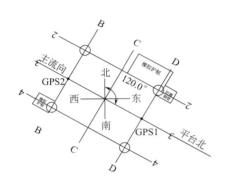

图 4.1-3　导管架安装就位测量仪器布置示意图

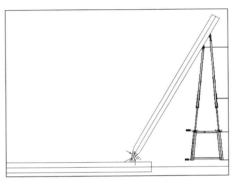

图 4.1-4　导管架吊装工艺

3. 控制导管架安放标高的措施

若导管架安放后沉降量过大，导致导管架顶标高偏低不能满足设计要求，则需要采取以下措施：在主导管内插入辅助支撑桩，将导管架调至设计标高后固定。第一根基础桩沉入深度不超过5m（不计自沉量），将基础桩和主导管临时固定；接着拔去对角位置辅助桩，插沉第二根基础桩。依次完成基础桩的插沉后，经复测高差和水平度符合设计要求，继续后续施工。若导管架安放后沉降量过小，导致导管架顶标高偏高不能满足设计要求，根据沉降情况，经与设计人员沟通，部分割除或全部割除防沉板，必要时施以冲泥等助沉措施。

4.1.1.5　钢管桩安装

1. 立桩

基础桩采用1000T浮吊进行沉桩作业，采用送桩器，将钢管桩送至设计标高。单根钢管桩直径为2100mm，长度为87m，重量约为180t。钢管桩采用起重船起吊，采主、副抬吊进行翻身。主吊钢丝选用2根直径80mm、长度18m的压制钢丝绳，对折使用。在钢管桩的吊装过程中，要保证吊钩和钢索能正确地放置在桩上，以防止对桩身防腐涂层产生冲击；在起桩时，吊桩应保持稳定，不得拖桩、碰桩。起吊后，通过主辅吊钩的配合，使钢管桩由水平状态缓慢翻身至倾斜角度。

2. 插桩

起重机在钢桩吊装完毕后，将其旋转到导管架桩腿的正上方，并将钢桩下放到桩脚，然后将钢桩缓慢地向下插入导管支架的桩腿至钢桩停止自沉，如图4.1-5所示。导管架插桩作业采用对角插桩方式。插桩卡桩控制措施：（1）钢管桩出厂前加强钢管桩的检查，主要有椭圆度、桩周突出物、毛刺、内部导向板内径、扰度等检查，发现不符合规范要求的及时处理。（2）钢桩进场后、吊装过程中，加强扰度与变形的观察。（3）插桩过程遵循慢插、慢放措施，防止钢管桩变形。四根钢管桩自沉稳桩结束后，对导管架的水平度进行测量，通过吊机将导管架水平度进行调整至 0.2％以内。初调平后，进行临时固定。

3. 沉桩

（1）沉桩锤选择：采用 IHC-S800 液压打桩锤进行打桩工作，如图 4.1-6 所示。起吊液压锤套入桩顶后，吊机吊重应缓慢减小，压桩结束后，以最小的能量启动液压锤开始沉桩。导管架的调平应在沉桩过程中反复进行，直至达到设计要求为止。

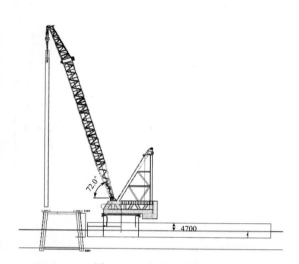

图 4.1-5　插桩示意图

图 4.1-6　IHC-S800 液压打桩锤示意图

（2）沉桩停锤标准：升压站安装绝对位置允许偏差＜500mm；每个导管架平台四个桩桩顶平面内的相对位置允许偏差不超过 50mm，任意两个桩顶面之间的高程差不超过 50mm；桩轴线倾斜度偏差＜5％；两个导管架平台的中心点平面内相对位置和高程允许偏差不超过 300mm，相对转角不超过 1.5°；沉桩精度控制偏差的测量应采取激光控制仪器完成，保证精度控制；对于沉桩后精度控制超出设计规定的要求，应进行管桩的偏斜整改。

（3）割桩：沉桩结束对桩顶应割平至设计高程，高程允许偏差小于 50mm。

4.1.1.6　导管架调平

1. 水平度的要求

为满足导管架水平度的要求，插桩沉桩按以下要求进行：导管架沉放到位后，按对角交错顺序进行插桩、沉桩，打桩的同时进行导管架调平作业。导管支架四个角的相对高差不超过 2cm；每次沉桩 5m 后，对四个角进行测量，并将高差控制在 2cm 以内，直到沉桩结束。其余三根钢管桩与导管架临时电焊固定，边打边调，打桩过程中要不断测量导管架的位置和水平度，直至钢桩沉至设计标高。沉桩结束后复测水平度，进行微调，导管架达到设计水平要求后焊接固定。边打边调，沉桩至吊耳距离 1m 左右时，对吊耳进行切割，换上送桩器，继续打桩至设计位置。

2. 沉桩与导管架安装允许偏差

（1）沉桩允许偏差

1）绝对位置允许偏差 500mm；2）高程允许偏差（实际高程－设计高程）为 −300～500mm；3）两根桩桩身中心间距不大于 50mm；4）将高出导管架顶的钢管桩顶部切成水平，4 根桩之间的高程偏差不大于 25mm，每个钢管桩切割面的水平度偏差不大于 0.1％；5）桩顶和导管架顶部的高度差不超过 30mm。

（2）导管架安装允许偏差

1）绝对位置允许偏差不大于 500mm；2）导管架调平后水平度偏差不大于 0.2％；3）导管架的沉放高程应预留沉桩过程中导管架的沉降，沉桩后导管架中心高程允许偏差（实际高程－设计高程）为 −300～500mm；4）沉桩后导管架水平度偏差不大于 0.5％；5）沉桩后导管架方位角允许偏差不大于 5°。

4.1.1.7　导管架基础灌浆

1. 灌浆概述

在沉桩结束之后，导管架套筒与钢管桩之间就会形成一个环形的灌浆空间，在导管架上设置了一根主灌浆管和一根备用灌浆管，然后通过灌浆管线将高强灌浆料灌入这个环形空间中，这样就可以将导管架套筒与钢管桩固定起来。高强灌浆料具有高流动性、高抗压和抗拉强度、高早强、高抗渗、无收缩、高抗疲劳等特点。导管架套筒与钢管桩之间装有封隔器，其主要作用就是阻止浆液从环形空间的底部漏出。封隔器本身的材质、安装的水平度、与钢套筒的贴合程度、导向块的大小及设置位置等均会对封隔器的效能造成影响，所以在设计、选材、制作、运输、安装、调试等阶段均要严格控制。

2. 灌浆施工

灌浆料在起重船上进行搅拌，倒入压力注浆泵后直接泵送至输浆口。待灌浆料灌至设计高度后，即停止注浆，同时核算灌浆量，是否与设计灌浆量偏差在一定的范围内。满足要求后进行灌浆设备拆除。高强灌浆料施工工艺流程，如图 4.1-7 所示。

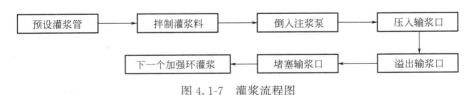

图 4.1-7　灌浆流程图

3. 灌浆料施工注意事项

（1）海上灌浆施工正常的施工设备需要两台搅拌机和一个灌浆泵，两台搅拌机轮流为灌浆泵供料，以确保灌浆施工的连续性，另外有一个备用灌浆泵，以防止意外情况发生。

（2）灌浆施工前重点检查封堵和管线连接情况。灌浆作业前必须检查和核实灌浆管路是否通畅，需要灌浆的环形空间内外侧钢管是否采取临时锁定措施以确保环形空间内外侧钢管之间没有相对较大的位移和扰动。

（3）采用强制式搅拌机，搅拌前搅拌机内和搅拌叶片用水润湿，并除去流动的水分，干料加入搅拌机后，启动搅拌机，将规定用量的水连续加入灌浆料，采用泵送方式进行灌浆施工，一次完成。搅拌用水采用船上的淡水。搅拌机用船上的吊机吊装在船上，并固定好。

（4）对于已加水搅拌好的浆体，如果在搅拌机中放置的时间较长仍未泵送，需要每隔5～10min重新搅拌。配制浆体时，灌浆料和水的称量精度应精确到±1%。

（5）在完成灌浆作业后，需要采取措施确保灌浆结束后24h内灌注好的浆体不受外界较大的扰动影响。

4.1.1.8 皇冠板和上部模块安装座板焊接

导管架灌浆结束后，及时按照设计要求现场焊接上部模块安装座板。皇冠板焊接示意图，如图4.1-8所示。

4.1.2 深远海桩—套筒基础

4.1.2.1 桩—套筒基础简介

海上升压站桩—套筒基础结构，如图4.1-9所示。主导管采用 ϕ1500～1800mm钢管，设水平拉筋 ϕ1000mm钢管及斜拉筋 ϕ1000mm钢管，导管架局部节点用钢材 EH36-Z35加强。导管架上设靠船构件、登船平台等附属构件。导管架约重1354.4t。钢管桩采用 ϕ2800mm钢管桩，共4根，壁厚为45～60mm，桩长为52.75m，桩入泥约41.0m，4根桩总重约704.49t。在海上升压站两侧沿导管架分别布置 ϕ325mm的35kV海缆保护J形套管和 ϕ610mm的220kV海缆保护J形套管。35kV海缆和220kV海缆沿J形套管登入、登出海上升压站平台。电缆保护J形套管固定在导管架上，上部延伸到一层甲板，下面伸到泥面处。

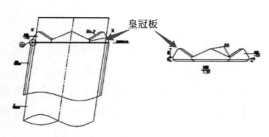

图4.1-8　皇冠板焊接示意图

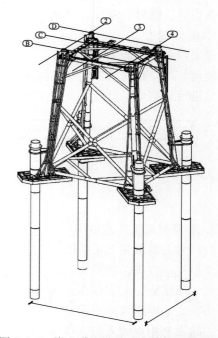

图4.1-9　海上升压站基础主结构三维视图

4.1.2.2 总体施工方案

海上升压站桩—套筒基础结构总体施工流程，如图4.1-10所示。

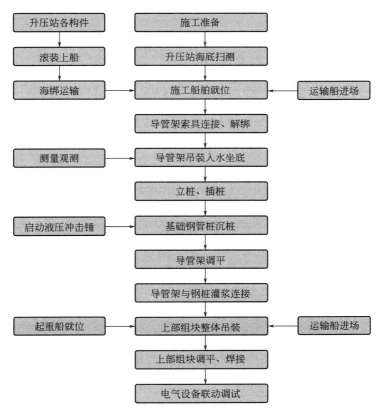

图 4.1-10　海上升压站桩—套筒基础结构施工工艺流程图

4.1.2.3　施工前准备

1. 海底扫测

施工前安排该区域扫测工作，确定扫测结果，即导管架设计安装区域海底水平度及高程是否满足设计要求。扫测范围为基础安装位置 30m 半径范围内，调查内容为：基础安装位置水深；基础安装位置坐标（经纬度）；基础安装位置地貌（如泥面坡度、凹坑等）；基础安装位置处海底残余物情况。若出现海底不平或高程不符合安装要求的，应及时考虑吊放沙袋或应用其他方法加以解决。

2. 主作业船抛锚就位

某 1600T 起重船借助 GPS 导航定位系统由拖轮拖曳到导管架安装位置附近，进行抛锚驻位。暂定船位为：首尾方向垂直于导管架长边，距离相隔约 100m 处，抛 6 根锚，每根锚绳长 500m，如图 4.1-11 所示。导管架运输船拖轮拖曳到下进场，与起重船垂直错位停靠，驳船首部尾部各抛两次锚，共抛 4 次锚，并根据浮吊跨距调整两船之间的距离。

4.1.2.4　导管架安装

起重船通过绞船移动位置，使主钩到达导管架上方，如图 4.1-12 所示。然后主钩下落至导管架顶部进行挂钩操作，铆工同时进行解绑扎。导管架顶部摆放定位设备，定位人员进行设备调试。解绑扎完成后，起重船起升主钩，主钩负荷每增加 100t 报一次，负荷增加 50% 时停止观察 5min，确认没有问题再继续增加负荷，负荷增加 75% 时再次停止，

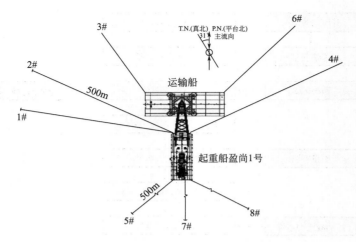

图 4.1-11　起重船移位起吊导管架

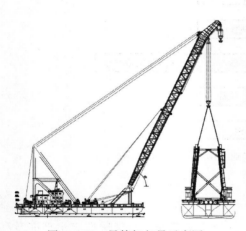

图 4.1-12　导管架起吊示意图

观察 5min。在导管架基础离开驳船甲板 50cm 后停止起升，观察 5min，确认无任何异响或问题再进行起吊作业。期间定位系统实时观测，确保定位系统的可靠性，一旦发现异常立刻停止起升，及时进行检修或启用备用系统。

导管架起升至合适高度后，驳船绞锚远离起重船至指定位置；根据定位系统指示，甲板人员操控船位，将起重船调整至导管架安装位置，并开始下落导管架，下落过程中实时观测导管架位置，并适当调整主钩高度，确保导管架绝对位置及水平度满足施工技术要求。起重船慢慢松钩，导管架入水，导管架对角立柱内侧各安放一台 RTK，使用无线蓝牙进行数据交换和监控，确保其平台中心位置绝对误差小于 0.5m，导管架各套管的方位误差小于 5°。当导管架底部距离海床 500mm 时，停止下钩，导管架静止状态后，测量人员马上根据 RTK 反馈数据，计算出偏差值，给出移动方位和距离的指令，起重人员据此调整直至安装位置精度达到要求。注意测量计算过程由两人完成，各自相互复核对方结果，力求准确。导管架最终搁置泥面后，起重船松钩不带力，保持吊索具不拆除。

如果发生不均匀沉降并使导管架就位后，水平偏差超值时，采用以下步骤处理：潜水员对导管架底部进行勘察，查明偏差具体位置及偏斜原因；起重船缓慢起钩，将低点吊平，偏差侧起吊主钩比另一侧抬高 0.3m；潜水员下潜至偏低侧防沉板处，在防沉板与海底空隙处摆放砂袋，直至空隙被填满为止。将导管架落下，检查水平度，直到符合导管架调平要求为止。

4.1.2.5　钢管桩安装

1. 立桩

完成导管架吊放后，施工船重新调整船位，起重船横移至驳船钢管桩。起重船单主钩连接吊带，再连接内部提升起桩器，如图 4.1-13 所示。该起重器带夹紧和松卸功能的电源组，垂直工作荷载为 1200t，水平工作荷载为 500t，满足单桩 176.12t 起重要求。在挂钩完毕后，起重船缓慢起升主钩，主钩起升与船舶绞锚横向位移相互配合进行钢管桩翻身直立作业。

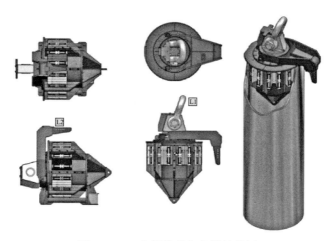

图 4.1-13　内部提升起桩器结构图

2. 插桩

起重船钩头吊着钢桩调整船位，最终将钢桩移至导管架上方，根据导管架水平度，将钢桩插至高程相对较高的导管架角点位置，如图 4.1-14 所示。在套筒位置提前安装支架，潜水员下水将摄像头安装至此支架，可以实时监控钢桩插桩过程。主钩下落，根据定位设备和潜水摄像头指引，进行插桩。自沉结束后内部提升起桩器从桩内撤除，各船重新调整船位，重复以上动作将第二根钢桩立起并插至第一根钢桩对角位置，直至 4 根钢桩插入完毕。

3. 沉桩

（1）沉桩作业

导管架基础钢管桩打桩锤采用 IHC-S1400 液压打桩锤。插桩完毕后，作业船副钩起吊 IHC-S1400 液压打桩锤，索具钩吊液压管线，并调整船位至导管架位置钢桩上方，通过调整变幅、船位将打桩锤锤帽套至钢桩，如图 4.1-15 所示。套锤时缓慢操作，始终控制吊机带力，钢桩会随着压锤的操作继续下沉。如涉及水下打桩，需借助送桩器完成打桩作业。为防止打桩锤入水过深，并考虑到潮差等因素，送桩器长度 28m，送桩器下段为锥形，且直径大于钢桩直径 2800mm，使其能确保插入钢桩顶部并固定，其上部直径设计应满足与打桩锤锤套相适应。当钢桩顶端接近水面时，起重船起吊送桩器，并吊至钢桩顶部完成对接，随后继续施打钢桩，直至钢桩到位。首根沉桩完毕后，进行其对角桩位施工。前两根桩位施工完毕，继续完成剩余管桩安装。施工过程同上。

（2）沉桩质量要求

钢桩沉桩以标高控制进行校核。4 根钢桩都应沉至设计高程，当沉桩时遇到以下情况：桩顶未达到设计标高，超过 20mm 或者突然有较大贯入度；桩顶未达到设计标高，总锤击数超过 7000 击，或最后 1.0m 按最大锤击力打桩锤击数超过 1000 击；导管架与桩顶

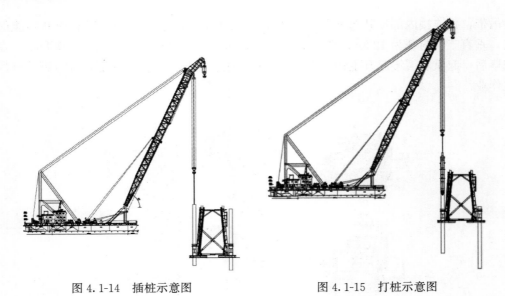

图 4.1-14　插桩示意图　　　　图 4.1-15　打桩示意图

相对高差与施工图偏差≤40mm，可终止沉桩，并将沉桩记录及时通报给业主和监理，并同设计单位联系，商讨采取相应的措施。

（3）沉桩后检验

钢管桩应进行高应变检测，并考虑海上风电工程的特殊性，海上升压站基础检测数量为4根，进行初打，并出具检测报告。

4.1.2.6　导管架调平

1. 导管架调平方式

打桩时根据导管架水平度，将打桩锤套至导管架较低角点对应的钢桩（或送桩器）上开始打桩，每打桩入泥1m，进行导管架水平度测量，查看是否有调整效果，若效果不明显则主钩将锤放至对角那根钢桩，同时每施打1m观测导管架水平度。打桩始终遵循"谁高打谁"的原则，同时若某一角点始终较低，无法通过打桩来调整导管架整体水平度，则副钩将打桩锤放至甲板，连接索具至导管架较低角点附近吊耳，单独起吊该边或该角点，将导管架该角点适当提起，提至水平度满足要求后，此位置的钢桩与导管架通过液压卡桩方式确保连接在一起，同时将除了对角位置之外的另外两根钢桩也与导管架固定连接在一起，施打未固定的钢桩来进行导管架水平度调整及打桩。在每个套筒上部安装恩派克液压缸，单个液压缸可提供100t液压力。每个套筒布置8个液压缸，沿环向均匀分布，组成液压卡桩装置，如图4.1-16所示，每个套筒满足对每根钢管桩提供最小卡紧力600t，用于调平时固定导管架位置。最后对4根钢桩进行交替打桩及调平工作，直至4根钢桩均打至设计标高位置为止。

2. 导管架安装精度控制

（1）绝对位置允许偏差＜500mm；（2）导管架打桩前需进行调平，调平后导管架水平度偏差≤0.2％；（3）沉桩后导管架中心高程允许偏差≤300mm；（4）沉桩后导管架水平度偏差≤0.2％，4个主导管顶之间的高程允许偏差≤25mm，每根主导管顶切割面的水平度偏差≤0.1％；（5）沉桩后导管架方位角允许偏差≤5°。

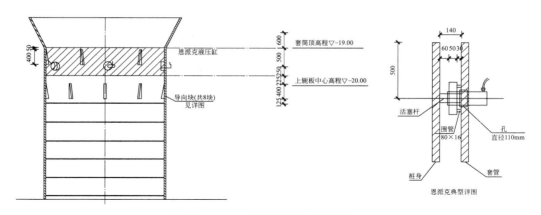

图 4.1-16　液压卡桩装置示意图

4.1.2.7　导管架基础灌浆

沉桩完毕后，导管架套筒与钢桩之间形成环形灌浆空间，在导管架上设有主灌浆管和备用灌浆管，通过灌浆管线向环形空间灌浆。单个支腿灌浆量约 15.5m³，灌浆总量约 62m³。导管架套筒灌浆系统图，如图 4.1-17 所示。

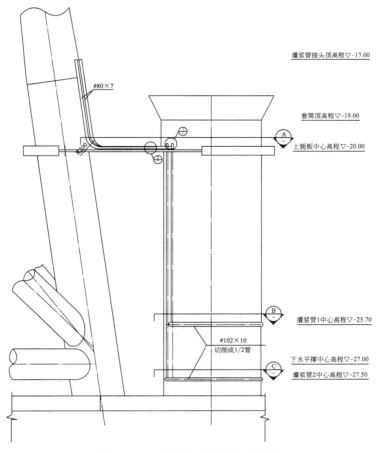

图 4.1-17　导管架套筒灌浆系统图

水下灌浆质量要求高，底部封堵难度大。采用在导管架桩套筒底部安装自封闭式封隔器，鉴于陆上安装的安全性及便捷性，封隔器考虑在导管架制造场地——惠生基地现场完成安装。封隔器能够在打桩完成后，在水下灌浆的过程中，对环形空间的底部实现封堵，从而能够有效避免泥浆外流的情况。与此同时，也能够防止海床中的淤泥进入环形空间内，有效地避免环形空间受到污染。灌浆封隔器如图 4.1-18 所示。

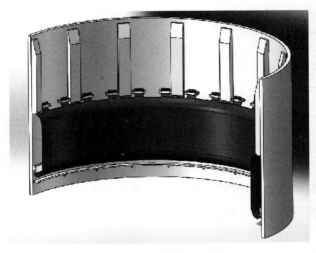

图 4.1-18　封隔器示意图

4.1.3　高桩承台式基础

4.1.3.1　高桩承台式基础简介

高桩承台式基础由群桩和承台组成。高桩承台结构刚度大，抗撞性强，施工成熟度较高，在海上风电工程应用较为广泛。以江苏某海上风电场高桩承台式基础为工程案例，阐述高桩承台式基础施工关键技术。江苏某工程海上升压站高桩承台为八边形，最大长度为36.0m，最大宽度为 23.0m，面积为 753.25m²，厚度为 3.0m；考虑连接梁固定需要，在承台东南侧开两个长 4.35m、宽 1.90m、深 0.50m 的槽，承台体积为2260m³。承台混凝土采用 C45，钢筋采用 HRB400（C），钢筋重约 174t。桩基采用钢管桩，共 20 根，其中 4 根直径为 2m 的桩伸出承台顶面 1.0m，并与上部组块连接，16 根直径为 1.5m 的桩伸入承台 1.3m（竖向距离）。升压站基础三维示意图如图 4.1-19 所示。

图 4.1-19　升压站基础三维示意图

4.1.3.2　总体施工方案

施工流程如下：高桩承台测量定位→直径 1.5m 钢管桩沉桩→直径 2m 钢管桩沉桩→桩头处理、清孔、电缆管、靠船构件等的安装→桩身包覆防腐施工（浪溅区）→模板安装→钢筋绑扎→预埋件定位→混凝土浇筑施工→混凝土养护→质检及仓面验收→小车轨道施工

→外爬梯等附属构件安装→现场焊接防腐涂层施工→牺牲阳极水下安装→质量检查→修补缺陷→基础验收。

4.1.3.3　施工前准备

施工前安排该区域扫测工作，具体内容同 4.1.2.3 小节。

4.1.3.4　钢管桩施工

1. 钢管桩沉桩顺序

16 根直径 1.5m 钢管桩，单根桩长 51.5m，单根桩重 56.5t，其中 Z9、Z10、Z15、Z16 为直桩，其余桩为斜桩，斜率为 5∶1，根据桩位布置图及斜桩倾斜角度，沉桩顺序如图 4.1-20 所示。

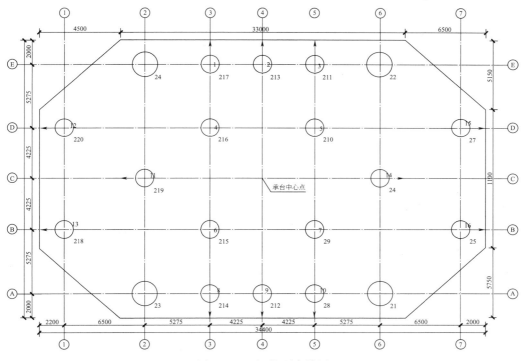

图 4.1-20　沉桩顺序简图

2. 钢管桩沉桩工艺

桩位点测量定位→打桩船舶定位→钢管桩运桩船舶靠泊→PVE200M 液压振动锤水平夹桩→启动 PVE200M 液压振动锤夹紧钢管桩桩头→竖桩扁担横梁挂钩→液压振动锤、钢管桩联合体在运桩船甲板面上起吊至竖向位置→钢管桩沉桩点精准对桩→桩位及垂直度校正→液压振动锤施打钢管桩（定桩）→液压振动锤吊离→液压冲击锤吊装→钢管桩初打高应变检测→桩体休止间歇期（不小于 7d）→钢管桩复打高应变检测→沉桩至设计标高。

（1）钢管桩定位方案

主桩（Z1、Z2、Z3、Z4）定位利用在安装船内侧甲板上焊接简易限位器，如图 4.1-21 所示。考虑此 4 根主桩沉桩精度关系到上部组块的安装，桩与桩中心位置之间允许偏差≤

20mm。采用临时固定限位工装，振动锤和钢管桩联合体定位初打（精准控制桩体的位置与垂直度）、冲击锤补打的施工工艺，精确对桩、沉桩。

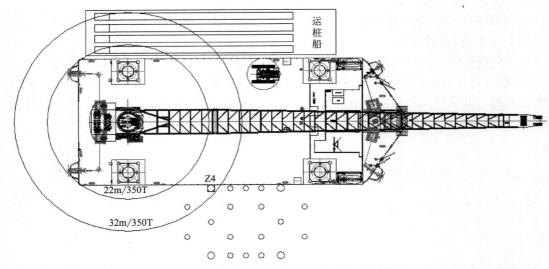

图 4.1-21　直径 2m 钢管桩沉桩定位方案示意图

安装船使用 GPS 精确定位 Z4 桩位，使船内舷侧与 Z4 桩尽量接近，收绞锚缆调整船位后开始伸腿；待安装船伸腿结束后，此时视安装船为沉桩定位系统，施工技术人员通过 GPS 准确测放出临时限位工装与甲板面的相对位置，GPS 平面定位精度为 10mm，并使用记号笔标注；简易限位工装使用 32B 型工字钢组对焊接；装配工与电焊工在甲板上根据桩位与安装船舷侧实际的相对位置，进行限位工装工字钢的下料、组对、焊接；临时限位工装制作完成后，技术人员现场指导，将临时限位工装精确定位，焊接在船舶甲板上；待主桩沉桩结束后，将临时限位工装拆除，进行后续 Z3、Z2、Z1 桩的沉桩作业，方法相同。

（2）钢管桩与振动锤联合体起吊

用 350T 海工吊将运输船上待沉钢管桩平调至运输船上特设的马鞍形支架上。钢管桩长为 54m，可直接在运输船上竖桩，在钢管桩桩端与运输船甲板面接触位置，铺垫钢板一块，以保护运输船甲板不受损坏。350T 海工吊上的全部 40T 副钩配合 350T 主钩起吊 PVE200M 液压振动锤，将振动锤由竖向状态转成平躺方向，两个钩头配合用振动锤精确地夹住桩头，对待沉钢管桩桩头启动液压振动锤进行夹紧，见图 4.1-22。

图 4.1-22　PVE200M 液压振动锤平吊夹桩示意图

检查液压振动锤夹桩成功后，松钩，将主钩头竖桩横梁上的钢丝绳与钢管桩桩头预留起吊孔用卸扣连接。主吊慢慢起钩，由主吊单独完成钢管桩与液压振动锤的联合起吊竖桩作业，见图 4.1-23。

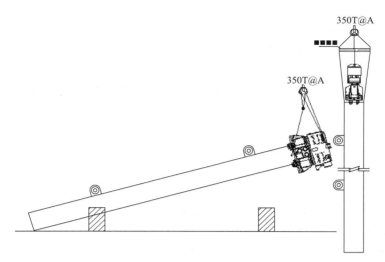

图 4.1-23　钢管桩、PVE200M 液压振动锤联合体竖向起吊示意图

（3）施打钢管桩

350T 吊机在起吊钢管桩与液压振动锤组合体至竖直状态时，将钢管桩缓缓起吊，并向沉桩点回转，使之与桩衔接。将钢管桩插入事先准备好的限位器里，在钢管桩下放过程中，指挥人员指挥吊机调整桩体垂直度，保证在允许的误差范围内，尽量将钢管桩圆心与桩位圆心切合。钢管桩与桩位合拢后，将钩子慢慢松动，这时主钩头可以承受 $30\sim40t$ 的作用力，防止由于重力作用，钢管桩自由下沉，并对钢管桩的垂直度进行校正，使其全部松钩造成桩体过度倾斜。启动 PVE200M 液压振动锤，在钢管桩垂直达到设计要求后进行沉桩作业。液压震锤沉桩至极限状态时，停止液压振动锤，将液压振动锤夹具松开，并将振动锤升至船甲板面，换装 IHC-S600 液压振动锤进行钢管桩补打，沉桩至设计标高，如图 4.1-24 所示。

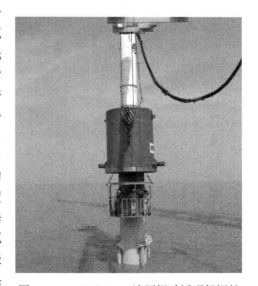

图 4.1-24　IHC-S600 液压振动锤现场沉桩

3. 沉桩偏差与停锤标准控制

（1）为了利于上部连接筒的吊装施工，后续各根桩桩顶标高应与第一根基本相同；终应保证沉桩允许偏差：整个承台中心位置允许偏差≤300mm，桩与桩中心位置之间允许偏差≤20mm，桩与桩高程允许偏差＜50mm，桩纵轴线倾斜度偏差＜1%。若不满足要求应将结果报发包人、监理单位以及设计单位，由设计单位对实际沉桩后的基础结构进行安全性、功能性复核。

（2）以标高控制为主，贯入度校核的工程钢管桩沉桩。当遇到下列情况之一时，应立即终止沉桩并报告业主和设计单位：1）桩顶未达到设计标高，且桩顶超高大于1.5m，后50cm以大锤击能量击打平均贯入度小于2mm。2）桩身严重偏移、倾斜。3）桩顶达到设计标高，且后25cm平均贯入度超过20mm，应停止沉桩，并及时同设计单位联系。

4. 沉桩质量检验

（1）钢管桩考虑海上风电工程的特殊性，将进行大应变检测，共4根，初、复打均需完成，并出具相应的检测报告。

（2）沉桩完成后，对沉桩质量进行检查，并及时对施工过程中造成桩体防腐涂层破损的地方进行修复，修补采用的涂料与原涂层材料相同。将沉桩工程的质量检验记录提交监理单位、设计单位。

4.1.3.5 套笼及附属构件安装

附属构件共8组，其中6组为含电缆管集成式套笼，2组为主防撞靠船构件，沉桩结束后，采用作业船舶进行安装；沉桩结束后，打桩船起锚离开机位，安装船进点机位，抛锚定位根据套笼安装位置及安装船起重能力综合考虑。

4.1.3.6 牺牲阳极安装

牺牲阳极的阴极保护是钢管桩防腐系统中最重要的设施，必须精心施工，严格按设计图纸设置，并由专人负责施工质量，做好安装记录、检查。牺牲阳极布置在−3.90m处，共70块，其中24块用于带电缆管的套笼上，考虑陆上预先焊接于电缆管及电缆支撑管上，通过电缆管套固定在桩上。剩余46块焊接在桩身上，因考虑沉桩作业时振动导致已安装牺牲阳极块掉落，所以钢管桩上的牺牲阳极采用沉桩结束后水下焊接安装。

1. 施工前准备

阳极块进场前，对阳极块做检查，并提交材料质量证明书、检测及试验报告，报送业主及监理审核。在施工前，将牺牲阳极块、潜水设备、焊接设备全部置于多功能驳接处，对相关设备进行连接调试，保证设备正常、安全地运行。

2. 阳极块焊脚校正

先进行外观检查，外观质量达到相关标准要求后，再进行阳极块安装。检定阳极块焊脚的准确度的方法是：用平板放在阳极块的两条焊腿表面进行贴合，检查两条焊腿的贴合间隙，不能超过2mm。陆地上进行阳极块焊脚校正，钢管桩上安装检查校正合格的阳极块即可。

3. 钢管桩焊点处打磨清理

将焊点位置的海洋生物、杂物等清除干净，以保证焊接质量。

4. 水下焊接

潜水员下水后，首先要检查绑扎的阳极块，如果不合格，就先进行调整。从上往下焊接，焊道与焊条保持一定的夹角，平面向下15～20°，竖面呈25～35°倾斜。将焊接电流调整到160～180A。开始引弧或焊接中途引弧时，通常引弧点提前10mm左右，并立即向焊接方向的反方向移动，直到电弧点燃后再进行焊接；灭弧时，焊条不要立即移开，应稍停在停焊位置等待灭弧结束后再离开。

5. 焊接后的检查

潜水焊工焊完后，要检查焊缝的效果，要求每个焊脚的四面都要进行焊接，并做到焊缝充盈。合格后转入下一道工序，达不到要求的重新焊接或重新修理，直到符合工艺要求为止。

4.1.3.7　桩身包覆防腐施工

高桩承台钢管桩防腐方案为海工重防腐涂层＋包覆防腐＋牺牲阳极的阴极保护系统的联合防腐蚀方案。

1. 施工准备阶段

确定施工部位和方式，标记出具体的施工区域（－3.0m～8.5m）；根据施工现场条件和施工位置，搭建作业平台，作业平台须安装牢固，便于操作，确保施工人员安全；根据设计图纸及防腐区域要求，采用特殊配方、现场调配制作防腐蚀保护罩材料，分步分段施工。

2. 表面处理

包覆防腐蚀施工时，各部位仍应保持原有防腐蚀系统，表面处理时应避免损伤原有的海工涂料。矿脂包覆防腐蚀处理达到规定要求、系统能长期保护即可，不需要对表面做过度处理。施工区域钢结构表面处理应达到 ISO St2.0 级标准，且避免对原有涂料造成损伤，表面处理不得超过 ISO St3.0 级，表面无明显鼓泡和浮锈；表面突出物不应有锐角，凸起高度一般不高于 5mm，应尽量将附着物去除，且任何非结构体外凸起位置凸起高度不高于 10mm。为避免对原有海工涂料造成损伤，包覆材料施工不宜进行喷砂处理，可使用手工处理，如铲刀、高压水枪等，并注意优先采用高压水枪等对原有涂层系统无损伤或极小损伤的手段。

3. 防蚀油膏涂抹

挤出 20～30g 矿脂防蚀油膏，纵横涂抹，反复 3～5 次，使防蚀油膏均匀分布于钢结构表面。光滑面 200g/m² 左右；锈蚀特别严重的地方 300～500g/m²。将矿脂防蚀油膏涂满保护钢结构表面的坑洞、缝隙，有锈蚀的地方需要抹平，突出物表面也要涂一层矿脂防蚀油膏，这样才能使矿脂防蚀油膏均匀地分布在钢结构表面，成为一层完整的保护膜。低温作业时，矿脂防蚀油膏使用前应进行预热，再进行涂抹。

4. 缠绕防蚀油带

涂上防蚀油膏后，要马上进行缠绕防蚀油带的作业，特别是在接近海平面的地方，以防海水冲刷使防蚀油膏脱落。缠绕时应用手拉紧并铺好防蚀油带，确保缠绕处不会出现气泡，并确保在每一处钢桩上都覆盖 2 层以上的防蚀油带。靠近海平面缠绕的矿脂防蚀油带若无法立即现场制作防蚀保护罩时，应用超薄超强宽度规格为 30～50cm 的塑料膜将矿脂防蚀油带缠紧，以防止海浪和海流冲击脱落。

5. 现场防蚀保护罩制作

由于项目现场处于远海区域，根据设计图纸及防腐区域要求，防腐蚀保护罩的现场制作采用了特殊配方，以适应高质量性高时效性要求。现场工程师采用特殊配方、视当天当时现场情况、调配制作防蚀保护罩材料，分步分段施工；交接处的处理做到无缝对接、平整过渡。

4.1.3.8　混凝土墩台施工

1. 施工流程

桩头处理、清孔、电缆管、靠船构件等安装→承重式底模搭设→模板一次安装→底层钢筋绑扎→第一次混凝土（1m）浇筑施工→中层、上层钢筋绑扎→预埋件定位→模板二次安装→第二次混凝土（2m）浇筑施工→混凝土养护→质检及仓面验收→小车轨道施工→外爬梯等附属构件安装→现场焊接防腐涂层施工→质量检查→修补缺陷→基础验收。

2. 施工测量

工程开工前，对业主和勘察设计院提供的测量控制点进行复核，根据现场情况，引出导线，布设控制点，使前方交合角在 60°～120°。施工平面控制网的精度必须满足一级控制网要求，施工高程控制必须按三等水准测量作业要求进行。

3. 夹桩处理

为了方便后续施工及避免单根桩受外力冲撞时发生倾斜以至破坏，沉桩形成排架后，需要及时进行夹桩处理，将已沉桩用型钢联成桩群。底层抱箍为半圆形结构，两端设有 500～800mm 外伸翼缘，抱箍由 1cm 钢板卷制而成内嵌橡胶止滑内衬，抱箍卷制半径根据桩型确定，安装时两半圆对拼在翼缘部用螺栓连接将抱箍固定在桩身上，安装后外伸翼缘作为牛腿用以承重，翼缘钢板采用厚 1.2cm 钢板，上下各加一道加劲板。夹桩工作完成后，对于高出设计标高或斜桩要求切割的桩头，按照设计要求进行切割至设计标高。

4. 承重安装

为了使混凝土浇筑后表面光洁美观，模板材料选用高品质竹胶板。首次浇筑混凝土为 1m。为保证侧模的刚度，沿其长度方向每隔 0.6m 加一根 10B 型槽钢，并将整个模板用对拉螺杆及撑杆固定好，经检查合格后方可浇筑混凝土。安装完成后的模板要求牢固可靠，模板自身及支架必须具有足够的强度、刚度和稳定性。为了保证混凝土浇筑的顺利进行及施工过程安全，必须要有可靠的模板承重结构。围令支承上按下图铺设型钢，并针对三个计算范围验证承重可靠性：根据跨距取三个最不利承重区域作为计算对象，分为计算范围一、计算范围二及计算范围三，A～L 轴方向为主承重槽钢铺设方向，见图 4.1-25。

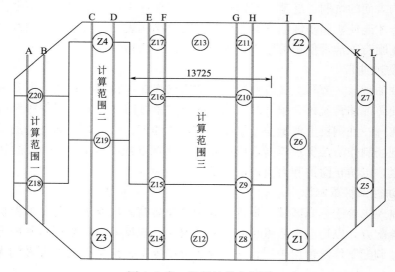

图 4.1-25　承重结构布置图

5. 钢筋绑扎

在底模平台形成后，在底模平台上进行绑扎，先进行下节点钢筋的绑扎，浇筑第一次混凝土，上部钢筋在第二次混凝土浇筑前进行绑扎就位。钢筋与模板之间应设置垫块，垫块的间距和支垫方法应能确保钢筋在混凝土浇筑过程中不发生位移。垫块的外观颜色宜与构件本体混凝土一致，垫块与模板的接触面宜尽量小。垫块厚度的允许偏差为 0～+2mm。绑扎及装设钢筋骨架应有足够的稳定性，受力钢筋不应发生位置偏移。用铁丝将钢筋交叉扎牢为宜，钢筋骨架或钢筋网架的预制吊装也要有足够的刚性。除有特许规定外，箍筋应保持与主筋垂直。箍筋弯钩的搭接点应沿构件轴线方向交错布置。混凝土保护层中不得伸入绑扎钢筋的铁丝头不能超过绑扎数量的 10%，层距应保持准确，宜采用短钢筋支垫。

6. 混凝土浇筑

（1）施工流程

施工准备→混凝土开罐检查→混凝土入模前测温→第一次混凝土分层浇筑、分层振捣→木方压槽、拉毛、等强度→第二次混凝土分层浇筑、分层振捣→抹面压光→覆盖养护→测温→拆模→测温。

（2）混凝土浇筑方法

由于此项目混凝土方量大、强度高、掺和料多样。为保证混凝土浇筑的持续，避免出现混凝土质量问题，搅拌船必须严格按照实验室提供的配合比拌制合格的混凝土，保证每小时供应不低于 50m³。插入式振捣器振捣密实，混凝土浇筑按规范要求注料，30～50cm 一层，分层浇筑振捣。采用 ϕ50mm 插入式振捣棒，振捣采用梅花形布点，振捣要求充分密实，直到表面不再泛浆，即可完成。由于墩台较高，混凝土浇筑分 2 次现浇而成，第一次先浇从 +8.5m 位置浇筑至 +9.5m 位置，厚度至 1.5m 桩头下口 200mm 处，待中层、顶层钢筋绑扎完成、预埋件定位安装合格后进行第二次现浇 2m 厚度至 +11.5m。间隔浇筑前应对浇筑的下层混凝土面进行处理，凿除表面水泥浆和松散层，清除外露钢筋表面的水泥浆。

（3）拆模及养护

侧模可在混凝土强度达到设计强度 30% 时拆除。从终凝后开始对混凝土进行养护。同时，采用覆盖与浇水养护相结合的方式对混凝土进行养护，采用无纺土工布覆盖。每天的最高、最低气温以及天气变化都要密切关注，在维护的时候也要认真做好记录。潮湿养护不少于 14d。

4.1.3.9　沉降、位移观测点布置及监测

为了能够反映出混凝土墩台的准确沉降情况，要将沉降观测点埋设在最能反映沉降特点、便于观测的位置。一般要求设置在墩台上的沉降观测点，纵向和横向都要对称，在墩台周围均匀地划分出 15～30m 的相邻点间距，观测点布置见图 4.1-26。

1. 建立水准控制网

测量和施测方案应根据项目特点布置，现场环境条件制定；将 3 个以上水准点按不大于 100m 的间隔布置在墩台周围，把仪器架设到任何地方后至少要看到 2 个水准点，每个水准点形成闭合图形，做到闭合校验；应根据工程特点，满足二级水平测量要求（大于 1.5m）的水准点埋深。建立与基准点联测的合理水平控制网，各水准点高程按平差计算。

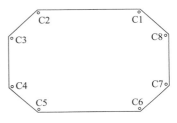

图 4.1-26　观测点布置

2. 建立固定的观测路线

依据沉降观测点的埋设要求或图纸设计的沉降观测点布点图，确定沉降观测点的位置，在控制点和沉降观测点之间建立固定的观测路线，并在设置仪器站和转运点的地方做好标记桩，确保每一次观测都沿着统一的路线进行。

3. 沉降观测

按照编制的项目测量计划，确定的观测周期；观测点设置稳固后，应及时开展首次观测。首次观测的沉降观测点的高程值是以后每一次观测都要用来比较的基础，精度要求很高，一般在进行测量的时候都要用到 N2 或 N3 等级的精密水准仪。

4.2 上部组块建造技术

4.2.1 上部组块建造简介

海上升压站上部组块内部结构复杂，重量大，其主体结构多为全钢结构。目前，我国海上升压站上部组块的主流是模块式安装，其主要特点是按照海上升压站的构造，采用钢板组成，在生产车间中进行装配，然后将不同的平台进行组合。在装配过程中，各层甲板采用由下而上、由内向外的原则进行拼装，使地面预制深度增大，高空作业量减小，而且可以同时装配各个楼层的甲板，使整个施工速度更快。上部组块结构和设备的配置如下：一楼是电缆层和结构转换层，主要是设置事故油池和救生装置；二楼是整个升压站的主控区域，设有小型吊车、主变、主变散热器、开关柜室、低压配电室、GIS 室等主要房间；三楼是主变流室、GIS 室，并配有蓄电池室、避难室、柴油发电机室、热通室等；顶层安装悬臂式起重机、空调室外机、通信天线、气象测风雷达、避雷针等。本小节以江苏某海上风电工程海上升压站为例，详细阐述上部组块建造技术。

4.2.2 上部组块结构建造

4.2.2.1 上部组块结构

某工程海上升压站上部组块采用三层布置，如图 4.2-1 所示。平面尺寸为 31.0m×37.80m，高 19.25m（一层甲板至直升机平台顶），最高点距平均海平面 37.25m。海上升压站一层布置临时休息室、水泵房、事故油罐、备品备件间和相应的救生设备等。同时，一层也作为电缆层使用，35kV、220kV 海缆在这一层甲板上穿过 J 形管，再敷设电缆桥架，一层层高为 6.0m。二层中间布置主变，两台主变分两个房间布置，主变散热装置和本体分开布置；东侧布置开关柜室及低压配电室；南侧布置 GIS 室、应急配电室、油罐室及工具间，二层层高 5.0m。三层中间为主变区域上空，东侧为通信继保室、蓄电池室及暖通机房 2，另一侧为 GIS 室上空、柴油机房及暖通机房 1，三层层高 5.0m。屋顶层布置暖通室外机及一台 5T 的悬臂式起重机及直升机平台。

4.2.2.2 上部组块结构安装

1. 第一层平台结构安装

一层甲板分段划分：101、102、103，如图 4.2-2 所示。一层甲板下方支撑、一层甲板与二层甲板间支柱、瓦楞板等构件，都安装固定在一层甲板上，分段制作加临时支撑。

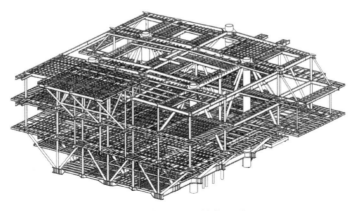

图 4.2-1   上部组块主结构三维视图

一层分段重量在 140～170t，最大分段 20.5m×26m×6.5m；一层分段以 103 分段为搭载基准段，搭载前布置搭载胎架，3 个分段使用 250T 门式起重机按搭载网络图依次搭载，吊装完成后应尽快加固，稳定后方可摘钩。

2. 第二层平台结构安装

二层甲板分段划分：201、202、203、204、205，如图 4.2-3 所示。二层甲板与三层甲板间支柱等构件，安装固定在二层甲板上，分段制作加临时支撑。二层分段重量为 140～170t，最大分段 20m×26m×6.4m；二层分段以 201 分段为搭载基准段，5 个分段使用 250T 门式起重机按搭载网络图依次搭载，部分位置因无对应一层分段作为支撑，需要从地面增加高支墩，吊装完成后应尽快将合拢口焊接加固，稳定后方可摘钩。

图 4.2-2   一层 3D 示意图

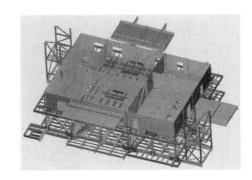

图 4.2-3   二层 3D 示意图

3. 第三层平台结构安装

三层甲板分段划分：301、302、303、304、305，如图 4.2-4 所示。三层甲板与四层甲板间支柱等构件，安装固定在三层甲板上，分段制作加临时支撑。三层分段重量为 100～110t，最大分段 20m×30m×5.9m；三层分段以 302 分段为搭载基准段，5 个分段使用 250T 门式起重机按搭载网络图依次搭载，吊装完成后应尽快将合拢口焊接加固，稳定后方可摘钩。

4. 第四层平台结构安装

四层甲板分段划分：401、402、403、404、405，如图 4.2-5 所示。四层分段重量 70～

85t，最大分段 17m×21m×3m；四层分段以 402 分段为搭载基准段，5 个分段使用 250T 门式起重机按搭载网络图依次搭载，吊装完成后应尽快将合拢口焊接加固，稳定后方可摘钩。

图 4.2-4　三层 3D 示意图

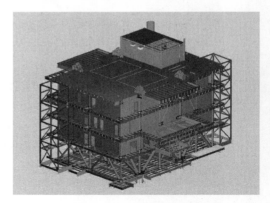

图 4.2-5　四层 3D 示意图

直升机甲板整体为 1 个分段：501，如图 4.2-6 所示。分段重量约 50t，分段大小 15m×15m×8.5m；直升机甲板分段部分结构超高，需断开部分散装，涂装后使用 200T 龙门式起重机进行翻身，翻身后使用支撑正向固定在门架上，由 200T 平板车运输至滑道使用 250T 门式起重机进行搭载，吊装完成后应尽快将合拢口焊接加固，因直升机甲板分段结构大部分位于上部组块主体结构外，摘钩危险性较大，需额外增加合拢口封固，稳定后方可摘钩。

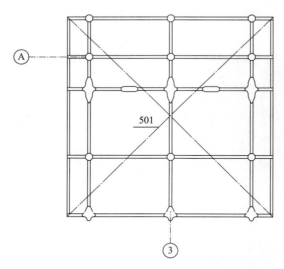

图 4.2-6　直升机甲板主梁分段划分图

4.2.3　机电安装

4.2.3.1　发电机组安装

1. 测量基础和机组的纵横中心线

机组人员就位前，按照图纸"放线"画出基础和机组的纵横中心线及减振器定位线。

2. 吊装机组

吊装时，在机组吊装位置采用足够强度的钢丝绳，将机组按要求吊起，对准基础中线、避震器，平放机组。利用垫铁将机器调至水平位置。安装精度为纵横偏差 0.1m/m。垫铁与机座不能间隔，保证受力均匀。

3. 排烟管的安装

排烟管外露部位不能接触木材，也不能接触其他易燃物品。烟道的承托要允许发生热膨胀，烟道可以阻止雨水等的进入。机组排烟管温度较高，宜保温处理，保温耐热材料可用玻璃丝或硅酸铝包扎，防止烫伤操作人员，减少辐射热量对机房温度升高的作用。

4. 排气系统的安装

柴油发电机组的排气系统是指发动机排气口接入机房的排气管道，柴油发电机组的排气系统包括消声器、波纹管、法兰、弯头、衬垫和机房连接到机房外的排气管道。

5. 电缆的安装

电缆敷设必须符合规划设计要求。电缆长度在敷设条件许可的情况下，可考虑剩余 1.5%～2% 作为备用。电缆的金属外皮、金属电缆头及保护钢管和金属支架等，均应安全接地。应在电缆槽内预先敷设电缆，并进行电气连接必须可靠接触的防渗透、防漏电处理。

6. 油管的安装

油管应选用无缝钢管镀锌，油管的走向应尽量避免发动机散热的影响。燃油在喷射系统前允许的最高温度是 60～70℃。建议采用软连接的方式连接发动机与输油管，同时保证发动机与油箱的输油管不会出现渗漏现象。

4.2.3.2　变压器安装

1. 主变压器油处理

主变压器油静置 24h 以上后，可取油样作简化分析实验，符合合格油质要求。根据厂方供货批次取油样作简化分析，油质完全达到制造厂及规范规定的标准。大储油罐所装绝缘油应取样、密封、检查、静置。

2. 冷却装置安装

（1）安装前，要求结构专业依据设计院蓝图及厂家资料对散热器基础进行交安，保证基础水平面误差≤5mm。（2）散热器支架先安装在主变压器本体上，用螺栓固定好。（3）将主变压器油箱壁、散热器上管接头堵板卸下，清洗密封面，粘好胶垫，再将主变压器与散热器上、下油连管安装到位，并用螺栓固定。（4）串油管安装前，与舾装专业协调沟通，依据设计院蓝图及厂家图纸，预留好串油管安装空洞。将串油管与主变压器本体冷却器支架法兰面对齐，穿入螺栓均匀对称后紧固。（5）将散热器上、下油循环母管分别起吊到位，法兰面清洗干净，垫上胶垫，分别对准串油管法兰面，穿入螺栓紧固。（6）利用 25T 及以上吊机，将散热器平顺地吊起至垂直位置，并移到冷却器基础上，将散热器上端与主变压器上部串油管法兰相接，下端与下端串油管相接，调整位置后，消洗接触面，垫好胶垫，对正散热器与串油管法兰面，用螺栓紧固。（7）油箱顶部到储油柜、升高座的连管安装到位，按管材两端标号连接导油管。施工时参考厂方图纸，将各接缝清洗干净，并用白布擦上胶垫，将螺栓紧固，保证每个接头处密封性良好。（8）双头连接螺栓在法兰和蝶阀处紧固时，应将两端露扣均匀。

3. 主变压器器身检查

（1）器身检查前，电气试验人员应完成高压套管、升高座内电流互感器、瓦斯继电器等试验工作并合格，变压器油处理结束。（2）安装人员要完成高压升高座、冷却装置、储油柜等部位的检查，清洗完毕，封测完毕，经检验合格，并保持封口状态。（3）器身检查应在确认天气、温度、湿度适宜情况下进行，并且环境温度不应低于 0℃，器身温度不应低于周围温度。

4. 套管安装

（1）清理擦拭升高座上端部法兰密封槽及对应的密封胶垫，用半液态密封胶将胶垫固定的沟槽里。（2）利用尼龙吊带和倒链起吊套管，吊起后利用 2T 倒链调整角度，使其倾角与升高座倾角一致，对套筒法兰底面和下瓷套进行彻底清理，尤其是对变压器内部装填部分进行了彻底清理。（3）指挥吊车将套管缓慢落入升高座内，将套管油位计面向外侧，带好螺栓且对称均匀紧固。（4）打开人孔门，进行套管与绕组引线的连接，并进行绝缘包扎。（5）将均压球提升安装到套管上，成形绝缘件上提至均压球 40mm 以上，然后紧固螺栓。（6）以上工作均应在厂方现场技术指导人员的指导下进行，绝缘包扎完毕应请厂家确认，在其确认良好后方可回扣入孔盖。（7）低压套管安装，按照 A、B、C 顺序将低压套管以及中性点套管安装完毕。

5. 分接开关驱动机构的安装与调整

（1）分接开关驱动机构的安装应在器身检查的同时进行，将带有操作杆的驱动机构从变压器油箱壁上的安装孔插入，使操作杆端部接头的开口卡在回动轴端的销子上。在器身内部的检查人员也可以检查水平销子的卡牢情况，将密封垫放入法兰盘密封槽内，最终将法兰盘固定好，并用手操作开关，检查分接头挡位是否正确，接触是否良好。

（2）分接开关的定位方法和标准：将主轴顺时针方向转动约 30°，然后反转，当感觉有来自开关内部的阻隔而无法转动时，松开手柄，驱动机构上的控制板尖端对准定位件上的红线，对控制板进行调整，已达到上述要求后，对控制板进行固定。在原分接位置上按上述方法反复试验几次，每次都应满足上述标准。

（3）驱动机构定位后，对数字牌要进行调整，其方法是：顺时针转动主轴，使控制板上的小孔对准定位部件上的螺纹孔，并将螺丝拧紧，使其固定。这时控制板上的红线应对准某一数字，否则应对数字牌进行调整，调整方法：松开或取下数字牌上的两个螺钉，数字牌上离控制板红线最近的数字对准红线即可，紧固数字牌。最后测量变压器变比，验证数字牌上的分接数字是否与分接开关内部的实际分接位置相符。

6. 储油柜、导油管、导气管安装

（1）安装储油柜前应检查胶囊气密性，缓慢充气膨胀后胶囊应无漏气现象，油位仪表是否正常。将 0.03MPa 干燥的氮气或空气通入储油柜中，保持 30min 不外泄。（2）油箱上先装好储油柜的柜脚，用螺栓固定。（3）将储油柜升至柜脚，用螺栓固定，待整体调节后，再将螺栓全部扣紧。（4）将注放油管、排气管、排污油管、吸湿器连管分别安装到位，垫上胶垫，穿上螺栓，匀称紧固，按照厂方管号标识，将储油柜蝶阀上的堵板全部去掉。

7. 压力释放阀安装

安装前检测信号接点应动作正常，并做好记录。安装时不可随意拆卸，应将外罩上的喷油嘴朝向变压器外侧，外罩上的开口应对准指示杆，切勿对指示杆的活动造成影响。

8. 瓦斯继电器安装

瓦斯继电器应经校验合格，安装前拆去芯子绑扎带，检查开口处及挡板活动应灵活，接点接触应良好。瓦斯继电器与储油柜联结可能有一定的公差，可将导油管与瓦斯继电器和储油柜的螺栓松动，螺栓均匀紧固。

9. 主变压器油注入

（1）抽真空注油（第一次注油）

真空注油必须在变压器总装配后进行，所有的套管、油气管路安装结束，在确认变压器箱体和有关管路系统的密封性能良好的情况下，方可进行抽真空。将抽真空的管路连接至变压器油箱顶部的蝶阀上。抽真空时其空表必须经过校验，读数以安装在变压器本体上的真空表（麦式真空计）的读数为准。抽真空过程中，要认真做好其真空度及油箱变形记录，油箱中部变形应小于油箱厚度的两倍。保持此真空度 24h 以上，若无明显泄压现象，方可进行注油，变压器注油从油箱下部的活门或冷却器母连管上的蝶阀注入。将油加热到 45~55℃ 进行注油，油速应平稳（2~5t/h），注油过程中应一直保持 100Pa 的真空度。

（2）补充油注入（第二次注油）

补充油从储油柜上的注放油管注入，不允许从油箱下部阀门注入。在补油过程中对主体、联管、升高座等处的放气塞子逐个松开放气，出油后拧紧。打开储油柜与变压器主体之间的阀门，打开储油柜上部的放气阀。继续用真空滤油机注入补充变压器油。当储油柜的油位表指示值与实际油温对应油位一致时，停止补油、关闭注油阀门。关闭储油柜与主体之间的蝶阀，用高纯氮气充入气囊，压力不得超过 0.03MPa；直到储油柜放气塞有油溢出时为止，封闭放气塞。静置 20min 后，再重复一次上一项工作。

（3）热油循环

为彻底清除潮气和残留气体，要求注油后再进行热油循环，热油循环时，油温 50~70℃，通常使全油量循环 3~4 次，最后做油样简化分析实验加色谱实验。

（4）排气

分别拧开套管、冷却器、油连管、瓦斯继电器、储油柜集气盒等处的放气塞进行排气。排气工作每两天进行一次，持续 3~5 次，变压器送电前应再排气一次。

10. 其他附件安装

（1）温度计安装

温度计安装前必须进行校验。在变压器油中装入温度计座，在温度计上套上橡胶封圈，将温度计插入座中，封圈将座口封死，并将温度计的刻度朝向梯子，以便观测。把护管固定在温度计上，顶部盖上罩，护管开口对正温度刻度。在安装信号温度计毛细管的时候，不能有压力、不能弯曲。

（2）控制箱、中性点设备安装

主变中性点成套装置就位调整完毕。中性点与中性点装置连接引线用钢芯铝导线 LGJ-240/30。线夹应擦净、无氧化层、螺栓紧固。

4.2.3.3　GIS 安装

1. GIS 安装要求

GIS 为户内布置，共一台。GIS 及附属设备等在吊装到平台上完成拼装安装。252kV

GIS 全部吊装到平台上，在海上升压站平台 GIS 室进行间隔的拼装安装与母线的安装。252kV GIS 全套设备的安装、调试，应在厂家指派工程师及安装说明书指导下，并应符合《电气装置安装工程高压电器施工及验收规范》GB 50147—2010 的有关规定和施工图纸要求。

2. 设备到货检查

设备到货后，应尽快通知监理协调业主及厂方人员对所到设备进行清点，依据订货合同，施工单位技术负责人会同厂方代表、业主代表、监理工程师、本单位物资部门代表一起逐项与"供货清单"进行核对，应与订货合同和设计相符。按"装箱清单"检查组合电气元件的所有部件应完整无损伤、无锈蚀，逐一清点其数量应齐全、核查其规格型号应正确。开箱时至少有四方在场，共同签字认证。支架和接地引线应无锈蚀或无损伤。

3. GIS 间隔主体拼装

（1）间隔主体拼装时，以三相母线筒为基准逐级安装，对其中任一间隔进行确切定位（从东侧间隔开始），使其纵向中心线与先前所做纵向定位中心线标志重合。完毕后，在四角处进行焊接固定。

（2）打开已定位和紧后安装的间隔主体三相母线筒堵板，去掉三相母线筒固定所用的焊接铁块，并打磨光洁。将相邻间隔或母线筒的法兰密封面清理完毕后，将对应的导电杆（三只）一端触头插入已定位间隔的母线触座内，利用倒链及跨顶调整相邻间隔主体，使其母线筒与已定位的间隔母线筒法兰合拢，母线筒内三相导电杆的另一端触头可靠插入合拢间隔的母线触座内。

（3）合拢后应检查调整间隔的纵向中心线与所划定位中心标志线重合，母线筒中心轴线与已定位间隔母线筒重合，连接法兰面要求平行吻合，紧固螺栓必须对称均匀拧紧。其余间隔主体或三相过渡母线筒的安装按照上述方法进行，各间隔应拼装完一个，焊接固定一个。

（4）清理大波纹管的两个法兰密封面及对接的两个母线筒法兰密封面。将安装波纹管的两个间隔母线筒法兰口调整至间距约 600mm 后，把波纹管吊装至两个母线筒法兰之间适当位置时，留出合适空间安装母线导电杆。导电杆连接螺栓紧固后，将波纹管的一端法兰密封面固定到导电杆连接螺栓侧母线筒法兰上。利用波纹管自身的调整螺栓将其调整到安装所需长度（图纸所示）。然后调整相应间隔主体，使波纹管的另一端与已定位的间隔主体母线筒法兰密封面合拢，对称均匀拧紧螺栓。

（5）间隔主体间隔拼装完成后，用槽钢对间隔主体底座进行加固，防止间隔整体吊装时产生形变。

4. GIS 间隔主体就位

（1）就位前要以基础图纸和墙壁出线孔中心线为基准，复查基础槽钢及进线孔的相对位置尺寸，误差不应超过 10mm；水平度误差不应超出 3mm。以出线孔中心线为基准，在两边缘槽钢处分别画出间隔的纵向中心线位置。

（2）GIS 间隔主体用吊机安装在室内指定位置。找准间隔号，并与施工图纸尺寸核对无误后，间隔主体按照先内后外的顺序依次进入。

（3）用吊机将间隔主体吊至设计位置。各间隔间距约 20cm；带母线波纹管间隔间距约 60cm；先暂时摆放。

（4）用 10T 液压千斤顶 GIS 间隔主体进行调整，进行主母线对接。

5. 进出线单相母线筒及支架安装

（1）待间隔主体拼装完毕后，依照图纸尺寸，找出各间隔的单导母线箱以及对应的导电杆，处理各单相母线箱法兰密封面。

（2）将导电杆用酒精擦拭干净，利用行车依次装配各单相母线筒，必须确保导电杆两端触头均可靠插入母线触座内。

（3）紧固螺栓时，应对角均匀拧紧，在适当位置安装母线筒支架，调整支架升降螺栓，使各单相母线筒前后处于同一水平面内，同时将支架用地脚螺栓固定。

6. 测量回路电阻

用直流电压降法（每相通 100A 直流）对设备各相测回路电阻，其阻值不应大于各相各元件回路电阻及所有连接插头电阻总和的 110%（不超过规定值的 1.2 倍）。

7. SF6 气体的充注

（1）六氟化硫气体现场应抽样作全分析，并送第三方检验，抽样比例按相关要求执行。检验结果有一项不符合要求时，应以双倍量重新抽样进行复检。送检合格后，方可进行充注。检查各间隔气室单元的气道管路连接良好，阀门密封可靠，确认无泄漏现象。

（2）将细铜网做成袋状，在铜网袋中装入吸附剂（吸附剂重量一般为气体重量的 10%）放入恒温烘箱进行干燥处理，处理温度为 200℃，保持 4h 以上。将干燥处理后的吸附剂连同铜网袋尽快（0.5h 内）装入需要充入 SF6 气体的气隔中密封，并对本气隔进行抽真空处理。

（3）对预充 SF6 气体的气室抽真空处理：真空泵进口与气室进口阀门密封对接，关闭预充 SF6 气室进口阀门，对抽真空设备管路自身的气体管路抽真空至 20Pa（检验真空泵的抽气性能），然后缓慢开启气室进口阀门，对预充气气室抽真空至小于 2000Pa；再抽 15min。关闭真空泵。将气室内充入额定压力的混合气体（为 10%SF6 气体加高纯氮气，高纯氮气微水应小于 20，$1ppm=1\times10^{-6}$）。充入混合气体的气室用局部包扎法将各法兰连接部位用塑料薄膜包扎，静置 24h 后，测量气室各连接部位气体泄漏量及气室内混合气体的微水含量。

（4）被测气室的气体泄漏量标准及微水含量符合标准后，将混合气体用放气管排出，当气室压力降为零表压后，再对本气室抽真空至小于 2000Pa；再抽 15min，即可将合格 SF6 气体充入该气室至额定压力。

（5）混合气体微水含量或气体泄漏超标时，要将混合气体排出，再对气室抽真空至小于 2000Pa；再抽 15min，重新充入高纯氮气进行水分置换。对泄漏点处理结束，测试微水合格后，再充入 SF6 气体至额定压力。对充入额定压力的 SF6 气体须静置 24h 后方可进行检漏及微水测量，各气室单元 SF6 的额定压力微水含量值符合要求，在环境空气相对湿度较低，确认气室充入的 SF6 气体微水含量不会超出标准的情况下，气室抽真空后可直接充入 SF6 气体。

8. SF6 气体检漏及微水测量

（1）组合电气密封性试验检漏

定性初检漏：关闭设备上所有的进气阀门，24h 后，慢慢逐一打开关闭被检气室 A、B、C 三相气室阀门，观察密度检测表（及压力表），看三相能否保持平衡并做好记录。对已拼装完充好 SF6 气体的组合电气各接口法兰面、阀门接口用塑料薄膜逐一包严，用布带扎牢，静置 24h 后，用检漏仪对初检记录中有漏气的部位进行定位、定量检漏，探头通过各包扎口底部穿透塑料薄膜测量三点值，每点值不超过 10ppm；并做好记录。根据不同情况采取相应措施治漏，待复检合格后，即可对各气室进行微水含量测定。

（2）微水测量

现场拼装的各气室单元 SF6 气体必须在气室中静置 24h 后方可对气室进行微水测量，对整体密封发运的各气室单元可直接进行微水测量。微水测量仪进气口经减压阀取样接头密封连接，按照仪器说明书规定的排气量调节气浮，在按动测量指示前，先打开被测气室阀门，冲洗仪器和测量管道 0.5h 以上。

9. 成品保护

（1）在进行技术交底时，针对设备防护的具体要求进行交底，避免二次污染。

（2）GIS 设备吊装到结构平台之后，应在设备上方做好隔离防护措施，用脚手架搭设保护框架，并用三防布包严，避免由于室内焊接或其他施工对设备造成损坏或污染，并挂设警示牌。

（3）因施工需要，需在 GIS 室交叉作业时，相关作业单位应提前办理相关作业票，并在施工区域做好防护措施后方可进行施工。

4.2.3.4 电缆安装

1. 电缆管安装

（1）确定电缆管管口位置，管口位置要便于与设备连接并不妨碍设备拆装和操作，敷管路线应尽量选择最短路径，根据测定的尺寸量取电缆管长度，对电缆管进行准确下料并打磨管口。（2）明敷电缆管须采用角钢支架并用 U 形管卡固定的方式，甲板下的电缆保护管可采用吊支架固定，如果地上部分小于 500mm 可以不用固定，不能将电缆管直接与支吊架进行焊接固定。（3）电缆管固定牢固后，表面油漆脱落的地方，需局部均匀补刷底漆，干燥后表面涂刷符合要求的面漆（若无要求时采用银粉漆），埋设在舾装板内的电缆管必须在舾装板安装前刷防腐漆。（4）电缆管敷设完毕后，管口应用木塞、胶带纸或薄钢板点焊封堵保护，电缆敷设前，根据设备电缆接口和保护管的尺寸，选择相配的电缆金属软管和软管接头。保护管内径不应小于所保护电缆外径的 1.5 倍，当同路径电缆数量超过 3 根时，应设置 150m（宽）×100m（高）的不锈钢电缆桥架。（5）电缆卡固定在镀锌钢板表面时，电缆卡采用拉铆钉与舾装龙骨固定，当安装于其他结构表面时，电缆卡采用射钉与结构表面固定。（6）吊顶内可作为电缆通道，电缆引上吊顶后，应就近穿管敷设到最近的电缆桥架或用电设备。（7）消防回路及有防爆要求的房间须穿防爆管，且防爆管两端须进行密封处理。

2. 电缆桥架安装

（1）预埋件制作安装

依据施工图纸的尺寸进行下料，下料前先进行校正平直，预埋件一般采用⊏10 槽钢现场切割，切割时不能动用电火焊切割，切割后的预埋件切面用磨光机或锉刀打磨。按照图纸的尺寸在预埋件上开孔，开孔位置在预埋件中心线，偏差不大于 2mm。预制好的预埋件在平台钢结构防腐前安装。先安装固定好首末端或转角处的预埋件，同一水平段，以不超过 20m 为一间隔来安装首尾预埋件，然后分别在首尾两根预埋件根部和顶端拉两条粉线，以此为参照逐个安装中间部分的预埋件。预埋件焊接必须采用"先点后焊"的原则，以防止焊接后产生变形，如果安装后预埋件架变形过大，应进行适当调整直至合格。

（2）支架安装

依据施工图纸的尺寸进行下料，下料前先进行校正平直，桥架支架一般采用⊏10 槽钢现场切割，切割时不能动用电火焊切割，切割后的预埋件切面用磨光机或锉刀打磨。桥架支吊架根据桥架支吊架平面布置图和桥架布置图的桥架定位及标高，结合结构梁高，计算吊臂长度，预制的吊支架吊臂和横担必须安装桥架。支架是与预埋件配套使用的，一般采用刷漆表面处理方法，支架与预埋件配套使用时可自由升降。根据桥架的规格选择相匹配的支架，并依据施工图纸确定最上层或最下层的标高，然后确定层间距，安装方法同立柱安装，分段安装、分线定位。

3. 电缆施工

（1）电缆敷设

电缆敷设应由专人指挥统一行动，并明确联系信号，不得在无指挥信号时随意拉引，不应使电缆在支架上及地面摩擦拖拉。拐弯处的施工人员应站在电缆外侧以免挤伤，电缆在敷设过程中和敷设后均要保证满足电缆最小弯曲半径的需要。电力电缆终端头与接头附近宜留有 1～2 个接头的备用长度。电缆敷设应力争做到横成线，纵成片，电缆的引出方向、弯度、余度、相互间隔应一致，避免交叉生叠，达到整齐美观。如不可避免地发生交叉后务必做好标识。电缆保护管至用电设备、操作元件及配电箱之间的电缆应穿阻燃金属软管，加以保护，如按钮等电气设备没有该软管上端头的外螺纹接头安装余地时，可将外螺纹接头取消。电缆保护软管应无锈蚀。

（2）电缆接线

当电缆敷设完成后没有立即做电缆头，要用热缩管或绝缘胶布密封，防止电缆受潮，高压电缆做头采用冷缩工艺，低压控制电缆、低压动力电缆采用专用液压压线钳压接接线鼻子；电缆试验、对线合格后，电缆外护层及屏蔽层按要求进行接地。

4.2.3.5　电器照明装置

1. 安装在室外的灯具离地面不能低于 3m，安装在墙体上不能低于 2.5m；使用钢管作为灯具的吊杆时，钢管内径不应小于 10mm，钢管壁厚度不应小于 1.5mm；同一室内或同一场所的灯具，中心偏差不应大于 5mm；每个灯具固定不少于 2 个螺钉或螺栓，绝缘台直径在 75mm 及以下时，用 1 个螺钉或螺栓固定。

2. 照明管遇到下列情况之一时，应在中间加设接线盒或拉线盒，每管长 30m 以上，不能有任何弯折；管长每大于 20m，有 1 弯；每长 15m 以上的管材，有 2 弯；管长每 8m 以上，有 3 弯。

3. 垂直敷设的导线保护管，如遇下列情况，应增加固定导线所用的拉线盒：长度每超过 30m 的导线，其截面在管内 50mm² 及以下；管内导线断面 70～95mm²，长度每大于 20m；管内导线断面 120～240mm²，长度每 18m 以上；应急照明灯及公共场所疏散撤离指示灯，要有明显标识；照明管的弯曲处不能有皱褶、凹陷、裂纹，其弯平程度不能大于管径外径的 10%。

4.2.3.6　防雷接地安装

海上升压站的工作接地、保护接地、防雷接地共用一体接地，通过钢平台和接地连接线构成均衡电位接地系统。考虑到海上升压站的特点和重要性，对主变及高抗的户外散热器等外露的用油设备和外挂设备外壳进一步采用格栅加强防雷防护措施。

1. 升压站顶部设 5 根避雷针（1 根位于吊机顶部），屋顶层每根避雷针通过至少 2 根专用接地铜排（50mm×4mm）引接至主桩附近。接地端子（槽钢）与甲板、避雷针基础、吊机基础、油罐防雷框架可靠焊接，焊缝及损坏结构处补漆（补漆要求同结构）。升压站各层均设置一圈 50mm×4mm 铜排作为主接地体环线，设备接地由其引接；铜排需与平台钢管桩可靠连接，铜排穿越墙体时，需开孔穿越并作防火封堵。开关柜、GIS、主变高压电抗器、电阻柜、接地变（兼站用变）、低压配电柜、应急配电柜、柴油发电机组等设备应采用 50mm×4mm 铜排作为支线接地体。明敷的接地排刷黄绿相间保护漆。接地铜排穿越走廊处应敷设至走廊地板装修层内。

2. 220kV 海缆为三芯海缆，在 GIS 海缆进出线处设置电缆直接接地箱；主变或高抗高压侧与 GIS 采用 3 根单芯 220kV 电缆连接；在 GIS 电缆进线处各设置 1 根电缆直接接地箱，在每台主变或高抗高压侧本体上设护层保护接地箱；主变低压侧与主变进线开关柜采用单 35kV 电缆连接，每相 2 根并联，在每台主变低压绕组侧的本体上设电缆护层保护接地箱，开关柜端设置电缆直接接地箱；关柜端设置电缆直接接地箱；主变低压侧电缆铠装不接地应包裹绝缘胶带（绝缘胶带耐压应大于 3kV），开关侧电缆铠装直接接地。所有电缆接地箱的接地端均应采用接地电缆引至主接地网接地，并采用铜鼻子连接，连接处应设置热缩套保护。引至直接接地箱、保护接地箱、主变中性点成套设备、电阻柜内部电阻、主变及高抗铁芯和夹件等设备的接地铜排应包绝缘热护套。

3. 主接地铜排沿房间墙壁四周明敷布置，铜排下边沿距地高度为 200mm。主铜排在完成舾装后固定，采用不锈钢卡槽固定于舾装表面或结构表面。铜排卡槽布置间距约 0.5m。接地铜排过门及主要设备（主变集油管道、空调冷凝管等）降低敷设高度避让。接地铜排穿越走廊时应敷设在走廊地面装修层。主接地体铜排连接处采用放热焊接连接。支线接地体与主接地体之间采用放热焊接为主，铜螺栓连接为辅。螺栓连接处应进行搪锡处理，并涂防腐漆防腐。电气设备每个接地部分应单独接地线与接地干线相连，严禁一个接地线中串联几个需要接地部分。放热焊接接头应满足以下要求：被连接导体应完全包在接头里，连接部位金属应完全熔化，并应连接牢固。放热焊接接头的表面应平滑，无贯穿性的气孔，放热焊接接头涂沥青防腐。放热焊接材料及工艺应满足《接地装置放热焊接技术导则》QGDW467—2010 和《接地装置放热焊接技术教程》CECS427：2016。

4. 所有桥架两端（包括弯头、三通、四通、调角片、桥架非连续处）及其他等电位连接用接地铜线采用多股接地软铜线 BVR-6mm^2。电缆桥架至少每隔 20m 采用 BVR-6mm^2 接地铜线与金属支吊架连接。桥架连接板每段应由不小于 2 个防松螺母或防松垫圈的螺栓固定。在平台所有登陆处放置绝缘橡胶垫，绝缘橡胶垫应满足现行行业标准《电绝缘橡胶板》HG/T2949 的要求。海缆锚固接地：每根海缆应有单根的接地母排与主桩连接。格栅甲板与结构之间、分片格栅甲板之间采用 50×4mm 接地铜排可靠连接。钢与铜搭接进行搪锡处理。二次盘柜接地铜排应安装于绝缘子上盘，螺栓连接处应涂沥青防腐，对防腐层破损处进行修补。

5. 接地施工需满足《电气装置安装工程接地装置施工及验收规范》GB 50169—2016 的有关规定、电工一次总说明和接地施工图纸要求接地连接完成后,进行连通性试验,以及平台接地电阻测量。测量接地电阻,主接地网接地电阻应小于设计要求;否则应采取措施降低接地电阻。

4.3　上部组块运输技术

4.3.1　上部组块运输简介

海上升压站是海上风电场的电力集中枢纽,其内部装有大量的精密、昂贵的电子设备,由于恶劣的气候变化、风浪的冲击、运输船的运行不稳定等原因。在海上运输时,极有可能发生剧烈的震动,会破坏升压站上的重要结构和电气,造成重大的经济损失。因此,海上升压站的运输是一项高风险的工作。因此,需要在船舶上安装监测设备,对升压站上设备的性能进行实时监测,可以提前发现危险,减少事故的发生。本小节以某海上风电场上部组块运输为工程案例,阐述上部组块运输装载、海绑及监测、上部组块安装等关键技术。

4.3.2　制造码头装载技术

4.3.2.1　施工船

某施工船总长为 189.60m,船长为 172.83m,满载水线长为 172.83m,船宽为 47.0m,型深为 23m,空载吃水为 1.549m,满载吃水为 3.9m,满载排水量为 32159.9t,空载吃水为 12423.43t。

4.3.2.2　横滚操作流程

将已建造完的升压站上部组块通过液压小车,从搭载平台合拢区域后端横滚至海工平台前端,如图 4.3-1 和图 4.3-2 所示。平托及 T 形搁置架工装如图 4.3-3 和图 4.3-4 所示。具体横滚操作流程,如表 4.3-1 所示。

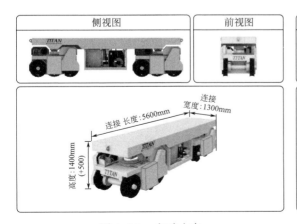

图 4.3-1　主动小车

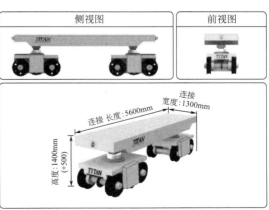

图 4.3-2　从动小车

图 4.3-3 平托搁置架工装

图 4.3-4 T 形搁置架工装

横滚操作流程

表 4.3-1

步骤	担当部门	执行内容
1	各职能部门	召开现场横滚动员会,各部门人员就位
2	生产管理部/搭载车间	横滚前最后一次确认,搁架位置确认
3	设备保障部/小车操控员	液压小车、油管、数据线确认
4	设备保障部/小车操控员,小车观测员	启动小车,按组依次举升油缸顶触搁架→同步顶举→外板脱离坞墩→小车油缸顶举至 250mm 高,拆除线形坞墩
5	副总指挥,小车操控员	发出开始横滚的指令
6	小车操控员,小车观测员	随时确认小车状态,汇报有无异常
7	小车操控员,小车观测员	终点确认→停驶→把定
8	设备保障部/搭载车间/质量部	小车油缸同步下降,搭载车间随时观测坞墩受力情况,及时向副总指挥报告,并调整;质量部测量船体精度,及时报告;如需调整,提供数据
9	设备保障部	船体已全部落墩→小车继续下降,搁架落地,油缸复位
10	设备保障部/搭载车间	搭载车间点检坞墩,敲实→小车熄火,点检后回收(用牵引车从船首部拉出)
11	各部门	横滚作业结束

4.3.2.3 上部组块横滚至施工船

先用液压移动小车将升压站上部组块（总重约 3100t）横滚至码头前平台，如图 4.3-5 所示。待施工船与码头前平台轨道（通过连接梁）对接完成后直接入驳至施工船；移动小车卸载后托盘坐落于施工船甲板面上，对升压站进行绑扎加固；拖轮将施工船号及升压站

图 4.3-5 上部组块横滚安装施工船

上部组块拖航至施工现场。

4.3.3　海绵运输及监测技术

4.3.3.1　海绵运输技术

1. 上部组块绑扎方案

上部组块内所有能够移动的设施，均应采取临时固定措施；主变、高抗、GIS 等重要设备应设置临时支撑措施。上部组块底部增设 14 个门架，门架结构为单门架形式，门架结构尺寸 8m×2.2m×1.2m，门架布置位置，见图 4.3-6。

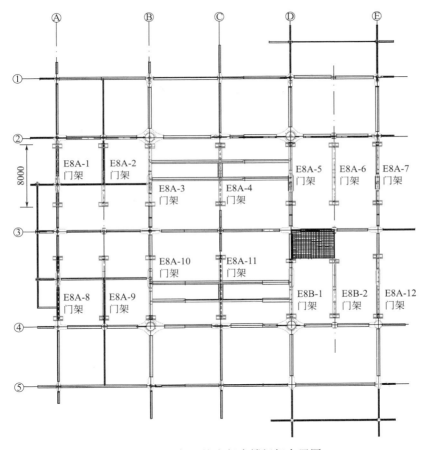

图 4.3-6　上部组块底部支撑门架布置图

2. 上部组块甲板面加固绑扎

对上部组块内所有设备、线缆、管道和附属构件进行临时加固和固定，以保证上部组块在运输和安装过程中，任何设备、线缆、管道和附属构件不发生过大的变形和结构损坏，保证这些设备、线缆、管道和附属构件在安装后能够正常工作。升压站上部组块落驳后，加焊支撑、斜撑对其进行加固。门架工装底部垫板与运输船甲板之间的焊缝，沿船长方向为间断焊，应均匀分布，且各条焊缝的有效焊接长度均不得小于 50%；沿船宽方向为连续焊，各条焊缝的有效焊喉＞14mm。

3. 上部组块运输

待上部组块全部加固完成，确保平稳高效运输，将根据航道条件、水深情况，充分利用自有船机资源，结合社会租赁拖轮，采取吊拖及绑拖方式将升压站组块安全平稳托运至安装位置。上部组块运输及安装技术要求：船舶运输升沉加速度不超过 $0.2g$；横摇不超过 $20°$，$10s$；纵摇不超过 $10°$，$10s$；上部组块拖航运输，如图 4.3-7 所示。

图 4.3-7　拖航运输图

拖航运输安全具体措施如下：

（1）开航前对船舶主机、辅机、舵机、锚机、缆机等设备进行认真检查并处于可用状态，对消防系统、通导系统、救生系统等设备进行演练和调试。

（2）航行中，严格遵守有关航行规定，按规定路线行船，保持与各交管指挥中心联系，服从指挥。

（3）航行中驾引人员注意力应高度集中，提高警惕，保持正规全方位瞭望，谨慎操作，运用良好的船艺，早让宽让，一定要以"车让为主，舵让为辅"为原则，为避让留有充分的余地。

（4）任何时候都应采用安全航速航行。全程备双锚、派专人瞭望。注意收集航行通告、航道通电，航行中注意水流流量、流压及流态的变化，控制好船位，选择好转向和会让地点。提前减速，保证足够舵效，并经常核对船位，严防困边、搁浅。船经危险地段应提前减速，应尽量远离，防止浪损。

（5）航行中，有意识收听船舶航行安全信息联播，注意天气变化。当船舶遇当地风力达到七级以上时，就近找安全锚地抛锚扎风；在能见度达不到安全航行规定要求或遭遇浓雾、大风等恶劣灾害性天气时，严禁冒险航行。勤瞭望、勤联系、勤核对船位，必要时选择安全水域抛锚。

（6）运输期间密切关注气象变化，多途径收集了解气象态势，对掌握的气象参数进行科学分析。根据卫星云图显示的中短期天气形势，预测天气的变化，坚持连续收听和记录本地区和邻近地区的天气预报及沿海海面风浪警报，分析风情走势及变化。

4.3.3.2　监测技术

1. 监测系统设计

在船舶航行中，由于风、浪、流的综合作用，会导致 6 个自由度的运动，即横摇、纵摇、首摇、升沉、纵荡和横荡，这些运动是 6 个自由度的耦合，船身的上部结构会随着驳船的移动而移动，而移动的惯性会对船体的结构产生一定的影响，也会对某些精密仪器的灵敏度带来损伤。整个监控系统的总体设计思想是：采用 8 组测控装置，输出三轴加速度，并采用 MESH 技术实现数据的传送，并由计算机软件实时接收、显示、监测各装置的运行状况，如图 4.3-8 所示。

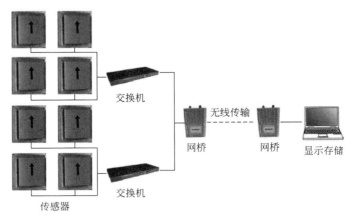

图 4.3-8　监测系统框架

2. 监测装置安装

在运输之前，在 4 根立柱的下部和顶部，至少要布置4＋4组加速度传感器，4＋4组倾斜计，对整个运输和安装的垂直、横向及纵向的加速度进行监控和记录。同时，还预留了用于关键设备监控的变压器三维冲击装置。采用三向加速度计与高精度动态资料采集装置构成试验系统，其分辨率高，可靠性高，灵敏度高，低频下限低，适用于海洋升压站低频建筑物的振动检测。测量点设置在 4 个柱脚上，X 轴线表示船只的水平，Y 轴表示船只的纵向，Z 轴表示升降台的升降方向，如图 4.3-9 所示。

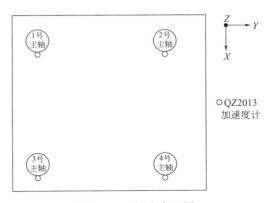

图 4.3-9　测点布置图

4.4　上部组块安装技术

升压站上部组块外形尺寸和重量较大，安装精度要求较高，上部组块施工难度相对较大，成为海上风电项目进度控制和成本影响的主要因素。目前升压站上部组块安装方式主要有吊装、平移及浮托三种安装方式。本节通过实际案例分析，对三种不同的上部组块安装施工关键技术进行阐述。

4.4.1 吊装安装技术

4.4.1.1 吊装安装技术简介

吊装施工是将升压站上部组块在工厂组装好后，通过驳船将其运到海上，然后运输到下部基础位置，使用浮吊船进行安装。甲板工作人员操纵船位，将起重船调整到上部组块的设计安装位置，然后开始下降。在下降的过程中，要对组块的位置进行实时观察，并对主钩的高度进行适当的调整，以保证组块的位置和水平度能够达到施工技术的要求，直到组块主支撑柱与导管架的上部主腿对接为止。

4.4.1.2 上部组块重量及重心确定

平台结构自重和机械、管线、电气、仪表等设备是影响海上平台上部组块吊装重量和重心的主要因素，因此整个组块设计的基础就是平台组块上各模块重量和重心的精确确定，这是设计前期的头等大事。在详细的设计阶段，各专业确认自己专业的设备重量和重心，主要是根据平台的总布置图和厂商资料等进行汇总制成重控报告后，即可确定平台上部组块吊装重量和重心。

图 4.4-1　上部组块吊装船舶就位图

4.4.1.3 主作业船抛锚就位

起重船先于已完成安装的导管架基础一侧抛锚就位，共抛 7 锚，该舰所有锚位均由航海定位系统协助到位，并加装锚浮漂对锚位进行监视。起重船抛锚就位完毕后，运输组块的驳船与起重船一字形就位，驳船船首抛八字锚，船尾系缆与起重船，如图 4.4-1 所示。

4.4.1.4 吊装作业

1. 吊装设计

升压站上部组块结构尺寸 58.2m×52.2m×21.5m，重量约 3650.8t，四角将军柱尺寸 24m×17.5m，落座桩顶高程 14.0m，吊耳设于管柱顶端，采用四点吊装法，如图 4.4-2 所示。选取主臂仰角 62°，跨距 55m，各钩头吊重及吊高能够完全满足现场上部组块整体吊装安装任务。起吊前拆除该上部组块绑扎工装，安装好吊装吊索具，吊具选用 4 根 1500t/根的软吊带绳圈，吊点处使用 4 件 1250t 加强型卸扣。

2. 吊装施工

起重船主钩下落至上部组块顶部进行挂钩操作，同期进行解绑扎。模块顶部摆放定位设备，定位人员进行设备调试。组块起升至合适高度后，驳船运输驳船远离起重船至指定位置，如图 4.4-3 所示。根据定位系统指示，甲板人员操控船位，将起重船调整至上部组块设计安装位置，并开始下落，下落过程中实时观测组块位置，并适当调整主钩高度，确保组块绝对位置及水平度满足施工技术要求。直至上部组块主支撑柱与导管架上部主腿对接。

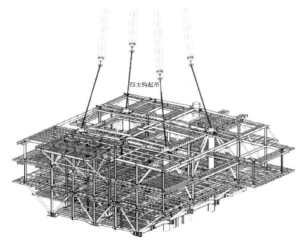

图 4.4-2　起吊示意图　　　　　　　图 4.4-3　吊装上部组块吊装

4.4.1.5　焊接施工

1. 焊接工艺

上部组块四个立柱正确放置在下部结构上，并完成上部组块与下部结构之间的焊接工作后，起重船方可摘钩撤离（上部组块正确就位后，立即组织焊接工作，并在 24h 内完成焊接工作）。焊接施工标准按设计图纸进行。按施工图纸要求进行预热、后处理的焊缝，其预热温度或后热温度应遵守相应规定；对焊后有相应处理要求的焊缝按规定进行处理；焊接工作完毕后，应清理焊缝表面，由焊工自检焊缝合格后，在焊缝旁打上焊工工号钢印。

2. 焊缝检验

焊缝强度不低于母材强度，焊缝和热影响区相比 V 形缺口冲击力满足相应规范要求；一级且全焊透、二级且全焊透、一级且部分焊透、一级填角、二级且部分焊透、二级填角、三级且部分焊透、三级填角均按要求完成磁粉检测和超声波检测；局部探伤部分发现有不允许的缺陷时，应在该缺陷的两端增加探伤长度，增加的长度不应小于该焊缝长度的 10%，且不应小于 200mm，如仍发现该焊缝存在不允许的缺陷时，应在检验区内检验焊缝的全长。

4.4.1.6　防腐施工

焊接工作完成后，需对上部组块开展必要的防腐工作，升压站钢结构防腐设计年限不低于 28 年。防腐材料应选用符合要求的材料，且耐湿热试验、耐盐雾试验、耐磨性试验、耐循环老化试验等性能参数项目均符合对应的执行标准和性能要求。防腐施工标准按设计图纸进行。

4.4.1.7　复核与撤场

升压站上部组块焊接基本完成到位后，测量人员需对基础的水平度（含法兰水平度）、绝对位置、方位角及高程等数据进行复核确认。完成复核且满足设计要求后，经业主及监理检查确认后，将各索具依次从升压站各吊点上摘除，同时监测人员将升压站桩腿上布置的监测设备回收，随后主作业船撤离安装区域并与升压站保持约 100m 的安全距离。驳船船组和主作业船船组依次撤离安装现场。

4.4.2 平移安装技术

4.4.2.1 平移安装技术简介

上部组块的整体滑移是用牵引工具将上部组块整体拖拉到升压站基础的技术。升压站上部组块平移安装主要工艺流程如下：上部组块拖航至风场附近→上部组块定驳到位→拆除组件绑扎工装→施工船号调载至目标高程→安装连接梁→横滚前检查确认（包括小车、轨道、人员）→小车横滚→到达位置，小车结束顶撑→小车带托架退回施工船号（立即拖离）→上部组块与基础桩连接施工。

4.4.2.2 主作业船抛锚就位

施工船号根据水流方向进行抛锚定位，在角度 60°、距离约 300m 位置的四只角锚处施打 4 根 φ1800mm 锚位桩，抛锚方式为绕桩锚，确保不发生爬锚现象。另外在 10°方向抛定 4 根链子锚，距离约 200m。为确保施工船号与升压站混凝土基础不发生碰撞、挤压，在承台短边水平方向两侧各设置两套靠舶桩，即混凝土承台轨道中心两侧 40m、80m 位置处各 3 根 φ1800mm 钢管桩，混凝土承台轨道中心两侧 20m 位置处各 2 根 φ1800mm 钢管桩，确保施工船号与承台之间安全距离为 80cm。另一侧用 2 艘锚艇静置顶住船舷，在小车移动方向上稳住施工船。而施工船半潜驳船首尾方向，出运前已在靠泊一侧精确安装限位箱梁，可与靠泊桩联合发挥作用，同时水流来向一侧再设锚位桩，利用甲板上锚机紧带，杜绝任何船舶纵荡。抛锚平面布置示意图如图 4.4-4 所示。

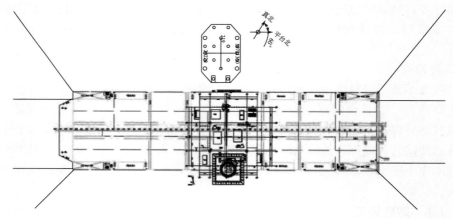

图 4.4-4　船舶抛锚平面布置示意图

4.4.2.3 上部组块横滚安装

上部组件运输至施工现场，施工船锚泊定位完成后，等待水位满足条件后将半潜驳船调载与导管架上的轨道平稳对接，采用横滚小车将上部组件从半潜驳船上横滚至导管架平台指定位置上方；然后，小车释放顶升装置将上部组件下降 0.5m，上部组件的四只支腿落座至导管架平台上，然后退出横滚小车机构平台，安装完毕。升压站安装作业标准：（1）升压站采用整体式横滚安装；（2）施工船舶允许靠泊速度≤0.1m/s；（3）船舶靠泊角度≤10°；（4）允许作业风速为 6 级。操作流程与升压站上部组件接载入驳方案相同。

4.4.2.4　上部组块安装偏差

1. 平台钢梁中心线在端点处与图示位置的偏差应小于 5mm，梁中心线上任意一点与图纸中心线之差在水平方向上应不大于 20mm，在垂直方向上不大于 2mm。

2. 平台钢梁应使顶部平台成水平或规定的斜度。由于梁高的制造公差而产生的梁高上的偏差应采用梁上加垫板来调整。由于焊接所造成的甲板梁的变形应予以校正或用其他方法弥补，以使其符合工程要求。

3. 梁和柱的中心线位置、梁和梁的中心线位置应在理论位置 5mm 范围内。

4. 铺板等板平面度辅料部分控制在 4mm 范围内，非辅料部分控制在 6mm 范围内。

5. 上部组块海上安装完毕后，柱顶高差控制在 50mm 范围内。

4.4.2.5　辅助桩的拆除

横滚施工完毕后，现场对安全精确施工打入的临时桩进行拔除回收工作。利用龙振一号、PVE-200M 液压振动锤进行辅助桩拆除工作，施工流程如下：

1. 作业船顺水流方向定驳，作业船携 PVE 200M 液压振动锤进入场区，靠近待拔除桩，顺水方向，利用锚艇在首尾两端 45°交叉抛定四只锚。

2. 辅助桩运输船靠泊作业船，运输船上桩体固定工装已安装完毕。

3. 作业船通过绞锚调整位置，保证待拔除桩在吊机工作范围内即可。

4. 作业船主钩起吊 PVE 200M 液压振动锤夹桩，拔除并提升辅助桩，旋转吊杆至运桩船上方，缓缓松钩，将被拔除桩置放在工装上。

5. PVE 200M 液压振动锤夹桩器松开桩体，作业船轴向旋转吊杆的同时缓缓起钩从桩体上移除振动锤。

6. 作业船调整位置，拔除下一根桩，全部拔除后，船机撤离现场。

4.4.3　浮托法安装技术

4.4.3.1　浮托法安装技术简介

针对海洋平台海上安装困难、风险大、作业时间长、安装费用高等问题，研究人员提出了一种适用于海上平台的浮架安装方法。该技术是把一个大型的海上平台作为一个整体进行安装。浮托安装技术主要包括：驳船进船、驳船就位、载荷转移与驳船撤离。直至 1983 年，KBR 公司将浮托安装法用于海上作业，成为全球首个采用浮托安装法的工程实例。由此，浮托法技术被广泛地应用于海上钻井平台的安装，尤其是对导管架平台的施工。

4.4.3.2　国内外浮托工程

1. BorWin3 浮托安装

BorWin3 是世界上最早一批使用浮托法技术进行海上换流站安装的海上风电项目，如图 4.4-5 所示。为了将 18000t 的平台安装到基架上，采用了 6 个桩腿耦合器（LMU）以及相同数量的橡胶甲板支撑单元（DSU），LMU 通过吸收平台转移至导管架的载重而使得漂浮法安装变成可能。LMU 由填充橡胶垫的钢架构成，它的设计使其可以吸收平台结构的静力及动力，以及由于接合操作过程中海水运动产生的水平力。另外，DSU 也适用于运送平台至相应位置的驳船。这些可以抵抗在运输时遇到恶劣天气与海洋情况造成的失稳效应。

图 4.4-5　BorWin3 海上换流站浮托运输

2. 荔湾 3-1 浮托安装

荔湾 3-1 是我国自主研发、亚洲最大的深海石油钻井平台（图 4.4-6），它是一种具有 2000t 浮体的综合钻井平台，长 107m、宽 77m、高 203m，下部基础采用 8 条 16 组桩导管架结构，其中横向和纵向两种主要用来控制驳船的移动，并在安装时限制支架桩脚的负荷。在荔湾工程中，横荡护舷采取分段布置，在船头前端和横荡护舷之间设置大的空隙，以确保入船作业的平稳进行；后半部分采用 0.1m 的间隙，用于控制船体在对接过程中的侧向移动以及 LMU 的水平冲撞。

图 4.4-6　荔湾 3-1 浮托安装

4.4.3.3　浮托法安装技术

1. 驳船进船

安装船抵达安装海域后，根据持续适当的天气预报，运输船将由锚泊系统保持在预定区域内。如果气象预报显示不适合进行浮托安装作业，则需决定是原地等待天气改善，还是将船舶移至遮蔽海域。安装船舶将维持距导管架 500m 处，并与导管架槽口对齐，同时执行以下工作：准备 DSU；部署用于进船对准监测的测量站；压载系统测试；部署 LMU 垂向运动的监测装置；船舶预压载，使对接锥与 LMU 接收器之间的间隙至少为 1.0m。预进船阶段锚泊系统采用四锚定位，如图 4.4-7 所示。

2. 驳船就位

将现场环境数据与对接分析得出的极限海况进行比较。一旦海况处于设计限度内并且后续海况处于持续改善状态，则对接作业可以在海事检验师批准的情况下进行。一旦安装船处于对接位置，剩余的绑扎件将被切除。当船舶进入槽口中时，船舶的横向运动将受到

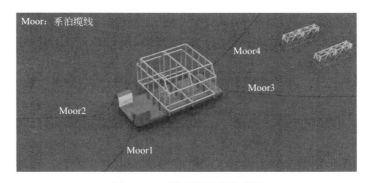

图 4.4-7　预进船模型示意图

横荡护舷的约束。纵荡护舷用于将船舶定位在对接位置，使对接锥形尖端位于 LMU 接收器的正下方。安装船和上部模块的横向运动必须足够小，以使 LMU 运动不超过接收器的捕获半径。浮托安装进船阶段需要使用槽口内侧的护舷，以减小进船时浮托运输船舶与导管架之间的碰撞，帮助浮托船进入对接位置。在两片导管架的槽口内侧处各设置 3 组横荡护舷。纵荡护舷根据实际情况选择设置在导管架槽口处或浮托船的两舷外侧。横荡护舷的设置位置如图 4.4-8 所示。

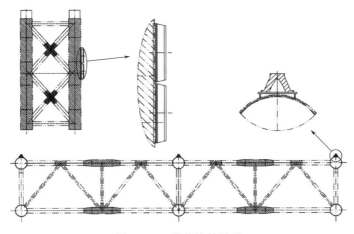

图 4.4-8　横荡护舷设置

3. 对接

安装船牢固地定位在对接位置后开始压载。整个压载过程中，需要确保安装船的浮态始终保持正浮。桩腿顶部的对接锥和上部模块中的 LMU 接收器之间的距离缓慢减小。由于波浪作用引起的船舶运动超过间隙，两者之间开始接触。LMU 内的弹性体单元将作为垂直和水平缓冲器，减少上部模块和导管架之间的冲击载荷。

（1）甲板支撑单元（DSU）的设置

DSU 是上部模块与船体之间的接触单元，位于船甲板上甲板支撑框架的顶部，如图 4.4-9 所示。其与上部模块的接触面是平面，主要靠垂向弹性缓冲材料提供垂向支撑力以减小浮托安装过程中货物所受的垂向最大动载荷。同时其与上部模块的接触平面也存在

153

一定的摩擦力，限制船体与上部组块在水平方向的相对运动。在 DSU 上还设置了 4 根斜向的支撑管，将其在运输过程中焊接到 DSU 和上部模块底部，用于提供海绑力，保证货物在运输过程中与运输船之间不发生相对位移。

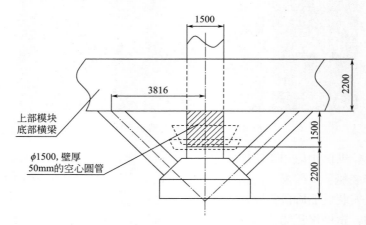

图 4.4-9　甲板支撑单元（DSU）示意图

（2）桩腿耦合器（LMU）的设置

LMU 是用于浮托安装的重要装置，如图 4.4-10 所示。它由两部分组成：一部分是钢制的插尖，另一部分是圆锥体凹槽的接收器。在浮托安装过程中插尖在凹槽的引导下逐步进入接收器内，通过接收器内设置的橡胶缓冲材料吸收对接时的动能，减小上部模块和下部导管架之间的最大接触力。在载荷转移完成后，LMU 将对接完成并承受上部模块的全部重量。此时通过预制在桩腿内的砂箱排出部分砂子，使上部模块和下部导管架的桩腿完成对接。

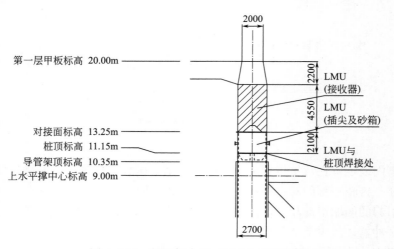

图 4.4-10　桩腿耦合器（LMU）示意图

4. 荷载转移

上部模块的载荷从甲板支撑桁架（DSF）转移到导管架桩腿后，LMU 垂直弹性体单元开始压缩，安装船持续压载。导管架支撑了大约 70％的上部模块重量后，上部模块和

DSF 之间可能开始分离。此时，DSU 的缓冲功能开始起作用，减少分离过程中由于船舶运动导致的 DSF 和上部模块之间重新接触所引起的载荷。压载将持续到 100％ 的重量转移到导管架后，并且在 DSF 和上部模块之间有至少 0.5m 的间隙。

5. 分离退船

当驳船将上部构件的负荷转移至桩脚后，驳船必须持续加压，直至上部构件与驳船甲板的 DSF 完全分开，然后由锚固系统的拖缆慢慢从管道槽中抽出来；在调载时，应注意船底与导管架上梁的空隙，避免发生碰撞。然后，驳船从管道进入船口，移动到一个安全的位置，以便排水，并做好返回的准备。

本章参考文献

[1] 钭锦周，陈前，周茂强，等．辐射沙洲海域海上风电高桩承台基础水平承载力数值模拟研究 [J]. 科技通报，2022，38（4）：39-44.

[2] 刘宏洲，王峡平，洛成，等．海上风电桩靴式导管架基础施工关键技术 [J]. 水电与新能源，2022，36（4）：1-5，14.

[3] 马煜祥，葛畅，贾佳，等．桩靴式导管架基础承载特性数值模拟研究 [J]. 科技通报，2022，38（8）：61-64，73.

[4] 陈凤云，范肖峰，叶兆艺，等．江苏某海上升压站导管架基础施工关键技术 [J]. 水电与新能源，2022，36（2）：54-58.

[5] 毕远涛．海上升压站安装技术分析 [J]. 中国海洋平台，2020，35（2）：85-89.

[6] 李美娇．海上风电场海上升压站上部组块吊装技术要点分析 [J]. 机电信息，2022（24）：27-29.

[7] 贾佳，刘仁海，吕国儿，等．海上升压站上部组块分体式吊装关键技术 [J]. 石油工程建设，2022，48（3）：23-27，47.

[8] 邵卫东，付殿福，慈洪生．深水导管架的上部组块施工方案的选择 [J]. 船海工程，2022，51（6）：72-76.

[9] 沈晓雷，陈洪飞，王欣怡．海上风电高桩承台基础承载特性数值模拟研究 [J]. 水力发电，2021，47（12）：72-75.

[10] 黄炎生，许志雄．海上升压站上部组块吊装施工技术研究 [J]. 中国住宅设施，2021（12）：129-130.

[11] 周茂强，陈前，陈金钟．海上升压站平移安装过程中高桩承台基础稳定性数值分析 [J]. 水力发电，2021，47（6）：112-114，119.

[12] 聂金生，郑涛．海上升压站上部组块运输过程中振动测试与分析 [J]. 自动化应用，2021（9）：31-34.

[13] 鲁焕浩，邓诗龙，朱杰儿，等．海上变电站上部组块滚装技术研究及应用 [J]. 建设机械技术与管理，2021，34（3）：56-61.

[14] 汤磊，鲁焕浩，朱杰儿，等．海上升压站上部组块整体式建造技术研究 [J]. 电力勘测设计，2021（3）：50-55.

[15] 吴尚，胡斌，涂传彬．海上换流站浮托法安装关键技术及应用 [J]. 人民长江，2020，51（S2）：226-229，284.

[16] 周晓天，李青，周茂强，等．海上升压站上部组块横滚安装施工技术研究 [C] //2020 年全国土木工程施工技术交流会论文集（下册），2020：280-282.

[17] 秦立成．我国海洋平台浮托安装技术现状及未来 [J]. 海洋工程装备与技术，2019，6（S1）：

189-194.

[18] 王浩，刘春磊，王毅，等．安全监测系统在海洋风电平台项目中的应用［J］．石油工程建设，2019，45（5）：38-42.

[19] 王小渭．海上升压站上部组块的监测与分析［J］．居业，2018（12）：11-13.

[20] 张田雷，崔志伟，王永强．升压站海上运输振动监测系统设计与实现［J］．海洋开发与管理，2018，35（9）：115-119.

[21] 聂亚楠，王成启，陈克伟，等．风电高桩承台混凝土施工裂缝控制技术研究［J］．海洋开发与管理，2018，35（S1）：81-87.

[22] 彭杰．高桩码头桩基钢套筒灌浆修补技术在实际工程中的研究及应用［D］．淮南：安徽理工大学，2017.

[23] 郭伟，程莲莲．海上升压站上部组块施工期监测与分析［J］．水力发电，2017，43（10）：103-106.

[24] 林诗翔，先杰．钢管桩牺牲阳极阴极保护施工安装［J］．中国水运（下半月），2016，16（8）：316-318.

[25] 金如峰．大型海洋平台上部组块起升方案设计关键技术研究［D］．大连：大连理工大学，2016.

[26] 莫振波．浅谈广发金融中心高压细水雾灭火系统施工要点［J］．建材与装饰，2016（43）：3-4.

[27] 梁迎宾．浅谈海上风机桩基础与导管架水下灌浆连接施工质量控制［J］．中国水运（下半月），2015，15（3）：288-290.

[28] 余鸿生．混凝土桥梁开裂机理和防裂措施［J］．价值工程，2015，34（36）：124-125.

[29] 赵亚军．码头钢管桩腐蚀原因分析及维修方案［J］．科技资讯，2013（10）：81.

[30] 栾桂涛，唐聪．牺牲阳极和包覆材料联合保护在友谊港的防腐应用［J］．中国港湾建设，2012（2）：106-109.

[31] 陈晓惠．海洋平台上部组块浮托安装数值模拟与实验研究［D］．青岛：中国海洋大学，2012.

[32] 王树青，陈晓惠，李淑一，等．海洋平台浮托安装分析及其关键技术［J］．中国海洋大学学报（自然科学版），2011，41（Z2）：189-196.

第5章　海缆敷设施工技术 ·····

集电线路是将风机产生的电能收集起来，然后传输到升压站的一种输电系统。在海洋风电场中，通常先使用 35/66kV 的区间海缆，将风电机组发的电集中到海上升压站，然后将电压提高到 220/500kV，再经过送出电缆，输送到陆上集控中心，最后接入本地电网。区间海缆的敷设有两种，一种是抛放敷设，另一种是深埋敷设，抛放敷设是指海缆在自身重力作用下下沉到海底，这种敷设方法技术简单，但在浅海地区，容易受到人类活动的影响，海缆容易损坏；深埋敷设是指利用埋设设备，将海缆埋入海床土体内，避免海底电缆受到外部环境的影响，对海缆起到有效的保护作用。送出海缆施工技术主要包括长距离海缆浅滩登陆施工、海缆上/下交叉穿越施工技术、海缆中间接头施工关键技术等。本章基于海上风电工程实例，对送出海缆及风机区间海缆的施工技术进行阐述。

5.1　送出海缆施工技术

5.1.1　送出海缆施工技术简介

海上风电场内送出海缆一般是指连接海上升压站与陆上集控中心（开关站）间的高压海底光电复合海缆，是将风机所发电能通过多回集电海缆汇集至海上升压站升压后输送到陆上开关站的输电线路。根据风场容量，可由一个或几个回路组成。随着风场建设离岸距离越来越远，已有风场单回送出海缆长度超过 50km。送出海缆路由较长，对海缆过驳、登陆及敷设过程中自身的弯曲半径、侧压力、牵引力和海缆应力退扭控制要求较高，虽然海缆在深水区施工工艺已经很成熟，但在浅滩区由于涉及多种施工方式转换，风险较高，施工难度大，尤其是长距离海缆登陆成为送出海缆施工的关键工序。送出海缆的形式有两种，一种是交流的，另一种是直流的，在海上风电场中，通常使用的是 220kV 单芯或三芯三相交流光电复合海缆，常用的海缆型号是 HYJQF41-F127/220，线芯截面在 $400\sim 1000mm^2$。表 5.5-1 为某 220kV 海缆主要技术参数，海缆结构见图 5.1-1。

220kV 海缆主要技术参数表　　　　　　　　　　　　　　　表 5.1-1

海缆规格 （HYJQF41—F 127/220）	外径 （mm）	空气中重量 （kg/m）	最大允许牵引力（kN）	最大允许侧压力（kN/m）	敷设时最小弯曲半径（mm）
$3\times 400mm^2 + 2\times 36C$	240±3	102	259	35	3612
$3\times 500mm^2 + 2\times 36B$	248.4±3	109.8	398	78	3726
$3\times 630mm^2 + 3\times 36C$	248.1±5	116.13	272	43	3780

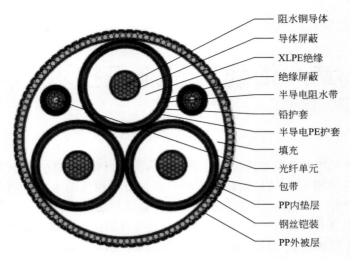

图 5.1-1 三相光电复合海缆结构示意图

阻水铜导体
导体屏蔽
XLPE绝缘
绝缘屏蔽
半导电阻水带
铅护套
半导电PE护套
填充
光纤单元
包带
PP内垫层
钢丝铠装
PP外被层

5.1.1.1 送出海缆施工典型路由断面

针对海缆全路由区域不同的工况条件及其施工工艺的不同,通常可将海缆施工分为以下几个区段:陆上集控中心站内敷设段、浅滩登陆段、深水区敷埋段、交越特殊区段(高滩、航道、地下管线、基岩海床面等)、登陆海上升压站及站内敷设段。海缆施工典型路由断面见图 5.1-2。

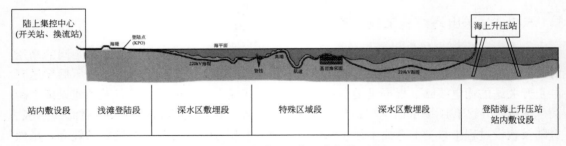

图 5.1-2 海缆施工典型路由断面图

5.1.1.2 敷缆船机基本要求

海缆施工从工厂码头接缆至现场敷设,主要依靠专业敷缆船完成。送出海缆具有大直径、大长度、大重量、长施工历时的特点,为应对不同施工工况,有效控制施工过程中海缆的弯曲半径、牵引张力、盘放缆的扭应力释放、敷设路由及埋深,对敷缆船的基本要求如下:

(1)船舶适航性必须满足中华人民共和国船舶检验局(以下简称船舶检验局)关于"钢质海船建造规范"的要求,其航行与施工海域应与船舶检验局颁发的准许航区一致。

(2)船舶的甲板面积以及总布置,应满足海缆盘绕堆放,以及敷设设备与机具、电缆附件器材等布置空间,船舶电站以及压载、救生、消防等系统满足船舶检验局要求。考虑国内部分电缆制造厂家的码头前沿航道较为狭窄,船舶操纵困难,船长一般小于 100m,见图 5.1-3。

图 5.1-3　某敷缆船实体照片

（3）船舶必须具备可靠、强大、冗余的锚泊系统，以满足湍急潮流的船位固定与避碰要求。船体结构应足够强大，能满足浅水滩涂区域候潮期间，以及登陆地段的坐滩作业能力。

（4）以某大型海缆敷设船为例，其典型专用设备配置见表 5.1-2。

某大型海缆敷设船的主要专用设备配置一览表　　　　　　表 5.1-2

序号	设备名称	规格或型号	主要性能	用途
1	储缆盘	$\phi 23 \times 6$m	电动、载重量 3500t	装载海缆
2	引缆架及溜槽	臂长 12m	360°旋转	引导海缆
3	牵引机	轮胎式	电动 30kN	回收海缆
4	布缆机	多楔带	电动 50kN	布送海缆
5	入水槽	R4m	带导轮滑车	海缆入水
6	埋设机	水力喷射型	宽度 360mm，3m 埋深	水下敷埋
7	埋设机绞车	35T	电动慢速	投放回收
8	高压水泵	TSW150X9	柴油机驱动	水射流冲沟
9	起重机	人字桅式	起重量 800kN	起重
10	杂用绞车	50kN，80kN	电动慢速	辅助起重
11	监测系统	—	定位误差小于 2m	监测记录海缆路由坐标、埋深

5.1.1.3　海缆施工一般技术要求

（1）海缆敷埋路由偏差控制在 10m 以内。

（2）敷埋设海缆埋深≥3m；浅滩挖埋敷设埋深≥2m。

（3）海缆敷埋裕量一般控制在 1.2%～1.5%，在始（末）端登陆段、交越航道及管线段、海床冲刷演变段、现场接头点等特殊区域应严格按设计要求的形式、路由位置、埋设深度、裕量长度敷设。

（4）海缆敷设过程中应防止海缆损伤、折圈、打扭。

（5）海缆盘绕半径、敷设弯曲半径应符合厂家的限制要求。

（6）海缆张力、侧压力控制在相关规范及海缆技术参数要求允许范围内。

5.1.1.4 海缆施工工艺流程

海缆施工可分为施工准备、敷埋设施工、站内施工三个阶段，各阶段施工工艺流程如下：

1. 施工准备阶段工艺流程

海缆登陆段土建施工→路由扫海清障→接缆运输→敷缆船进场驻位。

2. 敷埋设施工阶段工艺流程

（1）整根敷设工艺流程

始端登陆→海缆牵引上岸→登陆段放缆保护→下放埋设机海上敷埋→回收埋设机盘缆→海缆保护装置安装→穿 J 形管牵拉登陆海上升压站→剥铠锚固→末端登陆完成。

（2）分段敷设工艺流程

第一分段施工→敷缆船驻位→始端登陆→海上敷埋→中间接头放缆。

第二分段施工→敷缆船驻位→末端登陆→海上敷埋→中间接头制作。

3. 站内施工阶段工艺流程

站内敷设→终端制作→海缆防火施工→交接试验。

5.1.1.5 主要施工工艺简介

1. 扫海清障

该工作主要清除海缆施工路由轴线上影响敷设顺利进行的水上、水下旧有废弃缆线、插桩、渔网、浮漂、漂石等小型障碍物，查明弃锚、沉船等大型障碍物的位置坐标以制订解决方案，避免对海缆施工质量、安全构成威胁。在海缆敷设施工前，一般采用辅助船（锚艇、拖轮等）尾系扫海工具（图 5.1-4），沿海缆设计路由两侧各 15～20m 范围内往返扫海清理，必要时由潜水员水下清理、探摸。

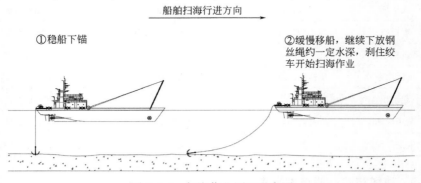

图 5.1-4　扫海作业原理示意图

2. 始端登陆

通常，海缆登陆陆上集控中心的牵引长度远大于海上升压站，为降低盘放倒缆造成海缆本体受损风险，始端登陆一般选择在岸边陆上集控中心侧。首先，在岸上提前布置好卷扬机等主牵引设备，待敷缆船在登陆点抛锚或坐滩驻位后，再在海缆端头绑扎牵引网套，连接牵引头和卷扬机牵引钢丝绳将海缆牵拉至陆上集控中心。为减小海缆牵引摩擦阻力，防止海缆牵引受损，可根据海缆的实际牵引长度、现场施工工况条件，采用在海缆上绑扎浮子浮拖海缆、预铺设输缆廊道等方法加以解决。海缆牵拉过程中还可以使用布缆机、绞磨机、水陆两栖挖机等机械辅助牵引，完成海缆首端登陆。海缆牵引登陆完毕后要按设计要求及时组织海缆埋深保护施工，滩涂段海缆水陆两栖挖掘机挖沟直埋见图5.1-5。

图5.1-5　滩涂段海缆挖沟直埋

3. 海上正常敷设

海缆首端登陆完成后即可投放埋设机进行海上敷设施工，如图5.1-6所示。在海上敷设海缆的主要设备是高压射水埋设机，它的工作方式是：将海缆经过入水槽、导缆笼放入埋设机犁腔中，吊放埋设机至海床上，高压水通过犁刀底部喷嘴向下射流切割土体，开出沟槽。与此同时，敷缆船拖曳埋设机沿路由向前移动，海缆就会穿过犁腔，从燕尾槽滑出，敷设在沟底，冲沟自然回土填埋。埋设机作业，如图5.1-7所示。

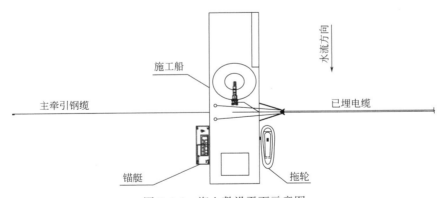

图5.1-6　海上敷设平面示意图

海缆敷设船的航行或作业时的船位方向有以下两种形式：一种是船舶纵向前进，船首向着海缆终端登陆点航行或移船，船尾则将海缆从舱内引出，敷设至海底。另一种是船舶横向前进，即船舶一舷向着海缆终端登陆点进行移船，另外一舷则将海缆从舱内引出，敷设至海底，这种方式在长距离海缆施工中得到较为广泛的应用。

横向前进的方法，是基于建设在离岸数十千米海域的海上风电场，其海缆线路与潮流方向差不多呈正交状态，如敷缆船采用纵向前进，船首向着目标敷缆，则船体在长度方向迎受潮流（海上作业称之为"横流"），强大潮流下产生的水动力作用在船体，作用在锚

图 5.1-7　埋设机敷缆状态

泊系统上时，给船舶敷缆时的船位控制、敷缆精度的确保带来很大困难，也极易发生船舶走锚事故造成工程损失。而船舶在横向前进时，其受到的潮流作用在船宽方向，显然该迎流面积大大小于船长方向，因此为船舶操纵、定位及锚泊作业带来便利。需要指出：这两种行进方向的船舶布置是不尽相同的，一旦完成船舶总布置，则其行进方向也就确定，中途是难以变更的。

4. 末端登陆海上升压站

海缆敷设至距海上升压站约 50m 位置时停船抛锚驻位，起吊收回埋设机，从储缆盘内倒出登陆所需的海缆长度盘放到船甲板上，截除余缆，对海缆头进行铅封防水。根据登陆所需的海缆长度按设计位置及厂家要求安装海缆保护装置（中心夹具和弯曲限制器），利用钢丝网套连接海缆及牵引钢丝绳，从船上牵引海缆穿过 J 形管至升压站平台，海缆牵引到位后，对海缆进行剥铠锚固，完成海缆登陆作业。末端登陆海上升压站示意图，如图 5.1-8 所示。

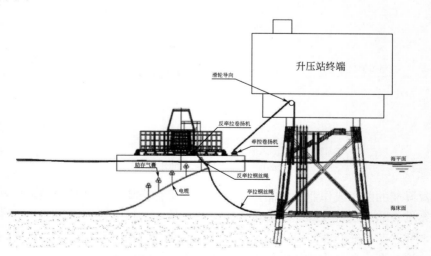

图 5.1-8　电缆牵拉海上升压站示意图

5.1.1.6　海缆施工质量保证措施

不同风场海域施工工况各异，海缆施工前应详细调查路由海况，在分析掌握相关海域潮汐规律、海流方向、流速、风浪条件、海床面深度、地质条件等的基础上，编制海缆敷设施工进度计划，针对施工重难点问题制定相应的质量保证措施。

1. 每根海缆施工需要敷缆船一次进场完成敷设，施工中敷缆船被迫撤离即意味着截缆、增加计划外现场接头，造成质量事故。因此，敷缆船进场施工首先应避开台风期，其次是在季风期施工应根据敷缆船的抗风能力选择适当的作业窗口期，避免出现施工中途敷缆船需撤场避风而被迫截缆的风险。

2. 海缆浅滩登陆施工可采用浮托法牵引放缆后埋设方式，为减少海缆牵引距离，一般选择在大潮汛期敷缆船冲滩驻位，在潮汛结束前完成放缆，并移船至深水区下放埋设机敷埋作业。当登陆距离较长时，应采取可靠的海缆牵引减阻和限位措施，以防海缆受潮流冲击横向漂移、打扭及增大海缆牵引张力，使海缆本体受损。

3. 海上敷埋通常在小潮汛期或平潮期施工作业。对无动力船舶牵引移船敷缆，需采用系泊在敷设船边上的拖轮或锚艇进行顶推实现海缆路由偏差控制。在穿越浅滩赶潮施工水流急时应采用锚泊收放缆绳法移船敷设，以控制船位偏移。移船敷设海缆的速度应根据高压射流水泵能力及海床地质条件调整，应保证海缆埋设深度符合设计要求，一般控制在 $3\sim8\mathrm{m/min}$。

4. 在遇有 8 级及以上阵风时，海上敷设应暂停施工，敷缆船需就地抛锚避风。

5. 选择配有电动储缆盘设备的敷缆船，避免海缆在装缆盘放及敷设导缆过程中产生扭应力，造成海缆打扭、铠装起灯笼。

6. 在遇有高滩、航道、地下管线、基岩海床面等交越特殊区段敷设海缆时应按设计要求采取加装海缆保护套管或覆盖沙被、混凝土联体排等保护措施。

5.1.2　长距离海缆浅滩登陆施工关键技术

海缆在深水区施工工艺已经很成熟，但在浅滩区由于涉及多种施工方式转换，风险较高，施工难度大，尤其是浅滩、潮间带，海缆敷设施工难度相对较大，需要制定特殊的施工方案。因此，长距离海缆浅滩登陆成为海上风电场施工的关键工序。一般需要预选存在长距离的水深小于 3m 的海缆路由区域，由于海底电缆工程都是采用全程深埋的敷设方式，海缆施工船吃水一般在 $2.5\sim3\mathrm{m}$，有很长的海缆路由区域海缆船无法到达，导致传统的拖拽式水喷埋设犁无法施展，故水深小于 3m 的潮间带海底电缆深埋敷设施工是敷设的一大难点。本小节对长距离海缆浅滩登陆施工方案进行了归纳总结，指出不同施工方案的关键控制要点，对相关工序质量控制点进行了阐述。

5.1.2.1　海缆始端登陆施工

1. 浮运法

浮运法是利用水的浮力牵引海缆，适用于涨潮时能被海水淹没的区域。可以利用既有河道或电缆沟，也可以开挖临时沟槽。大多数情况下用挖掘机开挖沟槽，涨潮时海水灌入沟槽内，在海缆上间隔绑扎浮漂，使用钢丝绳牵拉海缆登陆，如图 5.1-9、图 5.1-10所示。

浮运法施工控制要点：

（1）使用挖掘机开挖沟槽，对于淤泥质或砂质滩涂沟槽底宽应在 2m 以上，两侧边坡坡比大于 1:5；开挖的土方堆放应远离边坡口，防止沟槽回淤抬高沟底高程。

图 5.1-9 海缆绑扎浮球后下水   图 5.1-10 充气轮胎浮运

（2）海上水流越贴近泥面流速越小，可适当拉大浮球间距防止海缆离开泥面，浮漂间距也不能太大以防止被泥沙掩埋，最好处于悬浮状态。为此整个浮运施工应在 3d 内完成。浮漂尽量与电缆紧贴绑扎，拆除时为加快进度使用刀具割除绑扎的绳索。

（3）海缆在离开船舷、尚未入水时绑扎浮漂，敷缆船在浅水区呈 S 形下放海缆。为此应在岸边提前投放两根牵引钢丝绳，钢丝绳夹角大于 120°。钢丝绳交替收放，敷缆船呈 S 形前进甩缆。甩缆过程中转折点必须用铁锚或锚艇固定，否则前方浮运牵拉会使转折点位置发生移动。甩 S 弯的转折点 10m 左右可不绑扎浮漂。

（4）对于浅滩上已摆放了海缆的区域设置警戒船 24h 看护，严禁各类船舶进入。未绑扎浮漂的海缆抛放在浅滩上时，为便于观察海缆的水下位置，应间隔 50m 左右设置一个小浮球作为标记。

2. 托架法

托架法是在海缆路由上事先布置好 V 形托架或排架，通过辊轮或 V 形托架将海缆拖拽前进。托架法包括排架＋辊轮模式和 V 形托架模式，二者本质上是相同的，都能减少牵拉过程中摩擦阻力、防止破坏电缆外皮层。为确定托架的材料尺寸、间距、入泥深度等具体数值，应根据地质、水文、荷载等参数进行数学计算。

（1）排架＋辊轮模式

某海上风电场海缆登陆段排架＋辊轮模式，如图 5.1-11 所示。其设计参数如下：使用 ϕ48mm 普通无缝钢管搭设排架，为了提高稳定性排架距离地面较近。排架上间隔 3m 左右设置一个合成树脂滑轮，海缆从滑轮内拖行。排架一侧铺设竹笆片用于人员通行。在海缆牵拉过程中需安排人员进行巡线，对外皮层破损的地方及时捆扎防止扩大。布缆机的设置间距不宜超过 1km，一般在转折点设置一台。为防止各布缆机启停不同步造成海缆受力过大，在转折点另外搭设较大平台使海缆呈 Ω 形，即每台布缆机相对独立进行牵拉。

（2）V 形托架模式

某海上风电场海缆登陆段 V 形托架模式，如图 5.1-12 所示。其设计参数如下：采用 ϕ140×3mm 镀锌钢管上插托架。钢管长度 3m，入泥 2m，每排 2 根，排距 3m。为防止海缆跳出 V 形托架，间隔一段距离设置一个 H 形托架。转弯处设置间距加密的 H 形托架，并打设斜钢管撑住托架防止侧向受力后倾倒。牵拉过程中安排人员沿着路由巡查，发现海

图 5.1-11　排架＋辊轮登陆施工

图 5.1-12　V 形托架登陆施工

缆跳出托架、辊轮卡死不转动、辊轮脱落、托架倾倒等问题，全线立即停止牵拉，及时对故障进行处理。

在海缆未进入布缆机之前一般采用绞磨机牵拉钢丝绳，使用挖掘机提起电缆头跟随前进防止电缆头碰到托架和辊轮。海缆进入布缆机后，若牵拉不动则使用绞磨机侧拉海缆辅助拖行。转弯点需设置绞磨机、布缆机、发电机等设备，如果该位置有水或者是烂泥塘，搭设常规平台费时费力，可预先定制钢浮箱，结构尺寸上应考虑摆放上述设备后能够浮起。浮箱四角插入钢管进行固定。进出场使用挖掘机拖行时可利用浮箱作为物资运输载体，省时省力。浮箱装上发动机和螺旋桨可改造为简易驳船，在风浪不大的情况下可在河道内进行物资转运。

5.1.2.2　两栖挖沟施工

进行脚手架上的海缆电缆深埋敷设作业，即海底电缆从脚手架上移位至预先挖好的电缆沟槽内，并随即进行海底电缆的回填覆埋。根据设计要求，登陆段海底电缆的埋设深度为 2m，通过机械与人工开挖进行海底电缆的深埋敷设，见图 5.1-13。一般采用挖掘机在设计的海缆路由上，挖出一条 2m 深的沟槽，再由一台挖掘机和施工人员将海底电缆吊放到沟槽中（图 5.1-14），最后由挖掘机来完成沟槽的回填。同时，将海底电缆的位置信息

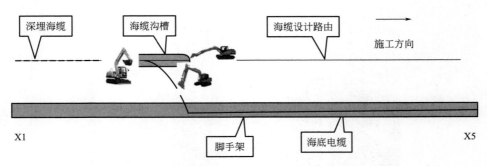

图 5.1-13 海底电缆埋设作业示意图

图 5.1-14 挖掘机敷埋作业

记录下来。3m 电缆沟受潮水影响有回淤坍塌风险,该段电缆的挖沟敷埋应在同一个低潮期间完成。

5.1.2.3 直敷海缆后冲埋施工

海缆直接敷设在海床表面,虽然在风场内受到船舶锚害、渔业活动影响较少,但仍存在一定的风险因素。因此,海缆直敷只作为抢装期间的临时措施。相较于常规的敷埋海缆施工,在单条海缆敷设工艺中,直接铺设海缆可节省投放埋设犁 1h、拖曳埋设犁 2h、回收埋设犁 2h,共计 5h 的作业时间。而且,投放和回收埋设犁需要在平潮或者低流速的时间段进行,经常需要候潮作业。因此,采用直接敷设的工艺,可以提高功效,大大增加海缆施工速度,单根海缆施工时间周期缩短 30% 以上(按照平均 18h 的单根海缆敷设时间计算)。

1. 施工准备工作

(1)施工前,根据前期施工路由资料《海缆敷设路由打点记录表》将直敷海缆施工路由坐标及避风点位置等有关参数输入施工船的导航系统中。

(2)工程交桩工作在前期海缆敷设施工前已进行,为确保定位信息准确,后冲埋施工前再次进行定位点校核工作。

(3)因海缆后冲埋施工必须在海缆停电状态下进行,船舶进场施工前,根据现场海缆的直敷施工情况提供海缆停电需求给总包单位,由总包单位牵头协调,施工单位施工提前 1~2 个工作日根据运维公司要求开具作业票申请停电后,方可进行海缆后冲埋施工作业。

(4)海缆位置探测及复核。

2. 设备简介

选用电磁探测技术的电缆路径探测仪定位海缆,配合 RTK 测量记录精确的海缆位置,冲埋施工中再由 RTK 测量仪器配合吸泥机装置,在抛放海缆上方挖沟吸泥,将海缆至深沟内,由海床自然回淤埋深海底电缆。主要设备如下:

(1)敷设船:使用的敷缆船具有起吊把杆和高压水泵,配合其他设备,随时都可以具备冲埋抛放海缆的能力。

(2)吸泥机:吸泥机配有高压喷嘴,通过高压射流破坏海底泥沙,冲出深沟。吸泥机的射流范围 1.5m，2.8MPa 的高压水，其流速 30m³/h，不断冲刷海底泥沙，其效率与埋设梨开沟效率相当。吸泥机高压喷嘴样式，见图 5.1-15。

（3）大流量空气压缩机：吸泥机上方连接 400mm 管道，大流量空气压缩机把高压空气注入管道内，依靠气体降低举升管中的流压梯度（混合物密度），并利用其能量举升海水。大流量的空气压缩机连续输入高压气，采取连续气举的方式将泥沙海水混合物抽出水面，降低海缆沟的回淤效果，提高海缆冲埋的效率。空气压缩机，如图 5.1-16 所示，具有流量大、压力高、工作稳定的优点，其工作压力为 0.8MPa，流速为 9.8m³/min。

（4）电缆路径探测仪：采用两台 HL25 海缆探测仪，监测船通过水面探测棒收集磁场信号后传输到高斯计上，由施工人员定位并记录海缆位置。安装探测棒船只沿海缆路由垂线方向前进，当探测棒远离电缆时高斯计读数很低，探测棒随着离海缆的距离变小高斯计读数逐渐变大，当高斯计读数开始变小时说明靠近海缆，当高斯计读数为零时说明探测棒在海缆正上方，等探测棒读数再次变大时说明探测船只已经越过海缆再次远离。

（5）RTK 测量定位仪：采用 RTK（实时差分定位）技术，如图 5.1-17 所示，达到厘米级精度，能够有效地做到海缆的探测定位和施工定位，帮助完成抛放海缆的冲埋。

图 5.1-15　高压喷嘴

图 5.1-16　空气压缩机

图 5.1-17　RTK 测量定位仪

3. 冲埋施工方法

（1）根据提前输入施工船导航计算机中的直敷海缆施工路由坐标，施工船在风机之间就位，使船身垂直于海缆敷设路由，潜水员水下探摸并在海缆上做好标记，通过潜水电话报告海缆位置完成复核；收绞锚机钢缆微调船位使海缆处于 A 字架正中心；利用 A 字架投放负压空气吸泥泵，潜水员配合将负压空气吸泥泵置于海缆正上方；每完成一个船位的后冲埋工作后，操作锚机调整船位重复进行上面的施工步骤。

（2）将抛放的海缆电路断开，打开一端的连接口，将路径探测仪的发信机加载在海缆端电缆上，搭载定位设备中海达 K20Pro 和海缆探测棒的船舶，在海缆路由上 S 形前进，电缆长度方向每 50m 船舶穿过海缆一次，测得一次定位点。

（3）根据抛放海缆位置的水深情况，在施工船侧安装合适长度的吸泥机管（图 5.1-18），使得吸泥机管悬在海床面上方 50cm 处，启动高压射水流开始冲埋海缆，利用空气压缩机向吸泥机中间管道内送气，利用气举法去除冲刷出的泥沙，如图 5.1-19 所示。

图 5.1-18　吸泥机管示意图

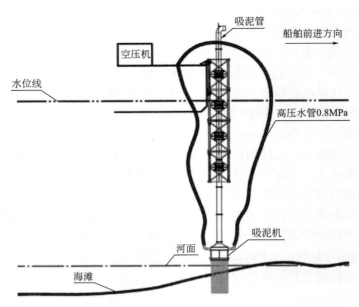

图 5.1-19　吸泥机管工作示意图

　　船舶在定位设备的监控下，沿着海缆位置前进，吸泥机开始冲埋海底电缆。根据施工行进情况和吸泥机的效率，决定是否多次来回冲埋。施工过程中，利用冲埋设备自带的感应装置检测海缆冲埋程度，还可利用潜水员辅助检测海缆冲埋效果。

5.1.2.4　自行式浅滩埋设犁施工

　　海洋作业平台不能到达的浅水区，可以使用自行式浅滩埋设犁，见图 5.1-20。

图 5.1-20　自行式浅滩埋设犁施工作业示意图

　　浅滩埋设机是在履带式挖沟机的基础上改造的，浅滩水深随潮汐涨落而升降，为了不让海水灌入操纵台，在操纵台的下面安装液压升降装置，可根据水深变化调节操纵台的高度，在履带式挖沟机的上面安装导缆支架，确保海缆能顺畅输送至海床上，埋设设备采用犁刀式埋设犁。海缆在浅滩完成敷设后，浅滩挖沟机开始从登陆点往海上方向开始海缆埋设，到海缆船位置后，将海缆从浅滩埋设犁移出，开始由海缆船进行埋设，实现与海缆船的"无缝对接"。

　　浅滩埋设机的主要作业范围为水深小于 2m 的浅滩带，其最大工作水深可达 3m，可以和海缆船实现"无缝对接"，将浅滩带的海缆深埋敷设变得简单，容易操作，节约大量成本。浅滩挖沟机通过履带自行前进，海缆埋设深度也就是浅滩挖沟机开沟刀插入土体的实际深度。

5.1.3 海上正常敷设

海缆首端登陆完成后即可投放埋设机进行海上敷设施工。在海上敷设海缆的主要设备是高压射水埋设机，其施工流程如下：将海缆放入埋设机犁腔中，吊放埋设机至海床上，高压水通过犁刀底部喷嘴向下射流开出沟槽；与此同时，敷缆船拖拽埋设机沿路由向前移动，海缆就会穿过犁腔，从燕尾槽滑出，敷设在沟底；最后，冲沟自然回土填埋。

5.1.3.1 常见的移船作业方法

常见的移船作业方法有：船舶自航移船、锚泊移船、牵引移船、动力定位移船。

1. 船舶自航移船

该方法是一种传统而简单的铺缆方法。其做法是敷缆船依靠自身螺旋桨（有的尚具备艏推功能）为推进动力，沿海缆路由航行，海缆则由船上的缆舱经退扭架、布缆机等设施入水并敷设至海底，曾大量用于海底通信电缆、沿海短距离岛礁间的海缆敷设。该方法的最大优点是船只选择范围广，满足工程装载的自航船舶经简单改造都可进行施工；敷设速度快，速度往往可以达到 2 节甚至以上。由于是依靠舵效来确保铺缆位置的，因此在舵叶面积一定的情况下，舵效的好坏取决于船速。如果船舶低速航行，此时舵效很差，船位难以控制，造成海缆路由偏差很大，甚至屡屡发生船只尚未抵达，海缆已经全部抛放入水的尴尬局面；其次尚存在敷缆速度不均、浅水滩涂不能坐滩等问题。因此用这种方法进行敷缆，需选择憩流时段，故仅适用于短距离的线路铺设，这种方法目前在东南亚国家尚有遇见，在我国已逐渐被淘汰，取而代之的是"动力定位"方法。

2. 锚泊移船

该方法常见于海洋工程中起重安装、铺排铺管等工程船，也是一种可靠的移船方法之一。其做法是船舶依靠事先抛设和铺放的锚与锚缆（钢丝绳），锚与锚缆由辅助船锚艇布放，然后船舶用绞车（移船绞车）收、放锚缆，使得船舶沿设计路由移动，海缆则由船上的缆舱经退扭架、布缆机等设施入水并敷设至海底。此类型船舶尺度较大，船型为箱形非自航甲板工程船，在目前国内的风电场海缆安装中得到广泛应用。其最大优点是铺缆速度匀速稳定，位置精度很高，受潮流涌浪等影响小。值得指出的是，该方法需靠调整锚缆松紧度实现移船作业，存在占用水域范围大，对其他船只通航构成妨碍；其次铺缆施工时，需用多艘锚艇及辅助船舶进行配合，且效率低下，故适用于短距离、敷缆精度高的场合，比如需要在狭窄通道内进行海缆敷设，以及在风机平台、升压站跟前进行登陆作业中普遍采用。

3. 牵引移船

该方法是经锚泊移船法改良后形成的一种较为成熟的移船方法，方法早在 20 世纪 60 年代开始，就已广泛应用在国内海域的海缆施工。船舶仍为依靠移船绞车收绞锚缆的方法移船，不同的只是收绞抛设在路由远方的一根锚缆（业内称"主牵引缆"）进行移船，同时带动海缆与水下挖沟设备前进。由于敷缆速度控制是通过调整船上绞车转速实现的，同样可使得船舶匀速平稳地进行移船。在多数情况下，船位的左右偏差控制是采用系泊在敷设船边上的拖轮或锚艇进行顶推实现。

4. 动力定位移船

动力定位简称"DP"，DP 船最早用于海上石油工程，其装备精良造价昂贵，广泛用于远洋、深海工程作业。DP 船作业时无须依靠锚泊实现定位，仅依靠采集 GPS 信号及收集当前的风浪流等参数，由计算机指令 DP 船动作就可实现船舶移船时的位置控制。

这里需补充说明，用于长距离海缆敷设船必须同时具备牵引移船法、锚泊移船法，确保在工程需要的情况下可及时转换；关于主牵引缆：主牵引缆是在海缆敷设前由锚艇沿路由布放，布放的长度可达 5km 甚至以上，具体长度根据工程情况而定；对海缆路由上存在拐点的，可将锚缆按折线布放，即在折角处的延长线上，设置转向锚与主牵引缆连接。当船舶敷缆至拐点位置时解除连接，施工船自然转向，进行下一段路由的海缆敷设。

综上所述，在选择或改造海缆敷设船船型前，必须在充分了解和掌握海上风电场长距离海缆工程特点和要求的基础上，确定船舶的基本作业方法，以避免造成船舶性能欠缺、用途狭隘等遗憾。

5.1.3.2 常规铺设步骤

海底电缆是通过船舶在行进的同时被铺设到海底，船舶连续不断地缓慢移动船位，改变船位，海缆则徐徐进入水中，故通常被业内称为"移船"作业，其作业步骤，如图 5.1-21 所示。

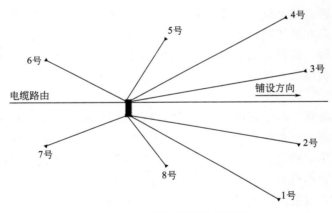

图 5.1-21 铺设船缆线分布图

1. 铺设船的 1 号、2 号锚缆绞缆提供牵拉移船动力；3 号、4 号锚缆绞缆克服海流力，控制船的位置，使铺设船沿着电缆路由移动，同时铺缆作业线下放海缆、敷埋。

2. 铺设船移船 200m，收回 5 号、6 号锚缆，3 号、4 号锚重新布锚，然后再移船 200m；3 号、4 号锚再重新布锚，然后再移船 200m；之后每次重新布锚，移船 310m，直到铺设船移船至新落点附近。

3. 铺设船的 3 号、4 号锚重新布锚，其中 3 号锚跨越鲁能电缆，锚位距鲁能电缆的最小间距为 200m。

4. 铺设船每移船 620m，3 号、4 号锚重新布设一次，直到铺设船移船铺缆至新落点位置。

5.1.3.3 电缆铺设施工控制措施

1. 电缆路由监测与调整：铺缆船通过 DGPS（精确度 0.5m）定位时检测船舶与电缆

路由位置，通过绞锚调整船舶位置以便在路由上前行；铺设过程中 DGPS 进行连续打点（每间隔 5m 打一次点）。电缆铺设系统中牵引机实时记录电缆下放长度，安排专人对两个检测数据进行实时对比，报给指挥单位，调整绞船速度和电缆下放速度一致，保证电缆铺设误差在规定范围内。

2. 电缆铺设张力监测与调整：电缆过程中通过电缆铺设系统中的牵引机拉力检测系统实时检测电缆张力情况，通过调整绞锚速度以及送缆器放缆速度调整电缆的张力。同时，电缆厂家人员检测电缆中光纤的通畅状态判定在铺设过程中电缆的状态。

3. 电缆埋深监测与调整：采用电缆铺设监测系统，由数据采集仪采集埋设犁上的倾角仪（测埋设犁犁体状态）、拉力传感器传输的数据信号，经转换后传输给 ONSPEC 处理软件运算及处理，将结果反映到微机显示器上或外接显示屏上，并进行连续存储。通过调整埋设犁吊力、牵拉速度、电缆下放速度来保证埋设施工满足要求。

5.1.4　末端登陆海上升压站

电缆终端登陆采用 J 形管的方式固定和保护电缆，故电缆穿 J 形管登陆施工前，首先由潜水员利用水下吸泥装置将埋于 J 形管处的淤泥清除，然后在 J 形管内穿一根牵引钢丝，并在 J 形管上口处，安装一个门架，并设置导向滑轮，确保在电缆穿管过程中，电缆的弯曲半径。电缆引入风机平台设备前，考虑到以后更换电缆终端和基础冲刷，在进入平台前采用大"S"形敷设，预留长度作为备用；引入风机平台等构筑物时，在贯穿孔处安装 J 形管中心夹具和弯曲限制器，并进行海缆锚固，对管口实施防火封堵等措施。

5.1.4.1　末端造"S"弯

接近升压站海缆应采用大"S"形敷设，如图 5.1-22 所示。弯曲半径不小于海缆直径 20 倍，并按照设计要求预留一定长度，电缆预留至足够长度后立即将海面上的电缆沉放至海床。利用悬挂装置（锚固装置）、支架等将电缆固定安装，减少电缆对终端的拉力；分离后的光缆需预留长度，环绕于光缆接续盒内，以便于光缆的接续。调整锚位，根据设计铺设路由下放电缆，捆绑浮体使电缆呈微重力平铺到泥面上。

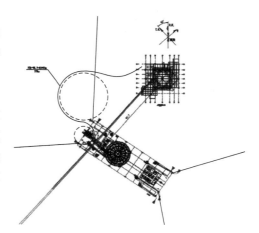

图 5.1-22　大"S"形敷设示意图

5.1.4.2　电缆上平台前准备

（1）根据船舶与平台的距离、水深和平台高度以及电缆余量，计算出所需长度，用测绳量取电缆长度和确定切割位置（220kV 海缆长度从 J 形管底部计算约需要 75m）。

（2）使用电缆切割机在旋转储缆池内将电缆切断，切割后的两端电缆头做密封处理。

（3）按设计要求安装电缆弯曲限制器及拖拉网套，并将反牵拉钢丝绳通过卸扣连接到拖拉网套上。

（4）将升压站甲板端钢丝绳通过滑轮引至铺缆船上的卷扬机上；将 J 型钢水下喇叭口端钢丝绳引到船尾电缆入水桥处。

5.1.4.3　电缆牵拉上升压站

（1）接头即将离开动力转盘时，连接反牵拉钢丝绳。

（2）船舶继续绞船靠近升压站，当电缆端头到达弧形托架处连接 J 形管预留牵拉钢丝绳，随后牵拉登陆升压站平台，如图 5.1-23 所示。

图 5.1-23　电缆牵拉上升压站

（3）施工人员依照浮体设计布置绑扎助浮浮体，潜水员水下监控电缆弯曲限制器水下姿态。

（4）电缆进入电缆护管，潜水员把浮体割掉，并观察电缆弯曲限制器位置，达到设计位置后，停止牵拉电缆。

图 5.1-24　220kV 电缆锚固

（5）电缆牵拉上升压站后，进行锚固及附属设施安装。

5.1.4.4　附属设施的安装

1. 锚固装置安装

海底电缆登陆平台后剥除外层钢丝铠装，将铠装末端弯曲后固定在锚固装置上，如图 5.1-24 所示。缆芯沿着平台上的梯架进入开关柜内，光纤引入接线柜。锚固装置固定后喷涂防腐油漆保护。

2. 电缆各项缆沿预设电缆桥架引入 GIS 室

电缆锚固装置安装后，各项缆沿预设电缆桥架引入 GIS 室。

3. 终端接头制作及光缆接续

电缆敷埋完工、验收测试合格后，即可进行终端接头制作及光缆熔接工作，如图 5.1-25、图 5.1-26 所示。终端接头由专业厂家进行制作；光纤在熔接过程中，需要对每一根已熔接光纤测试合格后，方可进行下一根光纤的熔接。相邻风机需对纤，并把标签贴在接线盒上。

图 5.1-25　终端制作

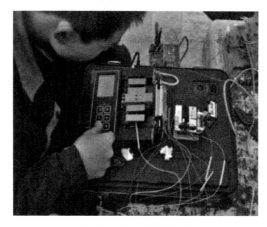

图 5.1-26　光缆熔接

5.1.5　海缆上交叉穿越施工关键技术

5.1.5.1　海缆上交叉穿越技术简介

海缆敷设过程中与现有管道、海缆等产生交汇需要采用保护措施。可以在下部管线上敷设混凝土联锁排，用于隔离上部海缆。另外，海缆通过基岩海床表面，暴露在外的基岩及潜藏在海床表面之下的基岩是对海缆最不利的因素。因此，可在基岩区切割出一条沟槽，将海缆埋设在海床表面，然后将海缆的周边用岩石覆盖起来，以解决基岩区的海缆保护问题。也可使用套筒式护管法，即在电缆的外面加装一层耐磨、耐腐蚀、高强度的不锈钢护套。

5.1.5.2　上交叉穿越海缆

1. 施工技术要点

（1）利用"DGPS 定位系统、测扫声呐、浅地层剖面仪"扫测设备，扫测交越海缆的位置情况及周边海底电缆路由信息（图 5.1-27），以便给施工单位提供准确指导。对电缆交越区的路由位置与走向以及交越区周围 $2km^2$ 的地貌特征等内容进行扫海调查工作，根据调查结果进行综合分析，提供交越区电缆路由的空间位置分布信息，为后期施工提供参考资料。

（2）混凝土联锁排预制

在混凝土预制厂，利用模板预制 8.75m×3.0m×0.35m 混凝土联锁排，如图 5.1-28 所示。水泥联锁排 160 块，单块重量 14t，混凝土联锁块采用强度等

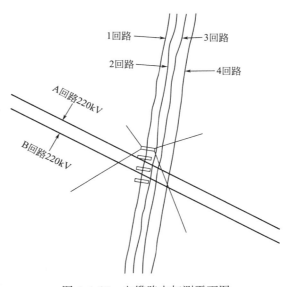

图 5.1-27　电缆路由扫测平面图

173

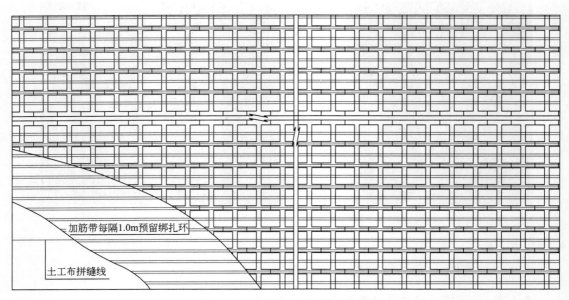

加筋带每隔1.0m预留绑扎环

土工布拼缝线

图 5.1-28　混凝土联锁排示意图

级为 C35 混凝土。将预制好的混凝土联锁排通过卡车从预制场地运输至码头，利用吊机装载至作业船，再运输至施工现场。

（3）水泥联锁块

水泥强度等级不低于 R42.5 的硅酸盐水泥、普通硅酸盐水泥、矿渣硅酸盐水泥、粉煤灰硅酸盐水泥，硅酸盐水泥和普通硅酸盐水泥的熟料中的铝酸三钙含量应在 6％～12％，禁止使用火山灰硅酸盐水泥。应采用质地坚固、粒径在 5mm 以下的岩石颗粒（砂）作为细骨料，其杂质含量限值应符合施工规范要求，严禁采用活性细骨料。粗骨料中不得混入煅烧过的石灰石块、白云石块或大于 1.25mm 的黏土团块，骨料颗粒表面不宜附有黏土薄膜。

（4）联锁块添加剂和搅拌用水

引气剂采用松香热聚物或松香皂等，其品质应符合《水运工程混凝土施工规范》JTS 202—2011 附录 B 中的规定。引气剂溶液配制及使用方法见《水运工程混凝土施工规范》JTS 202—2011 附录 C，掺量应通过试验确定。外加剂的质量必须符合现行国家标准《混凝土外加剂》GB 8076—2008 及行业现行标准的有关规定，所掺用外加剂中的氯离子含量（占水泥重量百分比）不大于 0.02％。拌合水用不含有影响水泥正常凝结、硬化或促使钢筋锈蚀的清洁水。水中氯离子含量不大于 200mg/L，不得采用海水、沼泽水、工业废水或含有杂质（酸、盐、糖、油等）的水。模板材料选用钢材、木材、胶合板、塑料等，模板支架的材料选用钢材、木板等。

2. 施工方法

（1）联锁排吊装铺设

联锁排浇筑完成后养护 28d，达到设计强度为 C35 的混凝土联锁排通过吊架吊放到堆存场地存放，预制的 2 个吊架规格均为 8.78m×3m，如图 5.1-29 所示。

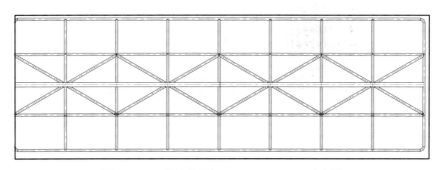

图 5.1-29　联锁排吊架（8.78m×3m）示意图

（2）联锁排的铺设

1）根据扫海信息及业主提供路由，定位人员利用 Hemishpere V133 定位设备确定联锁排铺设起始点。

2）抛锚艇根据定位人员指示，协助主作业船在联锁排起点处进行四锚定位。

3）主作业船通过四锚调节船位，使其垂直于交越海缆的路由，并使吊机钩头的落水点为联锁排铺设起始点，如图 5.1-30 所示。

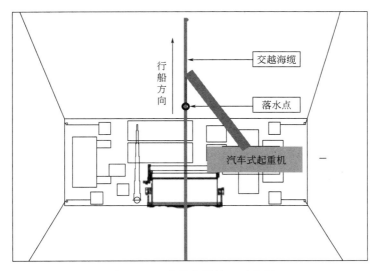

图 5.1-30　交越海缆施工示意图

4）潜水监督安排潜水员下水对铺设范围内的海床进行调查，将海床表面的块石、障碍物等清除干净。

5）吊机吊起混凝土联锁排的吊架，将混凝土联锁排下方固定好土工布，再把水泥联锁排挂于吊架下方的自动脱钩装置上。

6）将吊机的落水点调整至混凝土联锁排的起点，将混凝土联锁排放入海底，使其中心部位正好压在交越海缆上方。

7）定位人员通过四锚定位将作业船位置沿着路由方向以缴锚缆的方式前进 3m，同时定位人员记录铺设位置坐标，重复步骤 5）、6），吊装铺设混凝土联锁排 40 块，距离为

120m，完成交越海缆的混凝土联锁排保护工作。以上为 1 回路交越海缆的施工流程示意图，计划从北往南铺设联锁排，其他 3 回路同理。

5.1.5.3 上交叉穿越基岩海床面

1. 施工技术要点

（1）在施工海缆前，首先对路由表面进行详细的调查，并采取爆破的方法清除孤石，岩面整平。

（2）在岩面上直接挖出一条深 0.5m、宽 1.2m 的电缆沟。在架设完海缆后，通过该基岩区的海缆必须进行锚固。

（3）当潮汐水位较低时，使用 30m 长的电缆防护套管，并将其用水泥沙袋覆盖于电缆之上进行紧固。

2. 施工方法

解决基岩区的海缆防护问题，可分为以下 3 种：

（1）在基岩上开槽，用爆破法将电缆铺设区下面的基岩炸平，形成一条沟槽，然后将电缆置于沟槽中。

（2）在海底铺设完电缆后，用石头覆盖基岩区的电缆周围。

（3）套保护管，也就是在电缆外部加装耐磨、耐腐蚀、高强度的不锈钢防护套。

三种方案中，第一种方案和第二种方案对海缆的保护效果最好，基本可以消除基岩对海缆的磨损破坏，但方案的可操作性较差，因为施工难度大、造价昂贵；而第三种方案可以避免海缆与基岩的长期摩擦，在一定的间隔内安装重力锚，或者在铺设过程中，每隔几米连接一个重力块，这样海缆在下沉后不会随着海流运动，可以有效地保护电缆。

5.1.6 海缆下交叉穿越施工关键技术

5.1.6.1 海缆下交叉穿越技术简介

长距离登陆海缆的登陆条件十分复杂，在登陆时，电缆与现有堤坝、航道、河道等会产生交汇。如果海缆登陆段通过海堤，通常采取的是定向钻井技术。在钻井工程中，将钻机设在陆上钻井平台，进行导向孔和预扩孔，施工时采用对穿工艺从海面向陆地钻导向孔，钻头从海底出土后将其牵引至海堤陆地一侧；对于跨越航道和水道的海缆，可以采取"海对海"的水平定向钻井方式，在航道的两端安装一台水平定向钻机，在导孔上钻好导孔，然后将电缆套管向后拖入导孔，然后用抽拉海底电缆穿过套管的方式完成穿越航道施工。

5.1.6.2 下交叉穿越海堤

水平定向钻顶管施工工艺较成熟，具有不影响外部环境、占用资源较少等特点。通航河道使用定向钻顶管方案，不会占用通航航道资源，对水道进出船舶影响较小，实际占用仅河岸两侧各约 2m² 陆地面积；定向钻顶管位置距河道河床面距离 5m 以上，不会对河床造成破坏，电缆不受水流冲刷作用，可有效地保护跨河道电缆。

1. 施工技术要点

（1）对于通过河道或海堤的海缆登陆段，通常采用定向钻井技术。钻机的牵引能力必须超过 800kN，否则在扩孔过程中，钻头不能拉出，管道回拖到一半就会被卡死，造成管道报废。200m 以上的钻孔，在管线入口处，要使用气压锤与管线进行回拉，气压锤的冲击强度应在 10000kN 以上。气动锤锤头直接插进钢管管口，很容易把钢管撑开，要有相应的转接机构。

（2）为了减小电缆在导管上的阻力，避免对电缆外皮造成的磨损，在电缆上每隔 3m 安装一个减阻滑轮，然后在管线出口卸下减阻带轮，累积到一定的量后送至进口再利用。为了避免滑轮的滑移，在滑轮和海缆之间加橡胶。减阻滑轮最后将会有一部分永久地滞留在管道内，因此，在设计减阻滑轮数目时，必须将这部分损失计算在内。

（3）在淤泥质区域，在开挖入口和出口工作基坑时，必须将挖出的土方向远方运移，在基坑周围堆积会引起基坑底部淤泥上涌。由于泥沙的流动性较大，不能形成较深的基坑，所以要尽可能地延长管线的长度，并增加管口的高度以避免淤积。

（4）在定制钢管时，必须采用斜口形，避免现场打磨。在钢管回拖之前，必须事先在内侧设置一条缆索牵引缆索，并在末端用圆锥管进行密封。在牵引之前，必须进行通球测试，以避免海底电缆在管道中发生变形而不能通过。采用一根 5m 长、220kV 的废弃电缆进行通球试验，可以更好地反映出电缆的真实情况。

（5）在敷设完毕后，为了避免海底沉积在管道中，导致以后维修时不能抽出电缆，采用洛克赛克或沙包进行密封。可以在海缆与管口的接触点上连续设置多个减阻滑轮，以避免在管线和海缆相对位移时，管口锐角会对电缆造成损伤。

2. 施工方法

（1）管道搬运、运输与存放

管道运输时，应使用非金属绳索进行吊运。在搬运管道和管件时，要谨慎、轻巧、有序地放置，不可抛、翻、拖。在陆地上搬运管道时，不得进行猛烈的碰撞。运输管道时，应将管道置于平板车内；堆放位置不得有任何有可能损坏管子的突出部分。管道和管子在运输过程中，要用覆盖物覆盖，防止暴晒和雨水的侵袭。管道应该在平坦的支架上或地上水平放置。堆垛高度不应大于 1.5m，将钢管捆成 1m×1m 长的正方形捆束，两边有支撑防护，堆放高度可以适当增加，但不得超出 3m。管子要一层一层地叠好，并保证不会坍塌。

（2）管道检验

管线的检查：除了要检查管线的质量证书，还要对管线的外观进行检查，以防划伤、破裂等。管道的切口要光滑，其倾角误差为管道直径的 1%，但是不能大于 3mm。

（3）焊接

在进行焊接时，应参考焊接工艺卡片的各种参数。检查要焊接的管材规格、压力等级是否正确，是否有磕、碰、划伤，若有划伤或划伤，若有划伤深度大于管道壁厚度的 10%，则需在使用前进行局部切割。将两根管子末端的油和杂质用清洁的布擦掉。钢管采用 Q235B 直径为 $\phi480×12mm$ 的管材，经二次氧弧焊后，对要焊接的管子进行坡口加工，所有的焊缝都要完全熔透；在现场进行单管焊接，6 个相同材料的加固块，布置在两个钢管的交接点上，保证焊接的牢靠。

（4）导向钻

在钻头上安装一个能发送无线电信号的探头，它能通过地层发送一种特别的电磁波，由操作者手上的检波器接收，然后进行处理，使钻头能够实时掌握钻头的当前位置。在钻井机上，操作人员可以通过仪器控制钻井过程中对钻杆的压力和旋转力矩。同时，在仪器面板上，还可以看到各种传感器的数据，从而调节钻头的方向。定向钻钻孔示意图，如图 5.1-31 所示。

图 5.1-31　定向钻钻孔示意图

（5）预扩孔

预扩孔是指在管道安装前进行一次扩孔，以减少回拉铺管的阻力，保证工程的顺利进行。最后的孔径通常大于管道的 200mm（或者 1.5 倍的管径）。钻完导孔后，把钻头从钻杆上卸下来，装上适当的反扩钻头和分动器，再把回拉钻杆连接到分动器的后部，进行扩孔钻进。扩孔的速率与地质条件、机械参数等因素密切相关，要想使扩孔过程顺利进行，必须选择适当的工艺参数。

（6）回拖管线

在完成预扩孔后，再进行回拉作业，在回拉管道时，管道在扩孔口内呈悬空状态，管壁与孔洞之间用泥浆润滑，降低了回拖力。通过多次的预扩孔，最后形成的孔径大于管道 200mm，不会对管道的外壁造成损伤。首先将拉管头与待铺管连接，再将拉管头与分配器连接，当钻杆往回拉时，管子缓慢地进入钻孔，依靠自身重量自动弯曲，直至完成整个管道。然后，将扩孔钻头和分动器拆下，将其余的钻杆取下，管头拆下，铺管工作就结束了。图 5.1-32 为拉管头与钢管连接示意图。

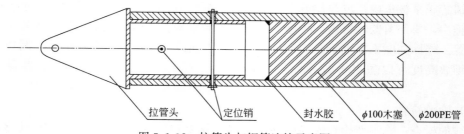

图 5.1-32　拉管头与钢管连接示意图

（7）电缆保护

提前将河汊截流，沿电缆路由将河汊及两侧各外延 20m 预挖沟，沟深 3.0m，如图 5.1-33 所示，利用挖掘机将电缆摆放到位铺埋。

5.1.6.3　下交叉穿越航道

海上定向钻井技术（图 5.1-34）是在航道的两端安装一台水平定向钻机，在导槽上打好导向孔，然后将电缆套管从导槽中抽出，用牵引绳穿过套管，完成航道穿越。该方案具有以下特点：不受限于海底管线沉降改造工程的工期及路径选择；采用通道设计，可以确保海底管线与海底电缆之间的适当间隔，减少交流电磁干扰等危险；在航道范围内，可以增加海底电缆的深度，减少第三者的损害；整个海底电缆的连接只要安装一根电缆就可以。但该方法也有其不足之处，即在航道的两端，采用定向钻机施工平台，与航道内航行的船舶之间会产生干扰。

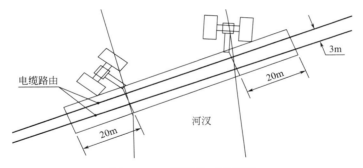

图 5.1-33 河汉施工示意图

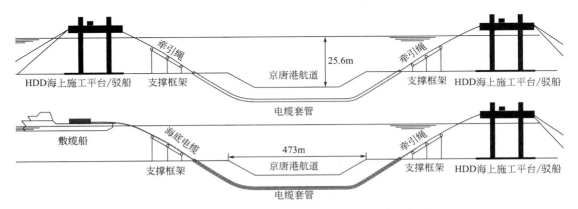

图 5.1-34 海对海定向钻施工及抽拉海底电缆示意图

1. 施工技术要点

（1）采用自升式平台在入土端搭建钻机施工平台，因平台场地有限，在施工时将泥浆系统放置在一艘驳船上。在出土端设置一艘驳船，用于钻杆钻具的上下卸钻杆作业。在定向钻井过程中，应安排一台浮吊在入土和出土端之间来回，主要负责辅助两端钻杆钻具的上卸等操作。

（2）钻井时，必须用泥浆运送钻孔内的钻屑，并保持钻孔的稳定性，因为海上作业平台及驳船的场地有限，航道穿越工程将在陆地上进行泥浆调配，再由 2 条可装载液体的货轮运送，以达到定向钻井的要求。

（3）通过钻导孔、预扩孔、管道回拉三个阶段的定向钻施工，完成管道的安装。在回拉管道时，建议采取"沿焊缝回拉"的方法。在海洋穿越工程中，平台和驳船的相对位置，见图 5.1-35。

2. 施工方法

（1）海上施工平台

海洋钻机施工平台为自升式平台，其大小必须能满足钻机、动力源、钻杆钻具等放置要求，使定向钻井的钻井液系统和其他辅助设备可以放置在拖轮上。图 5.1-36 显示了钻井平台的锚定和设备的布置。

（2）支撑桩安装

为了保证钻具的推力能被有效地传递给前面的钻头，在入土点需设置套管，以减小水

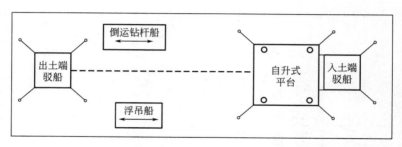

图 5.1-35　航道穿越平面布置图

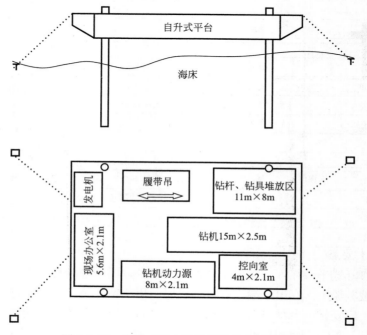

图 5.1-36　自升式平台锚定及设备布置示意图

流对钻柱的冲击。在海洋中的套管部分，用钢桩支撑，每隔 15m 设置 1 对钢管桩，其倾角为 5°。根据钻机平台与入土位置的距离及平台与海底深度的关系，可以求出钢管桩的数量。

（3）钻导向孔

钻头从海底钻出，潜水人员先在海底发现钻头，用钢索将钻头固定，再用平底起重机将钻头从水中拉出，卸下钻头，安装扩孔机进行预扩扎。在插入端直径为 323mm 的套管前，先将其拔出。

（4）预扩孔

按照管道扩口直径的 1.5 倍以上，全部采用一级预扩孔施工。在扩孔工艺中，根据钻机的扭力等钻井工艺参数而增加冲孔次数。

（5）管道回拖

管道回拖是定向钻井施工的最后一步，采用边焊接边回拖，每次焊接时间不超过 15min。

5.1.7　海缆中间接头施工技术

5.1.7.1　海缆中间接头施工简介

海缆中间接头按照制作工艺差别，分为工厂式软接头和预制式中间接头（俗称硬接头）。目前，对 220kV 交联聚乙烯绝缘海底电缆的两种中间接头形式，各海缆生产厂家均有生产制作经验和实验报告，其电气性能和防水性能与海缆本体相同，在海缆施工中也均已成功应用。

5.1.7.2　海缆中间接头设置原则

对大长度海缆施工，在施工图设计阶段即要对影响施工的各因素进行研判，确定海缆是否必须分段敷设以及各分段长度。原则上每一回路海缆按设计全长度生产（允许厂内软接头连接），一次装缆整根敷设施工。但遇到下列情况宜采用分段敷设方式设置现场中间接头：

（1）海缆长度大于 50km，海缆生产条件、敷缆船可载缆量、现场工况不能满足整根交付和敷设施工。

（2）海缆路由在深水区中间有浅滩，敷缆船无法正常通过。

（3）海缆需从管线下穿越，且在管线两侧海缆路由过长（大于 3km），无法牵拉放缆或在牵拉放缆过程中海缆极易受损不能保证施工质量。

（4）已施工完成的海缆受锚害等外力损伤破坏，或在敷设施工过程中意外受损（如遭遇台风）等情况发生时，也需要增加计划外现场接头。

5.1.7.3　海缆中间接头类型及选择

（1）预制式中间接头（俗称硬接头）：包含三大部分：220kV 整体预制绝缘件直通接头、接头保护壳体、弯曲限制器，见图 5.1-37。现场接头总装完成后直径约 900mm，总长约 15000mm，安装完成后接头段总重量约为 9t。

（2）工厂式软接头：其接头恢复后铅套外径不超过电缆铅套外径的 10%，见图 5.1-38。工厂式软接头以其体积小、重量轻、有利于后期保护等特点，近年来已被广泛采用。

图 5.1-37　预制式中间接头总装效果图

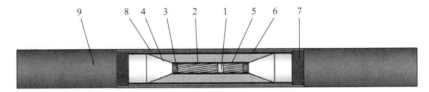

1—导体焊接段；2—导体屏蔽恢复层；3—导体屏蔽预留层；
4—新旧绝缘界面；5—绝缘恢复层；6—绝缘屏蔽恢复层；
7—绝缘屏蔽预留层；8—铅套、护套恢复层；9—电缆本体

图 5.1-38　工厂式软接头结构示意图

5.1.7.4 中间接头制作平台

1. 施工船

接头平台首选使用 220kV 敷缆船，也可选用能够满足工器具堆放和现场作业要求的起重船或甲板驳船作为接头平台。特别强调，作为接头制作平台的船舶必须具备足够的抗风浪锚泊稳性，在浅滩区域要求船舶能坐滩施工。平板驳船作为接头制作平台，见图 5.1-39。其平面布置区内主要分布四大功能区：安装材料工具放置区，水陆挖机停放区，小型生活区，接头作业。配备两台水陆挖机协同海缆接头制作工作，配有 4 个霍尔锚和 1 个备用锚，每个锚重量 2t，锚链长度每个约 250m。平台上接头制作室采用加强型定制脚手架，帐篷结构：门无底梁，可方便拆卸，防潮、防风、防尘，室内配备加热和除湿机等设备。全程配备两台水陆挖机协同作业，可用于埋设、吊装及运输。在低潮位，现场达到 2m 及以下水深时即可进行坐滩。驳船搁浅坐滩时，如遇风浪加大，可向仓内注水，加强船舶自重，确保坐滩，保持平台平稳，有利于海缆接头制作。

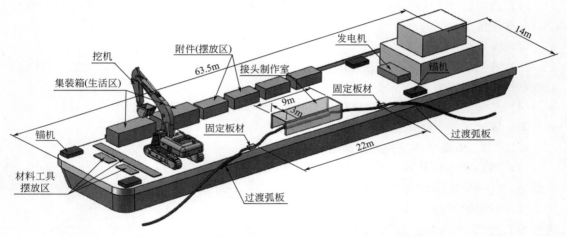

图 5.1-39 某驳船浅滩区域海缆中间接头施工平面布置图

2. 安装环境

现场接头安装必须在海上风力小于 7 级，天气良好情况下进行，并且主要步骤需在经过处理的接头室内完成。直通接头主件安装时必须严格控制施工现场接头室内的温度、湿度和清洁程度。温度宜控制在 $25\pm10℃$，当温度超出允许范围时，应采取适当措施，使安装现场环境温度适宜接头施工。相对湿度应控制在 75% 及以下，当湿度较大时，应采取适当除湿措施，严禁在雾天和雨天施工。采取适当措施净化施工环境，控制施工现场的洁净度。

3. 接头制作室布置

海上接头制作首先需要一个稳定的接头平台，平台上需布置接头制作室（图 5.1-40），接头平台大小至少在 20m×7m，制作室空间为：长×宽×高＝9m×3m×2m。接头工作区帐篷采用空心圆钢搭建。保证结构结实固定稳妥。帐篷钢管架中心轴位于海缆之上，钢管架与船体甲板进行焊接。帐篷轴向两侧每 2 米布置支撑一处。帐篷内层采用防雨彩条布，外层使用防水帆布。帆布外每隔 1m 使用强力抗拉绳进行固定。帐篷底面采用木工板垫高 10cm。帐篷抗风等级八级。帐篷搭建避开雨天即可，对气象要求小，搭建时间为 1d。电缆接头制作室要满足如下要求：（1）室内电源供给：需单独提供 1 条 220V 的电源线供中间接头施工专用（5kW）；（2）制作室两端开门，要求无门底框，或可方便拆除，制作室顶部需安装吊环，方便在接头安装（可用脚手架搭建）；（3）照明：为保证现场的灯光照明充足，至少需准备 4 盏 LED 施工照明灯；（4）手拉葫芦：接头制作室内顶部需安装一根径向钢梁，可用于挂手拉葫芦和吊带（荷载 3t），以方便架起电缆、移动配件等。

图 5.1-40　接头制作室

5.1.7.5　施工前准备

1. 平台清理、打捞海缆及固定

船舶在接头点抛锚驻位完成后，进入海缆打捞准备阶段。首先在海缆进入平台侧甲板上相距约 30m 的位置，各焊接一个海缆入水槽装置，以控制海缆弯曲半径和防止海缆与船舷尖锐角之间的摩擦损伤。对浅滩区域海缆打捞，可用 2t 吊带间隔 5m 绑扎海缆，2 台水陆挖机与船舷平行方向排开，用抓斗上挂钩钩住吊带，协同平缓提升海缆。对深水区海缆打捞时，由潜水员沿敷缆时设置的海缆牵引头浮漂，置换牵引钢丝，利用船载起重机平缓提升海缆，当海缆埋深较深牵引提升困难时应辅助以水下冲挖。当海缆提升后通过入水槽放置在船甲板平台上，对海缆进行可靠绑扎固定，并在入水槽外侧 4～5m 处对海缆再用吊带做一道柔性绑扎，以防止船舶浮动时海缆受力下滑。打捞与施工期间应注意避免对海缆造成损伤，并保证海缆应有的弯曲半径。海缆两端打捞上船固定，两段海缆平行放置在甲板上，海缆交叉重叠 5m 以上。

2. 海缆检查

首先，检查海缆铅封是否完好，以判断其对海缆线芯防水保护效果；其次，进行海缆光纤检测；再次，海缆核相绝缘检测，经各项检测均符合要求后，即可进行截缆、剥铠（图 5.1-41）、安装铠装锚固连接法兰（图 5.1-42）。

5.1.7.6　中间接头制作

1. 预制式中间接头制作

（1）剥除铅套及清理（图 5.1-43），电缆加热处理（去除电缆应力），用加热带 80℃加温，校直电缆后自然冷却。

图 5.1-41　钢丝剥铠

图 5.1-42　安装铠装锚固连接法兰

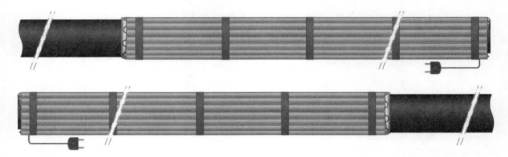

图 5.1-43　海缆外层钢丝铅套剥除

（2）电缆屏蔽、绝缘打磨。导体阻水带去除，套锥前准备工作，如图 5.1-44 所示。

（3）将长端头电缆套入应力锥后进行两端导体连接，如图 5.1-45 所示。完成后再将应力锥套入连接处理好的电缆上，并用带材绕包使其恢复电缆本身结构（此步骤较为关键，必须保持现场清洁和控制温湿度）。在天气情况良好时，温湿度允许的条件下方可进行套锥作业。如遇阴雨天气，湿度过大，则需采取除湿机、加热灯的方式来降低湿度，如无法保证环境的温湿度满足要求，则应暂停作业。

图 5.1-44　海缆绝缘打磨现场作业图

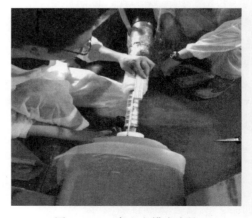

图 5.1-45　套入电缆应力锥

（4）套上密封铜壳，铜壳和电缆铅套结合处进行铅封处理，并在铜壳里灌胶（图 5.1-46），同时进行光纤熔接（图 5.1-47）。

图 5.1-46　铜壳里灌胶作业

图 5.1-47　熔接光纤作业

2. 工厂式软接头制作

（1）导体焊接、电缆矫直工艺，如图 5.1-48、图 5.1-49 所示。

图 5.1-48　导体焊接

图 5.1-49　电缆矫直

（2）光纤熔接、应力锥打磨工艺，如图 5.1-50、图 5.1-51 所示。

图 5.1-50　光纤熔接

图 5.1-51　应力锥打磨

（3）内屏蔽制作和绝缘恢复工艺，如图5.1-52、图5.1-53所示。

图5.1-52　内屏蔽制作　　　　　　　　　　图5.1-53　绝缘恢复

（4）绝缘硫化和绝缘打磨工艺，如图5.1-54、图5.1-55所示。

图5.1-54　绝缘硫化　　　　　　　　　　　图5.1-55　绝缘打磨

（5）外屏蔽制作和铅护套恢复工艺，如图5.1-56、图5.1-57所示。

图5.1-56　外屏蔽制作　　　　　　　　　　图5.1-57　铅护套恢复

3. 接头保护壳及弯曲限制器安装

上述安装完毕后，还需要对海缆采取修复性措施，具体如下：海缆对接后，其中光缆部分采用有防水功能的光纤接线盒进行接续，然后在接头外装配哈弗式金属保护壳体与海缆接头两端铠装锚固法兰连接。另外，由于海缆中间用了防水防腐的硬性金属保护壳体，而电缆具有一定的柔性，壳体两端的电缆在二次敷设以及在潮水的来回推动下容易产生疲劳损伤，所以，一般在保护壳体两端分别安装长度不小于 4m 的弯曲限制器加以保护。所有接头配件安装完毕后需对金属壳体灌 AB 胶，一方面因为 AB 胶固化后具有一定防水功能，另一方面也对内部接头起到固定、保护作用，进一步增加接头寿命。

（1）在制作完成的电缆接头上安装保护壳体和弯曲限制器，如图 5.1-58、图 5.1-59 所示。

图 5.1-58　电缆接头安装保护壳

图 5.1-59　电缆接头安装弯曲限制器

（2）将所配备的 AB 胶进行混合搅拌，以 A 液：B 液＝1：2 的比例进行混合，搅拌均匀后从保护筒上壳体的进料口倒入，如图 5.1-60 所示。胶水不宜过满，液体固化后盖上进料口盖子（液体未固化前严禁与水接触，确保施工现场通风）。

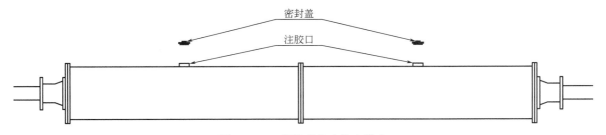
图 5.1-60　保护壳体内注入胶水

5.1.7.7　中间接头海缆吊放及敷埋

1. 吊具安装

海缆中间接头吊放应使用专用吊梁，吊梁长 9m，承重 15t，其下部设 5 个吊点用吊带（绳）连接海缆，上部设两个吊点用钢丝绳挂起重吊钩，如图 5.1-61 所示。

2. 接头完成后下放敷埋

将海缆接头吊离对接平台，使电缆呈 U 形布置到海床面上，如图 5.1-62 所示。U 形弯海缆接头处保持平直,其余处弯曲半径为 10m 以上。电缆接头在海床上就位后,进行后埋设保护。在浅滩区域可采用水陆两栖挖掘机挖槽直埋,在深水区可采用水下冲埋,埋设深度应符合设计要求。埋设过程中使用 GPS 做好海缆路由坐标定位测量记录。

图 5.1-61 海缆吊装作业图

图 5.1-62 海缆下放敷埋作业图

5.2 风机区间海缆施工技术

5.2.1 风机区间海缆施工简介

区间海底电缆的敷设方式主要有抛放和深埋。抛放敷设指海缆受自重沉入海底,该方法工艺简便,但是在浅海水域,海缆很容易受到船锚等活动的影响而发生损毁。海缆深埋是通过埋设设备将海缆埋置于海床土体内,可以有效保护海缆。区间海缆施工主要包含始端登陆、中间海域、终端登陆等。本小节以典型电缆铺设工程为例,介绍风机区间海缆深埋铺设施工关键技术。目前,海上风电场常采用 35kV 单芯或三芯三相交流光电复合海缆,表 5.2-1 显示的是常见的海缆型号为 HYJQF41-F26/35kV 的技术参数,其海缆结构见图 5.2-1。

35kV 光电复合海缆结构参数 表 5.2-1

序号	规格结构	厚度(mm)	外径(mm)
1	阻水铜导体	—	14.2
2	导体屏蔽层	0.3(包带)+0.8(挤出)	16.7
3	XXIL PE 绝缘层	10.5	37.7
4	绝缘屏蔽层	0.8	39.3
5	纵向阻水层	0.5	40.8
6	金属护套(铅)	2.3	45.4
7	半导电 PE 护套	2.0	49.4
8	光缆单元	—	15.0

序号	规格结构	厚度(mm)	外径(mm)
9	填充	—	106.7
10	成缆扎带(涂胶布带)	0.3	108.5
11	内衬层	2.0	110.1
12	金属铠装层	5.0	120.1
13	外被层	4.0	133.0
海缆近似重量 35.2kg/m(空气),23.2kg/m(水中)			

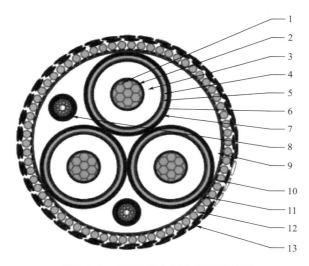

图 5.2-1 35kV 光电复合海缆结构图

5.2.2 风机区间海缆施工技术

5.2.2.1 海缆敷设相关装备

1. 海缆工程船

以非自航海缆工程船作为海缆敷埋施工母船为例,该类型船舶稳性好,甲板面积大,铺缆、埋设、供电、锚泊等系统的设备、器材方便布置。底舱除主机舱外,还布置发电机舱、高压水泵舱;主甲板布置缆盘以及海缆施工设备(图 5.2-2)。船长 59m,型宽 18m,型深 4.2m,空载吃水 0.98m,满载排水量 2918t,海缆装载能力 1500t;该船海缆装载特点:缆圈可分割,可装载 4 种不同型号的海缆且不相互重叠。除敷设、埋设海缆作业外,该船还配备海缆检测、抢修和打捞的机具和设备,快速机动,可用于海缆的抢修作业。作为施工母船,海缆敷设、附件安装及作业人员生活皆在船上,因此把船舶分为 3 大区域:生活区域、施工区域及储物区域,如图 5.2-3 所示。

采用以下施工方法敷设主牵引钢缆:首先施工船根据 DGPS 定位就位于始端登陆点附近路由轴线上,由锚艇在电缆设计路由上抛设牵引锚,牵引锚和主牵引钢缆连接后开始敷设主牵引钢缆,直至将主牵引钢缆和施工船上 16T 卷扬机连接。施工时,由锚艇敷设主牵

图 5.2-2　海缆施工船舶航拍图

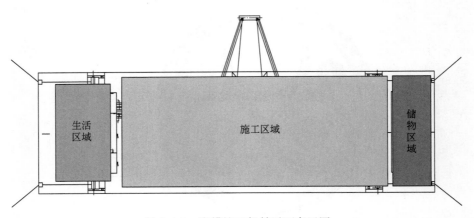

生活区域

施工区域

储物区域

图 5.2-3　海缆施工船舶平面布置图

引锚。当施工至终端登陆点附近时，将主牵引钢缆与预先设置在终端登陆点侧的地锚相连接。如施工路由存在转向点，在转向点处，由锚艇抛设转向锚并与主牵引钢缆相连，确保施工时施工船沿设计路由进行电缆的敷埋施工。

2. 监控导航系统

水下埋设监控导航系统是埋设机综合监控与导航系统，用于详尽地采集施工中的各项数据，及时监控水下海缆埋设情况。该监控导航系统包含水下和水上两个部分。水下部分为监控传感器，安放好传感器的密封箱分别装在埋设机雪橇板和埋设机刀臂上部，数据通过信号缆传输至船上监控计算机。水上部分有 DGPS、模块、辅助监控传感器和水面计算机系统。水面计算机系统把采集到的水下和水上两部分的数据，经过软件处理后能显示水下埋设机的路由轨迹画面、埋设机埋深、海缆受力特征参数等数据，技术人员可以把动态的数据及时地报告给施工指挥人员。

3. 布缆机

布缆机（图 5.2-4）一方面可以提供海缆从缆盘提升倒退扭架的牵引力；另一方面还可以供海缆从船甲板至海底泥面段海缆的拉力，防止海缆窜入水中。牵引力和拉力由布缆机上下履带和海缆外表的摩擦力提供，控制摩擦力的方法为调整上下履带的压力。现场施

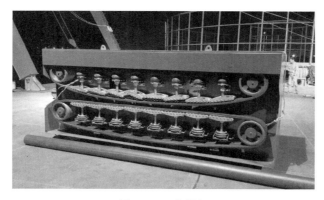

图 5.2-4 布缆机

工暂停海缆还未施工完成前，需在布缆机前后用吊带给海缆做保险固定在甲板上，防止海缆窜入水中。

5.2.2.2 施工前准备

1. 施工原则

（1）施工顺序：35kV 海缆方向：有升压站时，升压站为海缆施工首端，风机侧为施工末端。35kV 海缆施工顺序：原则上绕升压站顺时针（或逆时针）方向逐渐展开每回路施工。平行回路施工原则：靠风机侧海缆先施工，依回路逐渐向外施工。

（2）施工作业条件：7 级风况、3 级海况及以下，能见度大于 1km 的情况下，可以进行海缆敷设施工。施工作业前，项目部将严格追踪施工现场气候状况，选择合理的施工窗口进行施工作业；一旦在施工作业中途遭遇不可预见的强对流天气及海况突然恶化的情况，项目部将启动对应的应急预案。

2. 技术准备

施工前，需对工程所用的测量控制点用仪器进行测量复核、报请监理确认，及时将海底电缆施工路由、已建管线路由及避风点位置等有关参数输入各施工船的导航计算机中。

3. 障碍物清理

该工作主要解决施工路由轴线上影响施工顺利进行的旧有废弃线缆、插网、渔网等小型障碍物。扫海一般采用吃水较浅的锚艇，尾系扫海工具，沿海缆敷埋路由往返多次进行清理。发现障碍物由潜水员水下清理；若遇到不能及时清理的大型障碍物，由潜水员水下探明情况，并立即告知甲方，由甲方或设计单位拟定解决方案。滩涂段路由低潮位时如有块石出露，施工时应避让，若无法避让又影响施工则应在海底电缆敷埋作业前进行清理。

4. 施工锚位设置

升压站附近海域海缆较多，且有几个回路海缆路由平行，相距较近，施工前需提前规划，将设计海缆路由、船舶避风、临时锚泊的锚位一并输入各船的导航计算机中。

5. 施工配件进场

施工配件：海缆终端、海缆接地附件、海缆锚固装置、光纤接线盒柜、CPS 海缆保护器、光缆、防火泥、防火包带、防火涂料等甲供或乙供材料，这些配件进场后妥善存放，在海缆施工完毕后即可安装。

6. 海缆装船及运输

35kV海缆施工采用退扭架退扭、人工盘绕的方式。海缆盘绕应紧密整齐，减少海缆之间的空隙，避免运输途中的移动。人工辅助实时严禁使用金属利器，防止海缆表面的刮损。计量海缆长度的计米器应精确可靠，且与海缆上的米标相符。海缆装到船上后，施工单位会同建设单位、监理单位、总包单位及生产厂家，完成海缆的交接试验，并办理有关交接手续。海缆装船并测试完毕后，应可靠水密封头。场内35kV集电线路海缆往往包括几种规格，因风机按回路安装且安装完毕后才可进行海缆安装，为避免风机安装顺序调整影响对海缆规格的需求调整，在海缆装船时保证各规格海缆互不压盖，做到各规格海缆随用随取。应根据实际需要把储缆圈分割成若干同心圆形储缆圈（图5.2-5），各缆圈区域可以分别装载不同规格的海缆，不同海缆规格尽量避免重叠，这样敷设施工时可以及时调整海缆施工顺序，减少因上一道工序（风机吊装）调整对海缆敷设施工的影响。

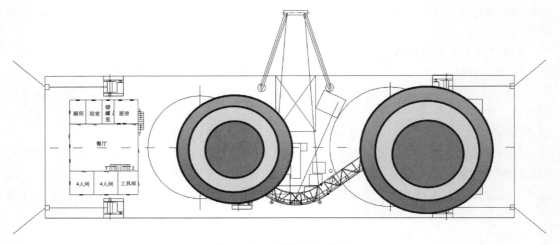

图5.2-5　分割缆圈示意图

海缆装船后，由大马力拖轮拖至施工海域。海缆运输时，应对盘缆圈中海缆固定，气温超过35℃时，每天应定时浇水；施工船上所有电焊等动用明火工作，需远离盘缆圈，并派专人监护。

5.2.2.3　施工技术要求

1. 海底电缆敷设前应对安装技术文件中的设计敷缆路径进行提前现场扫海与复测，尽量避免电缆可能受到的各种损害，如机械损坏、海底礁石、船只沉锚等尖锐物体刮伤、与沉船或海底石山等障碍缠绕等。

2. 海底电缆采用海底直埋敷设方式，水下电缆不得悬空于水中，应埋置于海底，海缆埋深不得小于3m。

3. 施工方应按照图纸规定的电缆路由控制路径进行精确敷设，由于施工船只航行布缆的偏差应控制在总路径长度的3%以内，施工全过程海缆弯曲半径不小于海缆直径20倍。

4. 海缆登陆过程中的牵引力小于60kN（海缆最大允许张力80kN）。

5.2.2.4　施工作业范围

施工作业期间，起锚工作船伴随主施工船一起移动位置，并起到警戒及现场看护作用，必要时作为锚艇进行应急抛锚作业，考虑到起锚工作船自身的机动能力及作业半径，结合在当前施工水域的锚泊系统必要的锚链长度，因此作业范围为施工路由中轴线两侧各300m 区域；同时，由于施工船在进行海缆敷设作业时，施工船前方扒杆方向拖曳水下埋设机，船尾前进方向将视情况布置主牵引锚，因此施工船在进行敷埋设作业时，前方300m，后方 500m 以内为禁航区域，禁止包括自行配备的锚艇、拖轮、交通艇等一切船舶通行。

5.2.2.5　始端登陆施工

海缆一般通过固定在桩上的 J 形管或者桩身开孔方式从海底通到塔筒的底座平台。由于桩基附近很容易形成冲刷坑，经常会把 J 形管或者桩身开孔的末端冲刷出来，造成该处的海底电缆悬空，然后随着海流的往返运动，电缆会晃动，造成海缆铅护套的疲劳损坏，或者随着悬空段的不断增加，造成海缆张力加大，导致海缆损坏。因此，必须采取相应的措施对 J 形管末端和桩身开孔处的海缆进行保护。

1. J 形管方式登陆

（1）中心夹具＋弯曲限制器安装方法

第 1 步：安装内衬（此步骤已由泰铠码提前完成）。注意：不同的内衬匹配不同的海缆外径，根据装箱单选取不同的中心夹具，如图 5.2-6（a）所示。

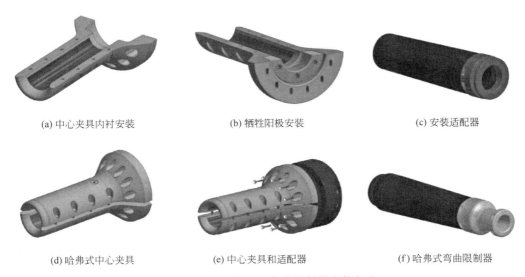

(a) 中心夹具内衬安装　　　　　(b) 牺牲阳极安装　　　　　(c) 安装适配器

(d) 哈弗式中心夹具　　　　　(e) 中心夹具和适配器　　　　　(f) 哈弗式弯曲限制器

图 5.2-6　中心夹具＋弯曲限制器安装方法

第 2 步：安装牺牲阳极（此步骤已由泰铠码提前完成），安装 2 个牺牲阳极在中心夹具半管上，如图 5.2-6（b）所示，一旦位置固定好，设置 15N·m 扭矩进行紧固。

第 3 步：安装适配器。如图 5.2-6（c）所示，安装一对适配器（铸铁材质）到弯曲加强件（黑色聚氨酯）大头的一端，扭矩 80N·m。

第 4 步：安装中心夹具。两个哈弗式中心夹具 ［图 5.2-6（d）］ 和海缆对齐，确保中心夹具和适配器咬合，且需要分两次不同的扭矩紧固，第一次 40N·m，第二次 70N·m。

第 5 步：连接中心夹具和适配器。两个哈弗式中心夹具组装好后，需要在其上 12 个位置 ［图 5.2-6（e）］ 和适配器紧固，扭矩 40N·m。

第 6 步：安装弯曲限制器。在弯曲加强件较小的一端，安装哈弗式弯曲限制器[图 5.2-6（f）]，每一节需要在 4 个位置安装紧固件，扭矩 35N·m。此步骤的超级双相不锈钢螺栓在使用前需涂泰铠码提供的专用润滑油，根据项目的设计要求以及总装图纸，安装哈弗式弯曲限制器至指定长度。

（2）登陆方法

始端登陆施工前，必须确保未来几日内无恶劣不良气象和海况才能进行施工。始端的登陆方法简述如下：

1）船舶在始端平台处就位。海缆敷设施工船在锚艇或拖轮辅助下，在始端平台外侧的海缆设计路由上临时锚泊，并抛设八字锚，随后绞锚以调整船位，并使船舶尽量靠近始端平台，以减少海缆登陆长度，加大机械埋深的长度。

2）海缆在海上升压站或风机平台的登陆，都需穿过和桩基固定的 J 形管，登陆前应将钢丝绳置换管子内部预先设置牵引绳索，用绞车将海缆由海底通过 J 形管登陆至海上升压站或风机平台塔筒内预定位置，如图 5.2-7 所示。

3）连接和牵引海缆。启动施工船布缆机，将船上海缆通过退扭架、弧形槽、计米器等装置输送至船舷，然后将海缆头与平台上预先设置好的牵引绞车的钢丝绳、放捻器、钢丝网套可靠连接。启动牵引绞车，将海缆牵引入水，进入 J 形管喇叭口，直至海上升压站或风机平台上。

4）海缆牵引登陆时，应派潜水员入水（图 5.2-8），对进入 J 形管口段的海缆进行实时监护，确保海缆的弯曲半径。

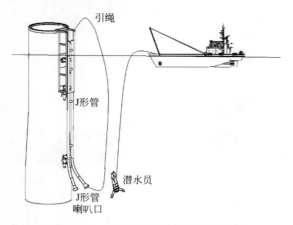

图 5.2-7 J 形管穿牵引钢丝绳示意图

图 5.2-8 潜水员进行水下探摸及穿引钢丝绳

5）安装弯曲限制器。准确测量 J 形管长度与平台海缆盘绕余量后，测量船上海缆，确定中心夹具与弯曲限制器安装位置，在船上安装弯曲限制器及中心夹具，牵拉时由潜水员水下看护确保中心夹具进入 J 形管喇叭口。以此保护 J 形管下端口段海缆悬空，防止海缆过度弯曲，同时能保护海缆侧向受压。

2. 桩身开孔方式登陆

（1）海缆保护系统安装方法

特瑞堡海缆保护系统（CPS），如图 5.2-9 所示。整套产品共包括 7 大部件，其中内部防弯器和外部防弯器通过连接器相连接，连接的方式通过对半式的连接卡子进行。对半式的连接卡子上下两片通过 M8 和 M12 的螺栓连接。锥形限位块和尾部保护套管为对半式，通过绑扎带捆绑在电缆上。

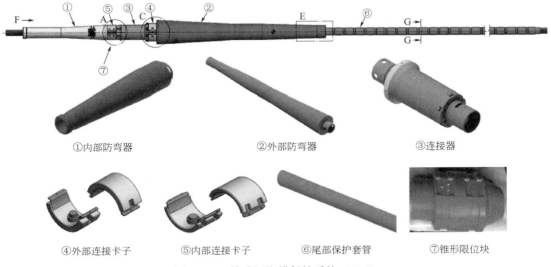

①内部防弯器　　　　　　　　②外部防弯器　　　　　　　　③连接器

④外部连接卡子　　　⑤内部连接卡子　　　⑥尾部保护套管　　　⑦锥形限位块

图 5.2-9　特瑞堡海缆保护系统（CPS）

第 1 步：在甲板上安装内部防弯器＋连接器＋外部防弯器，将内部防弯器、金属连接器、外部防弯器平铺在甲板上，如图 5.2-10 所示。通过两对卡子分别将其固定。其中内部防弯器和连接器通过 4 组 M8 的螺栓连接，外部防弯器和连接器通过 2 组 M12 的螺栓连接。安装完成后该总成的总长度为 7.17m，安装前需确保甲板上有足够的空间摆放。上述安装完成后需测量海缆安装至尾部套管位置的长度并做好标记，为安装尾部套管做好准备。

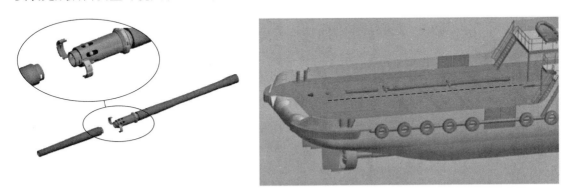

图 5.2-10　安装内部防弯器＋金属连接器＋外部防弯器

第 2 步：穿入电缆并安装牵引头。

将电缆网套安装在电缆端头，并通过牵引绳将电缆拉入上一步已经组装好的防弯器内。然后将电缆网套通过卸扣将其和牵引头连接，如图 5.2-11 所示。随后将内部防弯器拉入连接器并锁紧。注意事项：在安装牵引头前确保其破断销安装到位，同时在金属连接器外表面涂抹润滑油。

图 5.2-11　穿入电缆并连接牵引头

（2）登陆方法

1）入水并拖入单桩，将牵引绳和牵引头连接，并通过提前安装在塔筒内部的电动葫芦（最大拉力不小于 4t）收紧牵引绳，将整个组装好的防弯器缓慢拖入水中，直到内部防弯器和连接器进入风机塔筒。当金属连接器进入风机塔筒后，锁紧销会进入塔筒内壁并通过弹簧复位将保护器在塔筒上锁住。海缆登陆桩身开孔处示意图，见图 5.2-12。

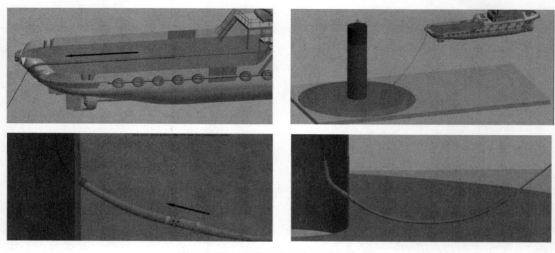

图 5.2-12　海缆登陆桩身开孔处示意图

2）继续往上拉，连接器上的挡块会接触塔筒外壁并限制其继续向上走。此时电动葫芦的拉力会明显增大，直到拉力达到破断销的破断力 3.5t，破断销断裂，牵引头和内部防弯器分离。此时电动葫芦的拉力明显变小。继续往上拉，直到电缆上的标记点位于甲板的合适位置时暂停。

3）安装尾部保护套管。当在第一步所做的海缆标记位于甲板的合适位置时暂停继续往上拉海缆。此时，从标记处依次安装对半式的锥形限位块及尾部保护套管。限位块和尾部保护套管都通过绑扎带将其固定在海缆上。尾部保护套管单片长度为 1.5m，总共需要安装 10 对，总长度为 15m。安装完毕后继续往上拉海缆，直到海缆被拉到预定的位置。

如现场安装采取先安装前端防弯器部分，后安装电缆及尾部保护套管的方案，施工单位必须在预留的牵引绳上安装一个封堵块，防止海底的杂物进入防弯器影响后期海缆的穿入。

5.2.2.6　中间海域施工

1. 投放埋设机

海缆始端登陆结束后，即进行埋设机投放作业。其工作方式为：施工船钢丝绳牵引，导缆笼保护海缆，高压水泵吸入海水，用输水胶管向埋设机供水，水力喷射切割土体成槽，边敷设、边埋深的施工工艺。投放埋设机的过程简述如下：

（1）海缆置入埋设机腹腔内。用起重机起吊埋设机悬于水面。保证埋设机腹腔口与海缆在同一高度，打开侧面的盖板，将海缆放入腹腔，然后关闭并锁上盖板。连接高压水泵与埋设机的输水胶管。

（2）埋设机入水。启动卷扬机，在海缆检测系统的监测下，平缓地将埋设机连同海缆投入水中，期间应保持埋设机水平。

（3）开始埋深。启动高压水泵，通过海缆检测系统观察埋设机姿态和埋深深度。

2. 施工工艺

中间海域敷设施工示意图，如图 5.2-13 所示。钢丝绳由锚艇先沿设计路由设置，钢丝绳的一端系在海中的牵引锚上，另一端绕在主绞车上。牵引钢丝绳的一次抛放长度根据海缆路由的拐点合理设置。施工船前进的同时拖拽埋设机向前，将海缆边敷设边埋深。DGPS 测量导航，路由偏差由施工船首尾部的侧向推进器控制。敷埋过程中要控制海缆入水角度，保证海缆入水角度控制在 45°～60°。施工需要注意以下几点：

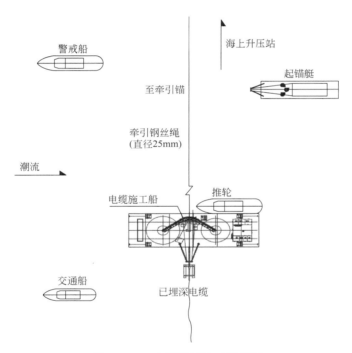

图 5.2-13　中间海域施工示意图

（1）连续 24h 作业。由于海缆工程的特殊性，为防止施工期间遭遇恶劣天气，施工 24h 不间断连续施工。

（2）人员岗位合理分工。将职能类似的岗位进行编组，可分为埋设组、牵引组、钢丝绳抛放组、锚泊组、指挥小组。

（3）数据的采集与记录。根据 DGPS 和海缆埋深监测系统，及时记录缆长、偏差、埋深、水深等数据。

（4）辅助船舶的支持与配合。施工期间配合海缆施工船的锚泊、牵引钢丝的抛放。

（5）施工期间的航行安全。施工船组之间保持通信联络畅通，所有船只白天悬挂施工旗帜，夜间悬挂警示灯光，随时与有关单位进行通报。

（6）中间水域施工控制要点。确保埋设深度，降低牵引速度、增加水泵压力。发现施工船偏离设计路由及时纠偏，纠偏过程要缓慢平稳进行，确保埋设机姿态良好。

3. 回收埋设机

当海缆敷设施工至离风机平台约 20m 的距离处，施工船停止海缆埋设施工，锚艇将施工船 4 个定位锚相继抛出，施工船固定船位，准备开始进行回收埋设机的作业，作业的基本步骤如下：

（1）测量记录船位。施工员记录当前的船位坐标、缆长等数据，测量船位离风机的精确距离。

（2）施工船固定船位。关闭主牵引绞车与高压水泵，由锚艇协助海缆施工船将 4 个锚抛放至预定位置。锚位的设置应考虑施工船能调整船位，方便海缆穿入 J 形管和远离其他已经敷设完成的缆线。施工船调整锚缆长度、固定船位，确保施工不发生较大位移。

（3）起吊埋设机。启动船上起重机，在海缆检测系统的监测下，缓慢将埋设机吊离泥面，并逐渐拆去挂在牵引钢缆上的导缆笼，埋设机及海缆吊出水面期间，海缆应保持一定张力，防止海缆突然松弛发生打扭。

（4）海缆取出。起重机起吊埋设机悬于水面。保持埋设机腹腔口与海缆在同一高度，拆除所有导缆笼，打开侧面的盖板，将海缆从腹腔内取出，拆除高压水泵与埋设机的输水胶管，最后将埋设机搁置在船舷上。

5.2.2.7　终端登陆施工

在海缆终端登陆前，已完成终端登陆的施工准备工作，具备登陆条件。准确测量登陆长度后，在施工船上截下余缆。终端登陆采用单头登陆法，主要程序如下：

1. 测量海缆登陆所需长度。施工员准确测量船舶与平台的距离、水深和平台高度以及电缆余量，计算出所需长度。在船上用测绳量取电缆长度和确定切割位置。切割电缆（终端登陆平台时）。使用切割机在缆盘内将电缆切断，将切割后的两端电缆头密封。海缆登陆风机平台，如图 5.2-14 所示。

2. 盘绕登陆段电缆（终端登陆平台时）。使用布缆机将电缆从退扭架中牵引出来，把电缆呈"8"字形盘置在甲板上，如图 5.2-15 所示，直至牵引出电缆头。牵引钢丝绳和电缆头连接。将电缆头与平台上通过转向滑车的钢丝绳、钢丝网套可靠连接。启动船上牵引绞车，

图 5.2-14　海缆登陆风机平台

图 5.2-15　海缆终端登陆风机前
海缆"8"字形盘绕

将电缆由 J 形管口牵引至平台上预定位置后剥铠锚固,将施工船上电缆沉放至海床。

3. 平台处的盘余。根据设计要求,将一定余量的电缆盘放在平台上,记录电缆登陆长度,转交给下一步。

4. 根据设计要求,将海缆剥除凯装穿入风机塔筒,余量在塔筒内盘放固定,作为应急备用,现场记录海缆的登陆长度。

5.2.3　风机区间海缆超前敷设施工技术

5.2.3.1　超前敷设施工技术简介

在海上风电项目施工中,常规的风机区间海缆敷设施工方案是在风机吊装完成后进行的,而由于风机吊装工序受到的制约因素较多,风机区间海缆敷设作为风机吊装的紧后工序,其施工进度极容易受到影响。一旦在风机区间海缆敷设过程中出现风机吊装进度不匹配的情况时,海缆敷设施工将会出现以下问题:1. 海缆敷设船停工等待,造成大量的船机、设备及人员的窝工费用;2. 海缆敷设船频繁进出场,增加船机设备进出场费用;3. 已经生产完成的海缆积压在缆厂不能按时接缆,造成缆仓占用,增加协调工作量;4. 造成并网工期延误、合同违约。因此,在工程建设的总体进度非常紧张的情况下,为保证风机全容量并网的工期目标,工程上经常会要求风机区间海缆敷设与风机吊装施工同时进行。针对上述问题,需要对风机区间海缆敷设技术进行改进与创新,通过安装一种风机区间海缆快速登陆风机的牵引装置,并在风电机组吊装过程中对已经敷设的海缆采取一系列的保护措施,可实现在风机未吊装的条件下,提前进行风机区间海缆敷设。本小节基于实际工程案例,对风机区间缆线超前敷设关键技术进行阐述。

5.2.3.2　超前敷设施工技术特点

1. 加快海上风电场的整体施工进度

35kV 海缆可以在套笼安装完成后进行敷设施工,不再受风机设备供货及安装进度制约,且后续海缆终端接头、光纤熔接等工序均可在风机安装期间同步进行,项目部可以随时优化施工流程,大大缩短整体施工工期。

2. 减少海缆施工船舶及设备的窝工损失

按照传统施工工艺,在风机安装进度与风机区间海缆敷设进度不匹配时,海缆敷设船舶需要先离场待机,等对应风机安装完成后再次进场进行海缆敷设,因此造成大量的船机设备及人员的窝工费用,以及船舶二次进场费用;采用本工法后,海缆施工船舶无须等待,可以随时安排对已经吊装套笼的风机进行海缆敷设,可以有效地减少船机设备的窝工损失。

3. 避免塔筒油漆遭到破坏

传统海上风电场风机区间海缆敷设施工工艺中,需要在风机塔筒上绑扎滑轮以穿设海缆牵引钢丝绳,滑轮及绑绳均有可能对风机塔筒外壁漆产生污染或破坏塔筒外表面漆。利用超前敷设技术,可在无风机塔筒的情况下进行风机区间海缆敷设施工,避免塔筒外表面漆遭到破坏,减少油漆修复费用。

5.2.3.3　超前敷设施工技术工艺

当风机安装进度与风机区间海缆敷设进度不相匹配的时候,可以使用一种固定在风机基础法兰上的海缆快速登陆风机牵引装置来调整海缆敷设施工工艺流程,从而达到在风机基础抛石及套笼安装完成后，进行风机区间海缆敷设及海缆登陆风机施工的目的。工艺流程如图 5.2-16 所示。

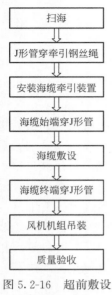

图 5.2-16　超前敷设
施工工艺流程图

1. 扫海

扫海为海缆敷设船抵达施工现场前的工作，主要解决海缆敷设路由轴线上影响施工顺利进行的障碍物。常规海面可见障碍物有养殖网箱、插桩、渔网、浮漂等，水底障碍物主要有海底残存的网、绳、缆、桩等小型障碍物和沉船，本工法采用锚艇尾系扫海工具沿海缆敷设路由往返航行进行清理，发现无法清理的障碍物时应由潜水员下水探摸处理，避免障碍物对敷设海缆、埋设机械构成威胁。

2. J 形管穿牵引钢丝绳

海缆敷设船在风机附近就位后，潜水员下水对风机套笼 J 形管周边进行探摸，处理 J 形管喇叭口处的渔网、淤泥海生物等杂物，避免影响穿缆。J 形管喇叭口处清理完毕后，施工辅助人员配合潜水员穿引海缆牵引钢丝绳。施工流程如下：(1) 套笼平台上施工辅助人员将穿线器 (穿线绳＋铅球) 从 J 形管上口穿引至 J 形管的水下喇叭口处；(2) 潜水员在水下将穿线绳系到海缆牵引钢丝绳上；(3) 施工辅助人员牵拉穿线绳，配合潜水员将海缆牵引钢丝绳穿呈 J 形管上口，并将海缆牵引钢丝绳两端固定在套笼外平台上，等待敷缆船就位后引缆。

3. 安装海缆牵引装置

为解决风机区间海缆登陆风机施工时牵引绳无处借力的问题，采用一种固定在风机基础法兰上的海缆登陆风机牵引装置 (图 5.2-17、图 5.2-18)，该装置包括：(1) 5T 吊架；(2) 牵引滑轮；(3) 底座连接高强度螺栓；(4) 牵引钢丝绳；(5) 手动葫芦；(6) 辅助吊带。

牵引装置安装流程如下：(1) 利用风机高强度连接螺栓，将一个 5T 吊架固定在风机单桩基础法兰面上；(2) 利用吊架上的手动葫芦及辅助吊带将 5T 吊架进行反向牵引加固；(3) 利用吊架上的定滑轮、海缆牵引钢丝绳及敷缆船上的卷扬机牵引动力，将海缆从套笼 J 形管穿出锚固口，实现海缆登陆风机。

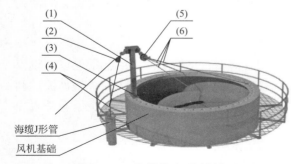

图 5.2-17　海缆快速登陆风机
牵引装置示意图

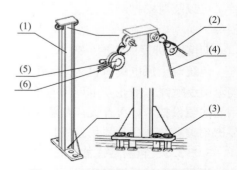

图 5.2-18　海缆快速登陆风机牵引
装置细部结构图

在该牵引装置制作、安装及使用过程中需要注意的事项如下。

（1）该装置的主要受力结构为 5T 吊架，由工字钢、吊耳、楔形结构、底板等焊接而成，吊架选用 Q355 及以上钢材，焊接质量须满足国家相关规范要求；焊接完毕后的吊架结构须具有足够的刚度；吊耳部位焊缝须具有足够的抗拉强度；底座焊缝须能够承受一定的力矩。

（2）吊架的底座螺栓孔大小应与钢管桩法兰螺栓孔大小一致，孔位应根据风机基础法兰的孔间距进行设计，并采用与风机基础法兰同型号的高强度连接螺栓进行固定。

（3）该吊架主要承受卷扬机牵引海缆时产生的拉应力，因此对吊架通过手动葫芦进行反向牵引固定时，吊带的松紧程度须根据牵引海缆时的最大受力情况进行调整，避免因吊架单侧拉力过大导致风机基础法兰变形。

（4）利用吊带穿过风机基础法兰的螺栓孔对吊架进行反向固定时，要求吊带具有一定的柔性，严禁采用钢丝绳替代，避免对风机基础法兰孔造成磨损。

4. 海缆始端穿 J 形管施工

海缆始端穿 J 形管前，将海缆敷设船就位在预设登陆位置，距离风机 30～40m，并利用海缆敷设船的锚泊定位系统就位于路由轴线上。将海缆牵引钢丝绳与海缆敷设船只上的海缆头相连接，另一端通过 J 形管锚固口上方吊架上的导向滑轮与施工船上的卷扬机相连接，如图 5.2-19 所示。

根据 J 形管长度，测算 J 形管锚固口至风机环网柜海缆路径距离、海缆预留长度等施工参数，计算中心夹具安装位置，并安装中心夹具和弯曲限制器，如图 5.2-20 所示。

图 5.2-19　利用牵引装置进行海缆穿 J 形管施工

图 5.2-20　中心夹具和弯曲限制器安装

弯曲限制器安装完成后，由布缆机进行海缆沉放，同时启动牵引海缆钢丝绳的卷扬机，调整牵引速度，直至海缆牵引至风机平台固定，如图 5.2-21 所示。

5. 海缆敷设施工

海缆敷设主要施工流程及施工要点如下：

（1）埋设机投放

将海缆装入埋设机的犁刀中，将门板关闭，将埋设机慢慢吊入水中，并将其置于海底表面。潜水员检查埋设机与海缆的相对位置后，并对起吊点进行解除；启动埋设深度监控系统，启动牵引卷扬机，开始牵引敷埋作业，如图 5.2-22 所示。

图 5.2-21　通过牵引装置将海缆头
通过 J 形管牵引至风机平台

图 5.2-22　埋设机下水进行海缆敷埋

（2）海缆造坡

在海缆铺设初期和铺设作业结束时，根据海缆的弯曲半径进行海缆造坡，防止海缆悬空或角度过大扭伤，如图 5.2-23 所示。造坡施工流程及作业要点：（1）通过控制埋设机的水流射速，逐渐达到控制海沟造坡深度的要求；（2）通过控制埋设机的水流速度、船速及坡长，防止海缆出现扭曲的情况；（3）海缆造坡时，吊机给予埋设机一定的张力，避免造坡时埋设机因地质塌陷而滑移；（4）终点的操作流程与以上相反；（5）海缆造坡时，加强监控，作业人员严格控制船舶的移动速度。

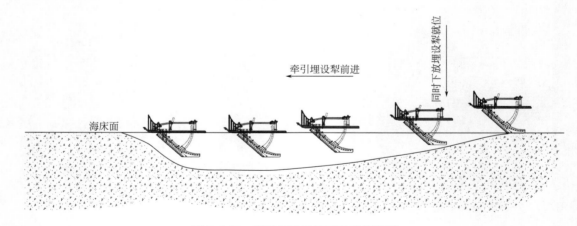

图 5.2-23　埋设机造坡施工工艺示意图

（3）海缆正常敷设工艺

海缆正常敷设工艺参考 5.1.3 小节。

（4）海缆敷设路由精度控制

海缆敷设施工时采用 DGPS 导航定位系统进行定位。该系统可以显示船的航迹、测线、锚位、障碍物或建造物等，海缆敷设路由精度控制数据可与航迹信息同时显示。

海缆敷设路由纠偏方法：一般海缆敷埋船配备有 1～2 艘拖轮或锚艇，当海缆敷埋路径出现偏差时，实时采用拖轮或锚艇在偏离侧进行顶推，以纠正埋深施工船的航向偏差。

（5）海缆埋深监测

海缆埋深监测系统控制软件为 VB 平台下的海底海缆埋深监测系统。该系统由数据采集仪采集水泵压力、埋设机姿态、埋设深度、牵引张力、海缆张力、埋设机出口处海缆的正向压力、侧向压力、埋设机的航向以及埋设机与施工船相对位置等的检测信号，并与测米仪、水深仪、流速仪相连，经数据转换、运算处理、反映到微机显示器上并连续存储后，再传输到海底电缆埋设深度监控系统。通过各种传感器收集的信息，可以直观地了解海缆铺设状况及埋设深度是否达到要求，同时对数据进行存档可作为完工资料。

（6）埋设机回收

当海缆敷设船施工至终端登陆点附近时，依靠船舶锚泊定位系统固定船舶，然后开始进行埋设机的回收操作，如图 5.2-24 所示。

6. 海缆末端穿 J 形管施工

海缆末端穿 J 形管工序同始端穿 J 形管施工，如图 5.2-25 所示。此处不再赘述。

图 5.2-24　埋设机回收

图 5.2-25　海缆始（末）端穿 J 形管

7. 风机吊装施工中的海缆保护

风机区间海缆敷设完成之后再进行风机机组吊装，最大难点是在风机吊装过程中如何对已敷设的海缆进行保护。因为一旦出现已敷设的海缆损坏的情况，所增加的海缆修复费用往往在百万元以上，更不论风机并网时间延后造成的损失。考虑目前海上风电机组吊装主要采用自升式支腿船施工，在采用自升式支腿船施工时，比较容易出现海缆损坏的施工环节主要有两个：一是在吊装船支腿升船的环节；二是在吊装船及定位驳抛锚定位的环节。为了避免在以上两个环节损坏海缆，可采取以下保护方案：

（1）在风机区间海缆提前敷设过程中，督促海缆敷设单位加强对海缆路由敷设精度的控制，将海缆直线段的敷设测量误差控制在±5m 以内，将海缆 S 弯段的敷设测量误差控制在±10m 以内，并在海缆敷设完毕后，及时向风机吊装单位提供详细的海缆敷设路由测量成果。

（2）在风机吊装船就位前，风机吊装单位根据已敷设海缆的测量成果，提前编制施工船舶站位布置图，计算吊装船及定位驳的站位、支腿及抛锚点与已敷设的海缆是否留有足够的安全距离，船舶站位布置图经组织审查批准后方可实施。

（3）在风机安装船支腿前，组织海缆敷设单位的主要施工技术人员及潜水人员到场指导，在必要时安排潜水人员对风机周边的海缆走线进行探摸确认，并配合风机安装船舶进行抛锚、插桩等施工动作。

（4）在风机吊装完成、施工船舶移船之后，及时安排海缆敷设单位对海缆进行检测，确认完好情况。

8. 质量验收

在风机吊装完成后，海缆敷设单位进场开展风机侧海缆接头安装、防火封堵、耐压试验等风机并网前的相关工作，然后组织相关参建单位进行质量验收。

本章参考文献

[1] 孙焕锋，雷传，沙欣宇，等. 海上风电220kV海底光电复合电缆敷设施工技术［J］. 水电与新能源，2022，36（8）：41-44.

[2] 焦永飞，孟金，潘良伟，等. 海上风电场35kV海底电缆敷设施工技术［J］. 水电与新能源，2022，36（5）：44-47.

[3] 唐丕鑫，陈超，黄水祥，等. 陆对海水平定向钻穿越技术研究［J］. 管道技术与设备，2022（2）：31-34.

[4] 李存义，朱志成，唐小军，等. 海上风电场海缆路由工程地质评价技术研究［J］. 能源科技，2022，20（1）：55-60.

[5] 孙平阔. 海底光缆路由设计影响因素［J］. 电信工程技术与标准化，2022，35（2）：76-80.

[6] 张高建，唐金明. 潮间带海上风电场35kV海缆敷设施工工艺［J］. 船舶物资与市场，2022，30（2）：68-70.

[7] 赖海龙，魏鹏，杨国辉，等. 35kV海缆施工优化与创新探索［J］. 船舶工程，2022，44（S1）：31-33，158.

[8] 严彦，李盛涛，葛言杰，等. 三芯高压直流海缆结构设计及性能研究［J］. 电线电缆，2022（6）：7-11，19.

[9] 杨巡莺，林径. 输电线路海底电缆敷设方式探讨［J］. 能源与环境，2022（1）：38-39，42.

[10] 张冲. 海上风电项目长距离海缆敷设ROV后冲埋施工探析［J］. 福建建筑，2021（9）：41-43.

[11] 周普志，贺惠忠，汤民强，等. 中美海底光缆中国段路由条件及评价［J］. 海洋测绘，2020，40（6）：48-52.

[12] 李大全，王文龙，林贻海，等. 陆对海定向钻穿越技术在海洋工程的探索与实践［J］. 海洋技术学报，2020，39（4）：95-100.

[13] 王绍则，于银海，崔占明，等. 岸电工程海底电缆穿越航道敷设方案设计［J］. 天然气与石油，2020，38（4）：94-101.

[14] 董向华，吴锋. 海缆船减速布缆时海底光缆敷设状态的研究［J］. 光纤与电缆及其应用技术，2020（6）：36-38.

[15] 陈佳志，徐斌. 海缆敷设施工问题分析及改进［J］. 中国新技术新产品，2020（17）：105-106.

[16] 尉志源，毛建辉，张志刚. 大型海缆船技术发展现状及趋势［J］. 船舶，2019，30（5）：81-89.

[17] 夏长彬，刘朋. 海缆敷设施工问题原因分析及改进措施探讨［J］. 化工装备技术，2018，39（3）：52-54.

[18] 林瑞润，杜年夫. 浅谈海上定向钻牵引管在海底管道中穿越海缆的应用［J］. 中国水运（下半月），2018，18（5）：226，229.

[19] 邹星，贾旭，尹刚乾. 海对海定向钻穿越技术研究［J］. 管道技术与设备，2015（2）：43-46，59.

［20］吴爱国，袁舟龙，公言强．国内海底电缆深埋敷设施工技术综述［J］．浙江电力，2015，34（3）：57-62.

［21］李世强，俞恩科，何旭涛，等．岱山海域潮流能发电并网示范工程设计方案分析［J］．浙江电力，2015，34（2）：1-4.

［22］高玲玲，袁杰．高压直流海缆选型及防护［J］．电线电缆，2014（3）：27-30.

［23］殷磊．基于 GPS 车辆监控调度系统研究与实现［D］．南京：南京理工大学，2011.

［24］卢惠泉，孙全．海坛海峡海缆路由区工程地质条件及评价［J］．台湾海峡，2009，28（1）：96-101.

第6章 陆上站工程施工技术

陆上站（陆上集控中心）是海上风电场的指挥和管理中枢，接收来自风电机组、海上升压站及海缆等系统的运行信息，对整个风场起到监测、分析、调度和控制作用。同时，海上风力发电经由海上升压站运送至陆上站然后并入交流电网。陆上站建设主要包括三部分：陆上站土建工程、电气设备安装及调试和送出工程建设。其中，土建工程主要涉及：（1）220kV陆上站生产综合楼、生产辅助楼、SVG及电抗设备用房、附属房和油品库等建筑工程；（2）泵房、泵站、事故油池等建（构）筑物；（3）陆上集控中心地下电缆沟建筑工程、围墙、道路、接地网等；（4）防雷接地、埋管、通风空调系统和给排水系统等工程的施工。电气设备安装及调试主要涉及变压器、电抗器、GIS、SVG、开关柜、各种配电箱、照明系统、防雷接地系统、电缆、电缆埋管、电缆支架（桥架）、防火封堵等施工。送出工程建设包括变电站和送电线路工程两部分施工，主要涉及基础施工、铁塔组立施工和架线施工。本章根据实际工程，介绍陆上站土建工程施工技术、电气设备安装技术和送出工程施工技术。

6.1 陆上站土建工程施工技术

6.1.1 陆上站土建施工简介

陆上站土建工程主要包括沉桩施工、地基处理、基础工程、主体工程、楼地面工程和面层施工等方面。为了提高施工效率，缩短施工周期，提高工程标准化和技术水准，主体工程采用预制装配式施工。装配式建筑具有预制性、适应性和施工组织严密性。所需零部件由工厂预制运送至施工现场，利用现场预埋件进行快速组装，能够有效缩短施工时间、节省施工空间。装配式施工主要涉及预制构件的制作、运输、堆放、吊装和安装等工作。需要对装配式建（构）物的施工技术、施工方案、工艺流程、进度控制、安全控制和质量控制等各方面的保证措施严格审核。本小节结合实际工程介绍陆上站土建施工工艺，同时简要介绍陆上站所应用的装配式建筑施工技术。

6.1.2 陆上站土建施工工艺

6.1.2.1 沉桩施工

基础通常采用预应力高强桩，锤击打桩施工，具有桩身质量稳定可靠，单桩承载高等优点，施工工艺流程如图6.1-1所示。

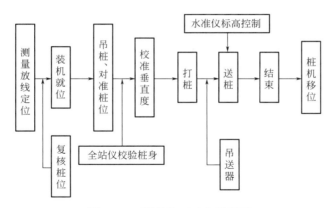

图 6.1-1 沉桩施工工艺流程图

1. 施工准备

包括材料准备、作业条件准备和现场准备。

2. 定位放线

首先进行桩的定位，通过控制轴线将桩位放出，将小木桩或 30cm 长的短钢筋打进桩位，同时使用白灰将桩位圈出，形成明显的标志。打桩机械就位以后，需要对桩位进行测量复核，并注意跟踪记录。

3. 探孔

沉桩之前，必须确保桩位下面没有障碍物，因此装机到位后，首先需要利用送桩器进行探孔，及时发现并清除障碍物。如果过大的障碍物无法移除，则需将桩机移位，通常以人工或机械开挖方式对障碍物进行移除。

4. 沉桩过程

沉桩时，需要保证两个方向上桩的垂直度，因此沉桩不能一次性完成，当桩进入土中大约 1m 后暂停压桩，调整并确保垂直度没问题后方可继续沉桩。压桩过程中记录并观察桩的入土深度和压力的关系，及时判断桩基承载力及其质量，当压力出现突变（变大或变小）时要及时停机并结合地质情况开展分析。如果出现断桩或碰到障碍物等情况，应立即停止压桩。

5. 桩基

所有桩基均采用预应力技术，设置预应力钢筋，并且保证桩连续、不接桩。

6. 送桩

为了桩机移机时挤土不破坏已施工完毕的桩，场地回填土标高应控制在可将桩送入土内 0.5m 深，确保桩基质量。当送桩达到设计深度后，停止压桩，并马上使用碎石或者砂等材料对桩孔进行回填，然后移机施压下一根桩。

7. 终止沉桩

锤击压桩主要是通过长度控制，辅以控制最终贯入度，所有桩都要贯入设计高程。

8. 暂停沉桩

当遇到以下情况之一时，应暂停锤桩，同时向现场监理报告沉桩记录，共同分析问题、查找原因，采取相应解决措施：①桩头破裂或出现桩身裂纹；②桩身偏移严重或发生倾斜。

6.1.2.2 基础工程

1. 基础施工顺序

（1）预应力混凝土方桩基础施工顺序

先进行放样，然后探孔，开始沉桩和送桩，最后达到条件终止沉桩。

（2）独立式基础施工顺序

放样→机械挖土→人工清底、钎探→验槽处理→混凝土垫层→钢筋混凝土独立基础→回填土。

2. 基础开挖

（1）基础土方采用机械挖方。使用反铲挖土机倒推进行基础开挖，挖出的土方存放于房心内，以减少回填土中的往返运土。

（2）基础挖方按照"从上至下、分层分段"的顺序开展，根据地质情况合理设置边坡坡度。挖方产生的土合理堆放，远离开挖边线、保证足够的安全距离，堆放高度＜1.5m。

（3）基础开挖，严格遵守设计的基地标高，且机械不可直接挖至基底，应该保留大约30cm进行人工开挖、清理、平整。如存在超挖，则需要填充碎石等并进行夯实。

3. 基础混凝土施工

地梁注意预埋构造柱（GZ）的插筋，插筋锚于地梁内不小于40D（D为纵筋直径）。在浇筑混凝土之前，先在基坑底部设置水平桩和水平线，精准确定基础梁的顶部高程。在混凝土浇筑时，首先铺设一层素混凝土作为垫层，厚度为10cm、强度等级C30，然后浇筑C30混凝土直至将所有孔隙都填充。根据相关规范要求，留好施工缝。

6.1.2.3 主体工程

1. 砌砖工程

（1）施工工艺流程

砌砖墙工程的工艺流程为：作业准备→砖浇水→砂浆搅拌→砌砖墙→验收。

（2）作业准备

包括材料准备、砂浆配合比设计和砂浆的拌制及使用，需满足设计和施工要求及国家相关规范标准规定。

（3）材料准备

蒸压加气混凝土砌块和混凝土实心砖。其中蒸压加气混凝土砌块砌筑砂浆选用粘结性能良好的Ma7.5专用砂浆，砂浆应具有良好的保水性，可在砂浆中掺入无机或有机塑化剂；实心砖砌筑水平灰缝的砂浆饱满度应高于80%。

（4）材料运输

运输砖、砂浆的汽车应保证稳定，不能高速运输，运输车保持合理间距，建议不得小于2m，不允许超车、并行。使用吊笼垂直运输时，总荷载不可超出吊笼的吊运能力。禁止用手向上抛砖运送，通过人工传递砖时，不允许向上抛送，要做到稳接稳递。

（5）安设活动脚手架

活动脚手架安设在地面时，地面应该坚硬平整不下沉，否则要采取安全措施。根据脚手架的长度和刚度合理设置其间距。脚手架应多于两个，端部应该超出支承横杆200mm左右，也不可伸出过长。

（6）砌砖工程

脚手架不可高于砌砖的高度。开展划线、吊线、清扫墙面等工作时不允许施工者站在墙上。当墙体砌筑多于一层或砌筑高度大于 3m 时，墙外须设置安全防护结构。已经砌筑好的墙体，各跨墙体间需要利用临时联系杆联系，以增强其稳定性。

2. 模板工程

（1）基础模板制作安装

根据图纸尺寸对各阶段模板进行制作，支模遵循从下到上逐层安装的顺序进行，首先要将底层模板安装完毕，用斜支座和水平支座钉牢，检查模板墨线和标高，与垫片和绑扎钢筋进行配合，之后再进行模板的安装。

（2）柱模板制作安装

根据图纸上标注的尺寸做好柱边模板，将压脚板按放线位置固定，然后安装柱模板，在两个垂直方向上设置斜拉顶撑，对垂直度和柱顶对角线进行核对修正。根据柱模大小、侧面压力大小等因素，设计柱箍，然后进行柱箍安装。

（3）梁模板制作安装

柱子上要标注出水平线、轴线和梁的位置，使用墨线弹出后，钉住柱头模板。根据设计要求，调整梁底模板的支柱标高，再进行梁底模板安装并通过拉线的方式找平。当梁底板的长度超过 4m 时，跨中梁底需要根据设计参数起拱。梁侧模板、压脚板、斜撑等按墨线安装。

（4）楼面模板制作安装

柱、龙骨按模板排列图架设，底板要打实，垫好脚板。调整柱高，找平大龙骨，设立小龙骨。安设模板时，建议从四周开始，到中间进行收口，如果是压旁，要通线把角模钉住。楼模铺好后，要仔细检查支架是否牢固，模板的梁面和板面都要进行清洁。

（5）墙体模板制作安装

柱子上要标注出两条边线及中心线，使用墨线弹出。先从一侧安装，将竖挡、横挡及斜撑立起，模板使用钉子固定。采用线坠对其上部吊直，通过拉线的方式找平，用钉子钉牢。绑扎好钢筋以后，清洁整理墙基础，然后架设另一侧模板；继而加撑头，使用螺栓对拉，从而确保混凝土墙体的厚度。

（6）梁模板制作安装

柱子上要标注出水平线、轴线和梁的位置，使用墨线弹出后，钉住柱头模板。根据设计要求，调整梁底模板的支柱标高，再进行梁底模板安装并通过拉线的方式找平。应根据梁高和楼板碰边或压边来决定梁侧模板的制作高度。当梁高于 75cm 时，梁的侧模需要使用穿梁螺栓进行加固。

（7）楼面模板制作安装

同楼面模板。

（8）模板拆除

在混凝土强度达到设计要求后，方可拆除模板。如果没有相关设计要求，需要遵守以下规定：①侧模，混凝土强度能够使其表面和棱角不会由于拆除模板导致损毁时才能拆除。②底模，在混凝土强度符合有关规定后才能拆除。如果模板和支架结构已经拆除，在混凝土强度到达等级要求之前，不能承受所有使用荷载。

3. 钢筋工程

（1）材料

钢筋的各种规格、等级都要有出厂合格证，进场后还要进行物性校验，合格后才能使用。按设计要求合理选用钢筋的种类、级别和尺寸。

（2）钢筋加工

钢筋在加工厂内进行统一加工，形状、尺寸必须满足要求。钢筋表面要干净，不能有破损，使用前要把油渍、漆渍、锈迹清理干净。不能使用带有颗粒状或片状老锈的钢筋，且保证钢筋平直、不存在局部弯曲。

（3）钢筋焊接

可以使用电弧焊完成热轧钢筋的对接焊接。同时，钢筋骨架和钢筋网片的交叉连接、钢筋与钢板的 T 形连接都建议使用电弧焊。钢筋焊接的接缝形式、焊接工艺、质量验收等都要按照国家现行标准的相关规定进行。

（4）钢筋的绑扎与安装

除紧靠外围两行钢筋的相交点全部扎紧外，钢筋网的板墙交叉部位可以间隔交错扎紧，但一定要保证钢筋部位产生位置偏移的受力；双向受力的钢筋，一定要扎紧、保证牢固。箍筋弯钩的叠合位置，需要顺着受力钢筋的方向错开，同时不同受力筋间绑扎接头的位置也要错开，绑扎接头要满足国家现行标准和设计规定。

4. 混凝土工程

（1）材料

砖、水泥、砂、水等，规格和指标需满足设计和施工要求及国家相关标准规定。

（2）混凝土配合比

混凝土配合比按国家现行标准按设计的混凝土强度等级计算，并经实验室试配合格后方可使用。

（3）拌和

施工所用混凝土由混凝土拌和站集中拌和，砂石车车过磅，水泥进行定量抽验，石子预洗、控制泥量，严格控制混凝土拌和时的配合比。

（4）运输

现场混凝土平运用手推车，竖运用井架，混凝土自拌和机卸出后，为防止混凝土离析、水泥浆流失、坍落度变化、在运输过程中产生初凝，应及时运到浇筑现场。

（5）混凝土浇筑

梁、板和柱要同时浇筑混凝土。采用"赶浆方法"，从一端开始推进，先分层浇筑梁体成阶梯形，达到楼板位置后，再浇筑板体混凝土。大断面梁浇筑时，一层下料较慢，在二层下料之前，要使梁底完全打实。采用"冲浆方法"，将石子包住后沿梁底向前推进水泥浆，避免在振动时碰触钢筋和预先埋好的构件。浇筑梁、板与柱、墙连成一体时，先停 1~1.5h，使柱、墙浇筑结束后，得到初步的沉实，再继续浇筑。斜屋面混凝土自低向高浇筑，先用插入式振捣棒振实，再用低频平板振捣器进行振捣，屋面混凝土连续一次性浇筑完成。

5. 脚手架工程

（1）脚手架采用 $\phi48\times3.5$mm 焊接钢管，钢管搭设前全部涂黄色，剪刀支撑涂黑色，屋面外侧扶手及上下斜栏杆用竹制脚手板及草绿色密目网作为围护，涂黑、黄两种颜色。

（2）脚手架搭设高度应按规范要求高于建筑物高度 1.2m 或建筑表面，脚手架搭设拆除应有专门的方案，作业人员应持证上岗，并系好安全带进行作业，做到每搭设两步验收一次，合格后方可使用。

（3）严格按施工方案施工，对原材料进行严格的质量检查，特别是紧固件，所有与结构连接的预埋件，做到埋设牢固、位置无误，并随时检查是否存在缺损紧固件的情况。施工过程中，严禁随意拆卸、拉结，对单位面积堆积的施工堆积层和荷载要严格控制。

（4）脚手架要铺满并稳固，离开墙面 12～15cm，在其接缝下方应设置两个小横杆，用于铺头的脚手架。搭接铺设的脚手架，其接缝一定要保持 20～30cm 的小横杆和搭接长度。

（5）拆除脚手架时要注意安全，工作区禁止行人，拆除顺序由上而下，后绑者先拆，先绑后拆，先拆栏杆、脚手架、剪刀撑、斜撑，再拆小横杆、大横杆、抛撑、立杆等，拆除时应注意安全。

6.1.2.4　楼地面工程

1. 材料

（1）进场材料的质量抽样复验，确认合格后方可使用建筑地面各构造层所采用的材料和建筑产品，应按设计图纸和技术规范的规定选用，符合现行有关产品标准的规定。

（2）水泥混凝土和水泥砂浆试块的制作、养护及强度检验按技术规范中的有关规定执行。

2. 基土施工

（1）地面需要铺在致密均匀的基土上，采用人工分层夯实的方式，并在含水量最优的条件下控制填土施工。

（2）墙和柱的基础位置填土时，要重叠回填、反复夯实；采用设缝工艺处理填土与墙柱的连接处。

（3）用碎石、卵石等做强化时，采用粒径 4cm，均匀铺摊一层，压进湿润土中。

3. 垫层施工

（1）砂和砂石垫层

选用材质坚硬的中砂或中粗砂，按设计厚度抄平放样，人工铺平，洒水湿润，并用平板振实，使其密实度满足设计要求。砂石选用级配好的材料，垫层采用人工摊铺均匀，不能有粗细颗粒分离的现象，砂石表面保持湿润，直到压实前洒上水，再进行人工夯实，直到不会松动。

（2）水泥混凝土垫层

按设计图施工，分段浇筑，结合变形缝位置，对不同材料的建筑地面连接处，划分水泥混凝土垫层厚度和强度等级。在浇筑之前，要先将垫层下面的面层洒水打湿。

4. 找平层施工

（1）采用水泥砂浆找平层（厚度包括大于 2cm 和小于 2cm 两类），下一层表面清理干净，洒水湿润后，再铺上水泥砂浆找平层。

（2）铺抹水泥砂浆找平层，用 1：3 体积比的水泥砂浆找平层，先铺平砂浆，再用灰板磨平压实，确保表面平整、致密、粗糙。抹好找平层后，次日浇水、进行养护，养护时间不得少于 1d。

6.1.2.5　面层工程

1. 水泥砂浆面层

（1）32.5 普通硅酸盐水泥用于水泥砂浆面层，砂为中等粗砂，含泥量小于 3%。

（2）用砂浆搅拌机搅拌，使水泥砂浆的体积比为水泥：砂＝1：2。砂浆混合均匀，均匀地铺于地面，以刮尺刮平、拍实，以冲筋为准，待表面水分稍干后，用木制抹面打磨，磨去砂眼、凹坑、足印，在表面上均匀地涂满纯水泥浆，再用铁制抹面擦净，在水泥砂浆初凝前，即可完成。

（3）水泥砂浆初凝前，用铁抹子抹第二遍，水泥砂浆终凝前用灰匙抹压第三遍。

（4）水泥砂浆施工完成后，次日及时浇水、进行养护，养护时间应超过 7d。

2. 砖面层施工

（1）抹结构层：采用 1：3 干硬性水泥砂浆抹铺结合层，厚度在 10～15mm，结合层用刮尺及木抹子压平打实，然后对照中心线在结合层面上弹上面块料的控制线。

（2）贴砖面层前，对砖进行预选，先浸水湿润再晾干备用。

（3）根将左右靠边基准线的块料按控制线进行铺贴，再按基准线逐行由内往外挂线进行铺贴。

（4）面砖铺贴要紧密扎实、砂浆饱满、符合设计要求，面砖缝隙宽度要严格控制标高。

（5）面砖铺贴须在 24h 内开展擦缝、勾缝、压缝，缝深以砖厚的 1/3 为宜，且使用同一品种、同一强度等级、同一颜色的水泥，随时清理，并加以维护、保护。

3. 镶贴踢脚板

（1）踢脚板在镶贴之前先要浸水湿润，阳面接口板切角为 45°。

（2）将抹素水泥浆的基层浇透、抹匀，一边抹、一边贴。

（3）在墙面两端各镶一块踢脚板，上口高度在同一水平线内，凸出墙面厚度一致，再沿两踢脚板上口接线，将踢脚板按顺序用 1/2 水泥砂浆逐块镶好，确保踢脚板平整、垂直。

（4）板间接缝与地缝贯通，抹缝的方法与地缝一致。

6.1.3　装配式建筑施工技术

6.1.3.1　装配式建筑施工特点

装配式施工是在工厂进行定制，到施工现场进行快速安装的施工方式，具有保证质量、高效快速、节约资源等多种优势，因其成本低、效率高、环保等特点得到了广泛应用。装配式施工严格按照规划设计方案进行分配、生产部件、装配，具有以下特点：

1. 预制性

在装配式施工过程中，所使用到的零件，都是先在工厂中做好，再到施工现场进行二次组装，这样可以节约相应的施工时间和施工空间。

2. 适应性

应用装配式施工方式的建筑，自重力比较小，在施工现场进行组装期间，适应性比较强，方便快捷，不会对施工环境造成大范围影响。

6.1.3.2　陆上站装配式建筑

海上风电陆上站采用的预制装配结构主要是混凝土结构，由预制构件经装配、连接而成。

1. 工艺流程

装配式建筑的构件采用预制构件，在工厂采用定型模具进行流水线生产，然后运输至现场进行预制构件安装。

2. 预制构件的运输

装配式建筑的预制构件一般具有体形和重量大、形状和重心不同，对道路通行能力要求较高等特点。当遇到桥梁和高架路段，通常的运输车辆难以满足要求，无法直接装载。此时需要改装运输车辆，配备有专用的固定支架，降低车辆重心高度，以保证其顺利通行。

3. 预制构件的堆放

考虑到装配式建筑预制构件的强度问题，对运输和堆放过程的稳定性有严格要求。堆放需要使用专门的堆放架，场内转移需要专业起吊，堆放和起吊过程中要注意不能损毁构件以降低其完整性和强度。

4. 现场塔机布置

因装配式建筑主要的环节就是预制构件的安装，所以对现场塔式起重机的吊装能力要求较高。需要根据预制构件的数量以及工期来确定塔式起重机的数量，同时保证塔式起重机型号要满足吊装需求。此外，塔式起重机的位置确定也很重要，重要原则是要尽量靠近重量最大和吊装难度最大的预制构件。

5. 预制构件的吊装

所有预制构件的吊装都需要使用专用吊具。当外墙板吊运到安装位置后，需要马上采取固定限位措施，同时安设临时支撑结构。搭建搁置排架和临时固定结构，然后吊送预制的板材（阳台板和叠合板等），将其逐块安装。预制楼梯需要事先编号，核对好之后，吊送至设定位置安装就位。

6. 施工质量控制

（1）预制构件质量控制

预制装配式混凝土结构中的梁、板、楼梯等构件均采用工厂化预制，因为现场施工主要是预制件的安装，精度需求较高；若达不到要求，会给后续吊装作业造成较大阻碍，因此工厂预制需要严格达到精度要求。装配式建筑质量控制的首要和重要环节就是预制构件的加工质量，在其流程控制上对每道工序必须做到有可追溯性。

（2）现浇部分质量控制

1）控制重点

柱网轴线偏差，楼层标高，柱核心区钢筋定位，柱垂直度，柱首次浇筑后顶部与预制梁接合处平整度和标高，叠合层内后置埋件精度，中间支座处连续梁底钢筋焊接质量，叠合板柱边处表面平整度，屋面框架梁柱处面筋节点施工质量，柱核心区域钢筋定位，柱垂直度，柱边处表面平整度、屋面框架梁柱处面筋节点施工质量。

2）标高控制

需要在建筑物周围布设标高控制点，方便控制点之间互相校验。每层建筑的标高误差及总误差不能超过允许值。

3）钢筋定位

装配式建筑预制构件在设计环节就必须标绘出钢筋定位图。柱子各侧竖向钢筋间进行规范绑扎，其间距严格执行钢筋定位图中的参数，否则将给预制构件的吊装带来不利影响。梁中钢筋偏差值须小于 5mm。

4）现浇柱垂直度

因为周围没有梁板的支持结构，混凝土柱在进行独立浇筑时加固难度较大，所以需要在浇筑叠合梁板混凝土时埋设柱模加固构件，各柱三面斜拉，浇筑完毕后还需要监测一次垂直度，监测的最后结果不能超过 3mm。

5）现浇柱顶同平整度

现浇柱顶同平整度要求较高，在梁与现浇筑连接的地方，要求表面平整度不超过2mm。吊装梁时，应在现浇柱强度达到要求之后进行，建议在完成柱浇筑 12h 以后开展，以防止柱混凝土发生破坏。

6）钢筋连接

因为接头位置在支座中，焊接难度较大，所以中间支座采用帮条熔槽焊接预制梁底部钢筋。

6.2 陆上站电气设备安装技术

6.2.1 陆上站电气设备安装简介

陆上站电气设备安装及调试包括电气一次设备和二次设备的安装及调试。主要涉及GIS 设备安装、软母线安装、硬母线安装、开关柜安装、二次盘柜安装及二次接线、通信设备安装。本小节在介绍上述主要设备的安装工艺时，同时简要介绍电气设备安装所采用的滑轨式安装技术，主要涉及主变和电抗器进场就位及搭设道木架、主变和电抗器垂直顶升和水平移位及就位等技术。

6.2.2 陆上站电气设备安装特点

6.2.2.1 电气设备安装及调试内容

陆上站电气设备安装及调试主要涉及以下工作：

（1）电气一次设备主要包括变压器、电抗器、GIS、SVG、开关柜、各种配电箱、照明系统、防雷接地系统、电缆、电缆埋管、电缆支架（桥架）、防火封堵等。

（2）电气二次设备主要包括保护装置、智能一体化系统、直流系统、通信系统（包括电话系统）、部分门禁系统等，并包括与项目各子系统的连接调试工作。

6.2.2.2 主要电气设备安装

1. GIS 设备安装

GIS 设备的安装技术含量高，是电气安装的重要工序，其施工工序流程见图 6.2-1。主要工作包括：安装前设备检查；主母线连接；断路器就位；分支母线连接；套管连接；二次配线；空气系统连接；抽真空、充 SF6 气体；测试与试验；电压互感器、避雷器连接；接地线连接。

（1）主母线连接

主母线连接需要从中间的间隔处就位，基于基础的校验结果，底架和基础之间要配置垫片，然后顺次连接各母线，这样能够有效地降低累计安装误差。做法如下：①取下主母线盖板及手孔盖等；②清理法兰面，壳体内部，不能有灰尘、油污及异物（用丙酮清理）；③在法兰面及槽内涂密封胶，安放O形圈；④用定位销定位，连接两间隔母线筒，紧固螺栓；⑤清理导电杆及盘式绝缘子表面，触头处涂导电脂，将导电杆装入母线筒触头座，拧紧触头座上的限位螺钉，检查导电杆，要可以转动；⑥母线上波纹管用来调整法兰间的配合，其长度可在一定的范围调整，但调整后要用螺母紧固，并用锁紧螺母锁紧。

（2）断路器就位

将主母线侧CT与主母线连接，插入导体，测量三相CT法兰的相间距及高度，合适后用千斤顶支撑起来。将断路器吊起、找平，清理壳体内部，涂胶、上密封圈后靠近CT，以螺栓紧固。用垫片调整垫实断路器基础，拆下支撑CT的千斤顶。

（3）分支母线连接

取下支母线和相应断路器盖板，清理连接面及内装导体。把导体插入支母线中，需要将其挂好，使用白布带。将支母线吊起、找平、涂胶、上密封圈后靠近断路器，紧固螺栓。用临时支架支撑支母线。

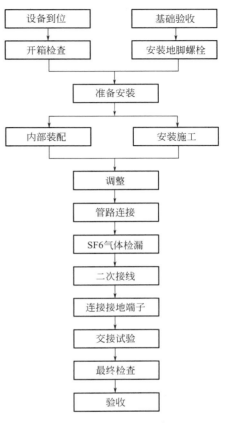

图 6.2-1　GIS 设备施工工序流程图

（4）套管连接

套管连接时首先摘掉盖板，对法兰、导线、导体和壳体内部进行清理。用导体小车将导体送入壳体内部，插入触头座，用白布带挂好。用导向销定位，连接法兰并紧固。

（5）二次配线

本工程现场二次配线主要是从设备本体到就地控制柜的所有信号线、控制线及联锁线。现场工作量较大，线缆需做到布置合理、美观。

（6）空气系统连接

根据空气系统图安装。主管路必须用支撑固定。管道内要清洁干净，不得有灰尘屑片等。切管、弯管应使用切管机、弯管机。阀门连接要按方向要求进行。

（7）抽真空、充SF6气体

对所有SF6室，在安装后要求更换吸附剂，并立即对气室抽至真空。

（8）测试与试验

一般包括以下内容：绝缘电阻测量；隔离开关分、合闸时间测量；断路器分、合闸速度测量；主回路电阻测量；CT 极性、变比测试；SF6 气室检漏；SF6 气体水分含量测试；主回路工频耐压试验；二次回路联锁试验。

（9）电压互感器、避雷器连接

出厂时，PT 一般作为单独运输单元，现场应与本体连接。由于 PT 单元在运输中内部充有 SF6 气体，连接时不要使其受到猛烈冲击。将 PT 防护盖板和 GIS 连接部位的防护盖板去掉；清理 PT 的接线导线、法兰和盆形绝缘子、O 形圈，清理导线、壳体内部如 GIS 本体与法兰的接线；将 PT 吊至 GIS 连接处以上，放置 O 形圈，与 GIS 连接处缓缓插入 PT，接好后将螺栓、螺母拧紧。避雷器一般与 PT 组成一个单元出厂，现场不需要单独安装。如特殊情况需安装时，连接方法基本与 PT 的连接相同。

（10）接地线连接

GIS 设备相邻母线筒之间用厂家提供的镀锡铜板连接，接触面清理干净，螺栓紧固须用力矩扳手。设备与主地网的连接用不小于 $100mm^2$ 外层绝缘的铜导线，用专用接地压板压接紧固。

2. 软母线安装

软母线安装施工工序流程见图 6.2-2。

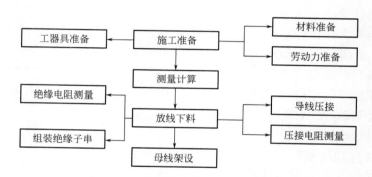

图 6.2-2　软母线安装施工工序流程图

施工过程控制特点如下：

（1）软母线检查出现以下情况不得使用

软母线不得扭曲、松股、断股或其他严重的腐蚀，扩径导线不得有明显的凹陷；同一导线截面处损伤面积不得超过 5%。

（2）金具除符合质量合格外应检查的内容

①规格相符、零配件齐全；悬式绝缘子表面光滑、无裂纹、伤痕、砂眼、锈蚀等。软母线应该和金具之间的规格间隙相匹配；放线时，导线不得与地面摩擦，防止导线受损，采用在地面上敷设草袋或软质材料作防护。②导线切割时，端头应绑扎紧固，切面整齐，无毛刺，并与线股轴线垂直。③导线和夹线内部接触面上的氧化膜需要清理掉，然后采用汽油或丙酮进行冲洗，冲洗长度应该超过连接长度的 1.2 倍。④导线线夹与设备连接时要符合硬母线搭界面的相关规定。

（3）压接钢模时应符合下列规定

①压接采用的钢模应该和所压管路和液压钳相匹配，压接进行时应该确保线的位置无误，不得歪斜，相邻两模重叠面不小于 5mm，耐张线夹压接后弯曲度不大于全长的 2%。

②压接后，管口附近的导线不能有鼓包和松股，管面要光滑，不能有裂纹，不能有毛边。

（4）验收时检查的内容

包括：①螺栓、垫圈口、销锁紧。弹簧垫圈、锁紧螺母应齐全可靠。瓷件完整，清洁；铁件与瓷件胶合处均完整无损。②油漆完好，相色正确（跨桥线在固定钢梁上标明黄绿红相色）。③压接后测量接触电阻小于 $30\mu\Omega$。

3. 硬母线安装

硬母线安装施工工序流程见图 6.2-3，施工过程控制特点如下：

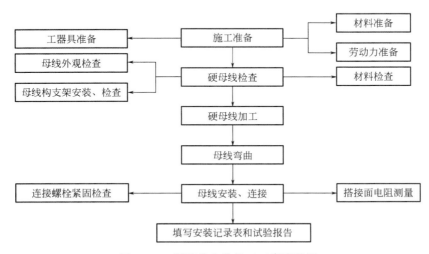

图 6.2-3 硬母线安装施工工序流程图

（1）安装前检查和校正

①软母线安装之前，检查、调直母线，清洁表面、保持平整，母线加工过程中必须保持切断面的平整，才能保证母线安装后平滑、顺直、美观。②母线接触面要平整，氧化膜打磨干净，有条件时采用机加工。③在锉平过程中不断用直尺进行透光检查，直到透光一致为止，为防止接触面再次氧化形成氧化膜，可立即烫锡或涂一层电力复合脂。

（2）不同材质硬母线的搭接操作原则

①铜—铜：干燥的室内可直接连接，潮湿或腐蚀气体必须搪锡。②铜—铝：干燥的室内，铜搪锡，室外采用铜铝过渡板，铜端搪锡。③铝—铝：可以直接连接。

（3）母线涂漆颜色使用

①三相交流电母线：A 相使用黄色，B 相使用绿色，C 相使用红色，单相交流电母线应该和引出相的颜色保持一致。②对于汇流母线，直流和交流中性若不接地使用紫色条纹，接地则使用紫色＋黑色条纹。③封闭母线：母线的外表面和外壳的内表面使用无光黑漆，外壳的外表面使用浅色漆。

（4）母线安装时螺栓方向

①当母线水平时，螺栓必须从下向上安装；②当母线竖直时，螺栓必须从里向外安装；③建议螺栓露出螺母长度为 2～3 扣，母线两侧的贯穿螺栓需要设置平垫圈，两个紧邻螺栓垫圈之间需要保持不低于 3mm 的净距，安装上弹簧垫。

4. 开关柜安装

施工过程控制特点如下：

（1）开箱检查

在进行开箱检查的时候，必须要有建设单位、总承包单位的代表在场，或者是得到建设单位、总承包单位的同意，还要对到货的型号、数量进行核对，清点附件，还要检查开关柜是否破损，厂家的资料是否完整。

（2）基础校验

开关柜安装之前，需要校核基础槽钢，其弯曲度和水平度应该满足以下指标：每米布置一个基础校验点，误差不大于±1mm，累计最大误差不大于5mm，弯曲度不大于5mm。

（3）柜体就位安装

按照图纸，将第一面柜就位，柜面要与基础槽钢面对齐，水平度、垂直度的控制要符合要求：水平度≤1mm，垂直度≤1.5mm/m，并固定牢固。然后将相邻柜就位、安装，每个柜都要检测水平度、垂直度、柜间隙并满足要求。

并用相邻柜体连接螺栓连接牢固。柜体移位时，必须采取安全防护措施，并设专人监护。高压柜基础槽钢必须有双接地，见表6.2-1。

柜体水平度、垂直度、柜间隙允许偏差值参考表　　　　　　表 6.2-1

项目		允许偏差	方法
每米垂直度（相邻柜）		≤1.5mm	吊线、钢尺测量
盘顶平直度	相邻柜	≤2mm	拉线和钢尺、水平尺测量
	列盘柜顶	≤5mm	
盘面平整度	相邻柜	1mm	拉线和钢尺、水平尺测量
	成列	5mm	
盘面接缝		2mm	塞尺

（4）母线安装连接

母线搭接面要清洁干净，可使用丙酮清洗，后涂抹电力复合脂，用螺栓紧固，通过力矩扳手进行校正。母线间的距离不小于30cm，与地面距离小于12.5cm，方可符合要求。

（5）小母线连接

按厂家图纸要求，将各个小母线接到相应的位置，固定牢固，标志牌正确，用万用表检测是否有接地、短路现象。接地小母线连接牢固，并把编织带与地极相连。电缆绑扎整齐、均匀、美观，接线正确，二次接线要达到二次接线的工艺要求。电缆牌悬挂正确、美观整齐，标签粘贴正确、美观。电缆孔封堵严密。

5. 二次盘柜安装及二次接线

施工过程控制要点如下：

（1）设备开箱时，必须有建设单位、总承包单位、监理在场，开箱检查外观有无破损，柜内元器件有无损坏，并做好记录。就位拼装与高压柜相同。

（2）二次电缆敷设首先检查控制电缆型号，确认与设计是否相同，将电缆置于放线架上，展开时地面敷设草袋，且遵照设计路径展开，完成一根的敷设之后，应将电缆型号、路径、长度等按设计路径及时排好、系好，同时挂上电缆标识牌。线缆以"顺—逆"时针对线芯，按"顺—逆"时针法依次在所用线芯上编号，并用万用表、异形管、字迹清晰地打印出线缆上的编号，同时使用万用表检验，打印异形管的编号，保证字迹工整、清晰。

（3）二次电缆接线

①导入盘柜的缆线应整齐布置，不可交叉，采取措施确保牢固，应将屏蔽层与地面相连接，以保护微机或微处理器，控制二次缆线。②配线时要做到纵横有序，不能有任何歪斜，各接线端子不超过 2 根线芯的交叉连接。按图施工，接线正确。③可采取焊接、压接、插接及螺栓连接等措施连接导线和电气元件，保证牢固、可靠。盘、柜中导线不允许存在接头，导线芯线要完好无损。④电缆芯线及所配导线端部应标明其电路编号，编号要无误，字迹要工整，不可脱色，线缆标识牌要清楚。

（4）传动部分接线

①采用多股软导线，敷设时应适当延长长度。②线束要用外套塑管对绝缘层进行补强。③接电气时，端部要拧紧，不能松，不能断股，要加终端配件或搪锡。④需要使用卡子将可动部位端头进行固定。⑤盘柜内的接线要横平竖直、长度一致、弯度一致，不能交叉，端子号必须用电脑打印，字迹清晰，不能反放，字体朝外。

6.2.3　陆上站电气设备滑轨式安装工艺

6.2.3.1　滑轨式安装总体方案

将平板车开到主变、电抗器基础旁已平整好并压实的道路上，主变、电抗器正对基础，固定平板车，并将其大梁落地，用道木将平板车超平，防止主变、电抗器平移过程中倾覆。在平板车距离基础较近的一侧布置道木架，并使平板车稍低于道木架。将主变和电抗器用千斤顶顶起后，放入轨道。轨道中心线、主变和电抗器承重点要在一条直线上，顺着轨道将主变和电抗器推到基础上安装到位。

6.2.3.2　滑轨式安装工艺流程及方法

1. 主变、电抗器进场就位及搭设道木架

（1）作业方法和要求

1）根据现场实际情况，对主变、电抗器的进场就位路线进行规划，并需对相应区域进行硬化处理以满足车辆运输需求。将运输道路沿途杂物进行清洁清理，不得影响主变、电抗器运输。平板车从事先修好的道路开到基础边上，尽可能贴近主变的基础，保持主变中心和其基础中心线对齐。

2）主变就位以后，将轨道、道木和推移工具等放至基础附件备用。

3）提前在作业区域铺设 20mm 的钢板，将平板车开至设定的卸车位置后，将大梁降落到地面，同时使用道木将靠近主变一侧的车厢板边撑起，防止主变、电抗器移动过程中车辆倾翻。

4）防止平板车在主变、电抗器推移过程中恢复高度造成倾斜。卸车时，钢轨直接铺设在车厢平面上，延伸到主变、电抗器基础上方，钢轨铺设时整体应保证在水平状态。

（2）危险点

道路滑坡，运输车辆无法通行；运输车辆碰到基础。

（3）工艺质量控制措施

对推移路线的地基进行处理，通过路线的地基必须保证能够承受主变、电抗器的重量。

2. 垂直顶升

（1）将作为千斤顶支承用的 4 根垫块放在主变顶升点下方，放好千斤顶。在顶点接触面间加木片防滑。用千斤顶将主变压器逐边顶起 200mm，升起高度用道木补上，起保护作用。

（2）把千斤顶和液压泵站用液压管连接起来，将液压千斤顶泵站的电源接好，确定所有千斤顶的顶起位置，把千斤顶与操作阀之间的液压油管准确连接。

（3）操作液压泵站，慢慢使千斤顶受力，注意上部不可直接顶在主变上，要用木块垫实。利用液压千斤顶将主变、电抗器从运输车上升起，确保两侧千斤顶在顶升过程中速度一致，避免发生倾斜。

（4）当主变顶升起来 200mm 高度后，顶升工作停止，按预先定位的主变拖运路线，将 2 根长 6m 的钢轨插入主变的底部，将黄油均匀地刷到钢轨上，降低钢轨与主变间的摩擦力。

（5）轨道与主变和电抗器之间需放置滑板，刷黄油降低摩擦力，然后将道木撤除，缓速卸载千斤顶，将主变、电抗器缓缓地放到钢轨上面布置的 4 块滑板上，2 块主动滑板放在东侧。

（6）用于推移的滑板妥善安放在钢轨上，使其下口限位钢筋在钢轨两侧均匀分布。

3. 主变、电抗器水平移位及就位

（1）拖运轨道应平行布置，以防止拖运时发生侧向位移，同时拖运用钢轨布置应尽量满足主变、电抗器通过滑道后能直接就位，避免主变、电抗器在到达基础上之后，再进行调整。

（2）每条轨道上都需要安设液压推杆，用销轴把其油缸活塞杆端部和滑板连接固定。接着在轨道面垂直方向布置夹紧钳、千斤顶，连接泵站和液压推杆间的液压管路。

（3）夹紧钳接通油泵阀、关紧手轮，然后接通油泵，利用液压顶推，完成后将夹紧钳松弛，使推力缸向回收缩，完成一个行程工作。

（4）通过液压推杆不断地推移，主变、电抗器到达主变、电抗器基础上方。

（5）先将主变和电抗器移至基础之上，然后用千斤顶将其升起，撤除钢轨，将主变和电抗器落至安装高度。安装底座滚轮，再调整主变、电抗器，使主变、电抗器中心线与基础安装中心线对齐，经电仪、质量相关专业确认后，然后将主变、电抗器全部落下到基础轨道上，主变、电抗器安装到位。

（6）工器具撤离现场，作业现场打扫干净，做好清洁工作，保持现场整理、干净。

6.3 送出工程施工技术

6.3.1 送出工程施工简介

陆上集控中心送出工程主要包括变电站施工和送电线路工程施工两部分。变电所工程大致可分为五个区域：主变装配区，220kV 配电装配区，110kV 配电装配区，35kV 配电装配区和无功补偿区，主控大楼等附属建筑物。送电线路工程总体包括基础施工、铁塔组立施工和架线施工三部分。常用的基础类型有直柱式基础、单桩灌注桩基础、承台灌注桩基础、PHC 管桩基础、岩石锚杆基础、岩石嵌固基础和挖孔基础等。铁塔塔型按用途一般有耐张塔、直线塔、转角塔、直线转角塔、换位塔（更换导线相位位置塔）、分歧塔（单回并行换成同塔双回）、终端塔、跨越塔和钻越塔等。架线包含导线、分流地线、光缆、绝缘子金具串等。

6.3.2　送出工程施工工艺

6.3.2.1　基础施工

以现浇混凝土基础和灌注桩基础为例，对铁塔基础施工进行简单介绍。

1. 现浇基础施工

（1）线路复测及基坑放样

施工测量采用 J2 经纬仪或红外线测距仪，最小读数为 1″ 的全站仪，根据设计图对设计塔位中心位置及挡距进行复核，进行塔基分坑。

（2）基坑开挖

一般基坑开挖都要根据地质情况确定边坡系数，尤其要做好水坑的排水工作，这样才能保证基坑没有积水，施工时也不会出现塌方的情况。

（3）需要使用专门的间距样板对地脚螺栓进行锚固。

（4）混凝土浇筑所需要的模板可以使用定型木模板、竹夹板或者钢模板，以建筑钢管搭脚手架的形式固定。

（5）基础所用钢筋在材料站集中完成，包括放样、下料和制作等。地脚螺栓委托资质齐全的工厂加工，混凝土浇筑采用商品混凝土。

（6）严格依照设计要求开展转角塔预偏，将所有转角塔基础顶面的预高值编制成表，并将责任具体到操作人员。

2. 灌注桩基础施工

（1）主要按照三个步骤进行：灌注桩的成孔和清孔，制作和放置钢筋笼，灌注混凝土。

（2）对钻机等设备进行检查、维护和试成孔试验，然后再进行正式施工。

（3）护筒直径超出桩直径不小于 20cm，精准、稳固埋设。

（4）根据土质确定泥浆比例，避免塌孔，对泥浆性能和状态参数进行定期测定。

（5）钻进速度要根据设备和现场条件确定，钻杆垂直度要保证好。

（6）灌注桩成孔后要及时清孔，孔底沉渣厚度达到标准要求后方可灌注。

（7）钢筋笼舍的制作和摆放应按设计和规范要求进行。

（8）混凝土灌注要连贯，控制重点是第一批灌注量和导管的提速。

（9）其他注意事项同现浇基础。

6.3.2.2　铁塔组立施工

1. 现场组装

（1）地面装配按规定的起吊方式和起吊次序表执行。

（2）螺栓强度要求：M16 级、M20 级螺栓和脚钉强度为 6.8 级，M24 级的螺栓和脚钉强度为 8.8 级。不同等级和强度的螺栓要分开码放。

（3）脚钉安装：塔脚钉直线式安装，朝向安澜变方向。在转角内侧安装转角（耐张）塔脚钉。

（4）将防盗器安装在基础顶面向上 15m 处的螺栓上，将六角防松圈装置安装在塔顶至平口（或下横担下平面）以下 2m 范围内的螺栓上。

（5）所有的塔都有长短横担，注意组装时不能将长短横担与塔身连接处的联板错装。

（6）吊装构件的分片和应带辅铁的数量要基于施工现场情况而定，且防止现场吊装重量超过设计重量；吊重需要改变的，施工前一定要经过项目部的核算。

（7）组塔前必须清点运抵现场的塔材数量，检查质量，避免使用不合格的塔材。

（8）检查构件弯曲度。角钢弯曲度应低于千分之二，弯曲变形量最大不能超过 5mm。

（9）构件布置应在分解组塔地面拼装之前开展。

（10）三挂点按要求统一加工，用于安装单、双挂点，方便后期作业和维护。

2. 铁塔组立

（1）抱杆选用

可采用内悬浮格构式铁抱杆系统，顶部采用可旋转结构。抱杆系统使用要求为：①起吊时，允许抱杆朝吊件一侧倾斜，倾角要小于 10°。②拖根对地的夹角不超过 30°。③吊件起吊前离塔身不超过 1m，距已立塔段水平距离不超过 50cm，根据这个原则计算和控制起吊滑车组垂偏角。

（2）施工布置

包括布置内悬浮外拉线抱杆分解组塔的现场平面，确定抱杆长度，布置抱杆承托系统，布置控制绳系统，布置吊装系统。

（3）抱杆倒落式整体组立布置

抱杆倒落式整体组立现场布置，主抱杆的起立方式根据地形情况而定。原则是"四点共面"：主抱杆中心点、辅助抱杆顶点、总牵引地钻中心点和锁根中心点共铅垂面。按"八"字形布置的主抱杆临时拉线，与塔中心的水平距离大于塔高加 18m。也可按"十"字形布置，但要注意主抱杆临时拉线的设置要合理。

（4）提升抱杆

①进行抱杆提升的总体布置。②抱杆尾部设有滑车，通过"单走一"方式组成滑车组，滑车组上设置有磨绳，其两端拴在成对角的主材上，磨绳先由单轮转向滑车到地面完成转向，继而上绞磨。③进行抱杆提升时，经由筒式松绳器将抱杆的临时拉线平顺慢慢地送出。④主角钢的钢丝绳套上固定滑车组磨绳，抱杆根部有两只滑轮，提升时通过滑轮进入另一辆转向滑车（该滑车固定在另外一条主角钢上），磨绳通过塔上的转向滑车过渡到地面上的转向滑车，然后体面上的转向滑车把磨绳过渡到手扶绞磨。⑤在统一指挥下开展抱杆的提升工作，施工人员均匀地放出四面临时拉线。⑥抱杆升至既定位置后，安装好承托绳，然后把四面临时拉线固定在抱杆需要前倾的位置上。

（5）降落抱杆

降落抱杆步骤：①提升滑车组及降落抱杆；②用塔顶转向滑车降抱杆；③拆除抱杆。

（6）构件的绑扎

在吊装塔身段时需要绑扎双点，塔片或构件节点处是起吊绳的理想绑点，绑扎位置和绳套长度一致。如果塔型的根开较大，吊装底段在吊装时需要进行补强。双点或多点绑扎可用于曲臂、横担和地线支架的吊装。吊装一般采用"V"形钢丝绳套系于塔片重心以上，钢丝绳系于塔身吊点附件及近塔身根部，塔身宽度大于 6m 时需要采取补强措施。当塔段接近落点时，可采用横向移动的方式就位，通常需要 4 个吊点即可。

（7）塔腿吊装

①分件组立塔腿吊装；②整体组立半边塔腿吊装。

（8）塔身吊装

塔片须按要求分割成片。塔片离地前后，需要对检查抱杆的垂偏进行细致检查，在确定没有异常的情况下才能继续起吊。同时，要严密观测抱杆主拉线与地锚的受力情况，一旦出现异常，立即停止起吊，分析原因并采取措施。吊装时，塔片距塔身 0.5m 左右为宜。塔片需要先就位低侧、再就位高侧。

6.3.2.3　架线施工

架线施工流程见图 6.3-1，以下简单介绍其主要工序。

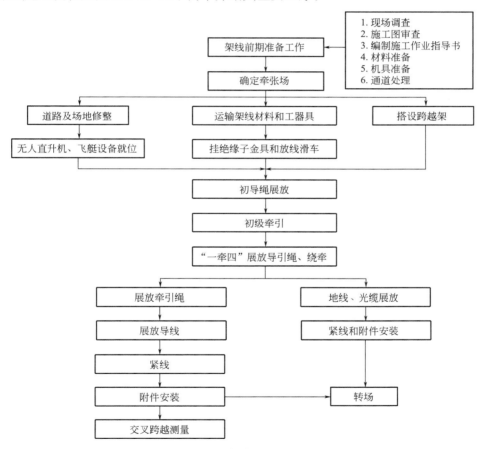

图 6.3-1　架线施工流程图

1. 施工准备

施工准备包括现场检查、施工图审查、编制施工作业指导书、材料准备、机具准备和通道处理。在工序交接上注意张力架线施工应满足相应条件。

2. 牵张场选择

（1）牵张场选择的原则

①放线段长度控制在 3～5km 为宜，放线滑车最好不多于 20 辆。②牵张场需要符合

设计和相关规定，交通运输条件满足。③线绳布设和牵拉器材需要满足规范要求。④导引绳、牵引绳和导线的出线，需要达到与电力线路、公路等跃升物体的距离条件，同时需要达到相关角度的规定。⑤尽可能使张力场的导线出线无须转向，确有需要应该落实相关转向措施。⑥尽可能在高空布设张力场、在低空布设牵引场，能够减少最大牵引力、提高架线施工效率。

（2）牵张场选定

工程全线经过详细地实地勘察、复核调整和校验测算，划分为若干合理区间。

3. 线路通道清理

（1）架线施工前对沿线交叉跨越等障碍物进行详细勘察，拆除设计规定不需要的建（构）筑物，对影响放线的树木进行砍伐，而对电力线路和按规定需要迁移的通信线路要及时迁移。

（2）过公路时按规定搭设越架，可不设越架的乡村便道，需派专人看守、监测。

（3）跨越架根据被跨越物具体情况，可采用毛竹跨越架或带电跨越网。

（4）跨越电力线路时，首先考虑停电跨越架线。

（5）跨越等级通信线时，应遵照安全规程的要求搭设跨越架。

（6）需停电施工的低压线、三级以下通信线、农村广播线，由施工队负责与用户联系，不得任意开断或降线。落线或临时断开处理时要做好原始记录，并做好防护工作，施工完毕后通知用户并给予恢复。

4. 跨越架搭设

（1）张力架线中跨越架的几何尺寸，应满足规范要求。

（2）跨越架与被跨越体之间的最小安全距离应满足要求。

（3）在考虑最大风偏的情况下，跨越架（网）与带电体应保持的最小安全距离应满足要求。

（4）稳固搭设跨越架，跨越架高时需分层安设落地拉线，用尼龙绳把跨越架的顶部全部绑牢，并做好导线保护方案。

（5）拆除毛竹跨越架时，对绑扎毛竹用的铁丝进行集中回收，避免遗留伤及人、畜。

5. 直线塔绝缘子串及放线滑车的悬挂

（1）耐张临时拉线设置

牵张段两端部的耐张塔需要使用临时拉线，每条导线的临时拉线需要 2 根钢绞线，型号可为 GJ-100，其两端分别是可调式 UT 线夹和耐张钢锚。地线的临时拉线则可使用 GJ70 钢绞线或者 $\phi16mm$ 钢丝绳。临时拉线和地面的夹角在 45° 以下为宜。

（2）牵张机进出口首基塔位放线滑车悬挂

根据规定，牵张机进出口和邻塔悬挂点之间的高差角应该小于 15°，因此需要对牵张机进出口的首基塔位采取措施，其放线滑车可采取低挂悬挂措施。

6. 牵张场布置及牵引场转向布场

（1）牵张场布置

在线路中心线上安设牵张机。两个场站主机定位要合理，安装在与相邻杆塔距离大约 150m 的平整地面处，应能使相邻杆塔的放线垂角近乎相同，同时要满足杆塔的设计条件。放线顺序：上横担外相→上横担内侧→中横担外侧，交叉放线左右回路。

（2）牵引场转向布场

由于地形所限，当牵引场选择难度较大不能解决时，可借助转向滑车实现转向布场。根据需求确定滑车数量，注意张力场中不建议设置转向布场。

7. 导引绳、牵引绳展放

引导绳和牵引绳的展放与临锚，要保证在安全距离下跨越物体及电线。派专人看护转角塔和重要跨越，配备提升用具，及时发现和处置引绳跳槽状况。当相邻的两段导引绳展放好后，需要使用抗弯连接器将其连接。当整根导引绳完全连接后，两端锚固。导引绳展放后必须当日临锚和升空，不允许隔夜。等到完全放通放线段导引绳，对其中的临锚进行拆除，然后升空，接着检查并确保导引绳处于五轮滑车的中轮。导引绳的布线裕度按 1.1 倍考虑。

8. OPGW 架设

架设光缆采用张力放线法，通过光缆盘长来确定耐张段的长度，从而确保在光缆的展放过程中不会受到外力的破坏。采用小牵引机和小张力机的牵放设备，在满足光缆自身弯曲半径要求的同时，依靠其直径更大的张力转轮向光缆施加张力。D820 光缆专用放线滑车为光缆放线滑车。为防止过拖损伤光缆，牵引机按照光缆的极限最大张力设定了安全值。放线程序不大于光缆最大使用张力的 1/4，放线程序与一般架空地线一样，在放线中设置张力。光缆在建设过程中的弯曲半径不会比产品的弯曲半径小，也不会比任何时候的设计要求小。采用专用网套连接导引绳和光缆，中间采用旋转性能较好的旋转接头进行连接，防止光缆在展放过程中发生扭动。展放时，设专人在角塔、越架处对展放过程进行监控，发现异常现象立即报告停止牵引。在续塔光缆上留出不小于设计要求的线头长度，使光缆衔接起来；卡线器尾部的光缆在拉紧光缆安装耐张线夹时，为了防止过弯，要进行绑扎。拉紧线路后，不能破坏光缆的不锈钢管，按产品或设计要求固定光缆。盘绕直径不小于产品直径或设计要求，按规定安装附件后，将剩余线头盘绕暂时挂在塔体上，并将盘绕光缆用遮雨布包好。

9. 张力展放导线

（1）展放前的准备

为确保放线时通信畅通无阻，随时监测牵引绳、走板运行情况，对通信设备进行必要的检修和测试。如发现异常情况，要及时上报。任何人不得在放线时进行与放线工作无关的通信。采用连续布线法布线，布线设计按照有效控制接续管位置的原则进行，尽量减少接续管的数量，尽量节约导线，减少余线的转运量。摆放导线按布线表规定运送，按放线次序分组码放。

（2）牵引场操作程序

按要求在拖带轮上缠绕牵引绳。先缓收牵引绳、再开动牵引机，将临时锚固解除。在尾车上缠绕牵引绳，并将其固定，将牵引绳拉紧。如果牵引绳需要松动，尾车的千斤顶应该松掉，这时应有足够的拉力在尾车上。需要换盘时，应先将牵引绳尾部固紧，再将防弯接头卸掉。牵引绳盘需要使用吊车吊落，将空盘换好固定。牵引准备好后，必须在收到张力场下达的牵引命令后方可进行。当导线被牵引到牵引场时，要适时地将导线锚定。当导线放完后，如果需要调头，为了紧线运行和余线摆放，调头后要留出一定的距离。需要转移时，牵引车锚杆应予以解除。展放导线时，导线需要和地面及被跨越物保持足够距离。

（3）张力展放牵引绳

张力展放牵引绳顺序为：ϕ13m 导引钢丝绳→ϕ18m 导引钢丝绳→ϕ24m 导引钢丝绳→双分裂导线。

（4）张力放线

线号要求：左边是 1 号子线、右边是 2 号子线，导线各相都要朝着大号。线盘需要吊放至张力机上，呈扇形安放。每次安放两盘导线，为了使线轴可以自由转动，线盘需要支起离地。拆除线盘的外包装后将线头引出，用蛇皮袋套住，网套夹持导线需有足够的长度，应超过导线直径的 30 倍。用铁丝（14 号）对蛇皮套进行三层绑扎，第一、第二层的末端绑扎要超过 5 圈，第三层末端则要超过 20 圈。然后连接蛇皮袋头部与张力轮上的尼龙绳。将两根导线的端部固定到走板，然后收线拉紧导线，撤除牵引绳的临时锚固，同时把导线刹车装置收紧。

10. 临锚及接地

（1）临锚

临锚在放线施工时使用频率比较高，十分关键。导引绳和牵引绳：在展放结束后如果无法及时进入下一道工序，应临时将其两端锚固，锚线张力要超过弧垂对地 5m，并能提供保证其与跨越物距离所需的拉力。导线和地线展开后，两端要暂时锚固，其锚线的拉力不能比放线的小。导线过轮临锚和端锚：过轮临锚由导线卡线器、临锚包胶钢绞线 GJ-125、直角挂板（Z-10）、50kN 链条葫芦和 150kN 地锚、两线锚线架等构成。

（2）接地

较长的放紧线施工区间与正在运行的高压线平行交叉，电磁感应很大，接地成为确保人身和设备安全必不可少的措施。牵张设备需要采取较好的接地措施。平衡对挂完成，铝线接地应用于横担两侧的电线上，跳线施工结束后拆除。在配件安装和跳线施工后，没有工作之前，应先挂上地线。必须严格按照安装规定的要求落实临时接地的安装和拆除工作，确保在线路建设过程中始终保持接地状态。未装设新工序接地，不得拆除原工序接地。牵张机、导引绳、牵引绳、导线要使用专用接地棒进行接地。接地棒要求：镀锌、其截面积大于 16mm^2。接地线要求：编织软铜线，直径大于 16mm^2，软铜线需要专用夹具和设备与接地棒相连。

11. 紧线划印

（1）紧线前期的准备工作

开展导线收紧工作时，先通过巡视的方式确认收紧段已具备紧线条件。

（2）非紧线耐张塔滑车拆除、耐张绝缘子串悬挂挂线

做好临时拉线或高空抛锚工作，在直通放线及紧线确认无误后开展耐张塔挂线。割线、安装耐张线夹、连接耐张绝缘子金具串等。耐张塔挂线采用高空对称平衡挂线，可以避免单侧挂线时对耐张塔所打的大量反向平衡拉线，使铁塔较好的受力。

1）空中临锚

①需要将紧线器设置在出线，并且用胶管实现导线的保护。②锚线孔选用施工操作孔，位于横担挂线板上。紧线器和锚线孔之间需要使用临锚工具锚固，依次是：紧线器、630kN 高强卸扣、GJ-100 锚线钢绞线、630kN 高强卸扣、锚线孔。③在卡线器部分受力

前，尽最大可能将临锚钢绞线拉紧。

2）断线、松线

用 50kN 滑车组将一侧导线同步收紧，等待另一侧的临锚开始完全受力，在合适的位置系上松线大绳，将导线开断，用松线大绳慢慢将导线松到地面，同时将滑车组松出，直到滑车组一侧的锚线受力完全结束后，再将导线拉接着将滑车组调整到下一条线路上。重复上述操作，逐根施工，一直到这条线路全部断开为止。

（3）耐张塔紧挂线

耐张塔紧线可两端平衡紧线，也可一侧做后尽头（挂线塔），一侧做前尽头（紧线塔），在耐张塔一侧安装作业时（无论是做锚塔还是做操作塔），紧线前均需沿受力反方向布置临时拉线，拉线对地夹角不大于 45°。按序开展空中临锚及断线、松线、高空紧挂线。

（4）松锚升空

当满足下述条件时，可以开展直线松锚升空：相邻放线段的线段临锚结束，且紧线段的过轮和反向临锚已布置，且除了过轮临锚塔外的其他杆塔已设置线夹。待紧线与紧线段的衔接挡内直线压接导线，导地线线端临锚撤除，将导地线从地面升起。

（5）弧垂观测和直线塔划印

包括弧垂观测和调整、控制导线放线曲线和直线塔画印。采用合适的弧垂观测方法，使用塔上弧垂板观测或塔下经纬仪进行弧垂观测，然后合理设置弧垂调整顺序。紧线应力达标时，在本紧线段所有线塔上同时涂印，紧线应力保持不变。涂印的方法是：用垂球将横担挂孔中心投影到任意一根子导线上，将直角三角板的一条直角边与导线贴紧，另一条直角边对准投影点，在它的导线上进行画印，这样做就可以了，可以将横担挂孔中心投影到任意一根子导线上。各印点所连接的直线一定要与导线呈垂直状态。

12. 附件安装

（1）悬垂线夹的安装

1）绝缘子主要尺寸的偏差应符合标准规定，绝缘子串任意两个的结构高度偏差为 ±19mm，在装配时进行检验，并记录在案。

2）水平排列规定同相的两根子导线，朝向大号侧方向，左侧编号①号、右侧编号②号，紧线附件后①号子导线是上线，②号子导线是下线。

3）直线塔悬垂串采用预绞式护线条附件安装时，采用两把 5T 链条葫芦配双线提线器在悬垂串预绞丝的两侧外提线附件安装。

（2）间隔棒安装

间隔棒安装尺寸测量方法如下。

① 地面测量法：由线上间隔棒安装人员在导线挂一单片 10kN 小滑车，安装间隔棒。用干燥的绝缘绳测量带电线路以上的电线，严禁用电线。在其他地方可用绳索或皮尺等工具进行测量。

② 间隔棒的安装距离：进线挡应从横担中心量起，次挡距按照间隔棒安装施工图及实测尺寸安装，后面需确保间隔棒在一个切面。

③ 间隔棒的安装：使用专用工具握紧活动夹头后，再穿入固定销钉，安装好的间隔棒平面应垂直导线，间隔棒固定夹头橡胶柱和橡胶垫应组装到位，与导线连接时必须夹紧。

④ 在安装间隔棒的同时，应对导线损伤点进行处理，并拆除直线压接管上的保护钢套、清除线上的杂物。

（3）导线跳线安装

跳线安装工艺要求：①跳线紧固借助扭力扳手，力矩需 80N·m；②安装结束后，塔体与跳线的最小距离需满足要求；③保证跳线间隔棒稳固安装，且要确保引流线通顺美观；④线盘外侧不受力的导线可作为软导线；⑤软跳线长度的确定，应认真测量软跳线的弧垂，保证其达到设计要求。

（4）防振锤的安装

①对导线，挡距≤183m 时安装 1 支防震锤，183m＜挡距≤366m 时安装 2 支防震锤，366m＜挡距≤549m 时安装 3 支防震锤。②对光缆，挡距≤100m 时每挡安装 1 支防震锤，100m＜挡距≤250m 时每挡安装 2 支防震锤，250m＜挡距≤500m 时每挡安装 4 支防震锤。

本章参考文献

[1] 谢英旺，乔刘伟，高明，等. 装配式变电站标准化土建施工流程及工艺 [J]. 上海电力，2015，28（5）：49-51.

[2] 刘兴超，钟情，张俊杰. 装配式建设在变电站土建设计中的运用及思考 [J]. 工程技术研究，2018（6）：221-223.

[3] 崔鹏. 装配式变电站土建设计施工技术要点分析 [J]. 数字化用户，2021（52）：86-88.

[4] 张振，聂建春，萨仁高娃，等. 装配式变电站土建设计施工技术要点分析 [J]. 内蒙古电力技术，2021，39（2）：38-42.

[5] 赵翀. 装配式变电站土建设计施工技术要点分析 [J]. 魅力中国，2021（32）：334-335.

[6] 王磊. 风力发电电气设备安装过程注意事项 [J]. 砖瓦世界，2023（1）：166-168.

[7] 王俊涛. 电气设备安装与调试技术探析 [J]. 电力系统装备，2022（8）：64-66.

[8] 唐英杰，张哲任，徐政. 基于单向电流型 AAMC 的海上风电直流送出方案 [J]. 电力系统自动化，2022，46（14）：129-139.

[9] 张占奎，石文辉，屈姬贤，等. 大规模海上风电并网送出策略研究 [J]. 中国工程科学，2021，23（4）：182-190.

[10] 解飞，周敏. 远距离大规模海上风电场送出方式综述 [J]. 电力系统装备，2021（12）：54-55.

[11] 董林. 探究全预制装配式高层住宅楼的施工及质量控制 [J]. 四川水泥，2016（2）：183-183.

[12] 刘钢. 浅谈民用建筑地基基础和桩基础土建施工技术 [J]. 建材发展导向，2013（8）：110-111.

[13] 杨维. 探讨建筑工程桩基施工技术 [J]. 建材与装饰，2013（38）：54-55.

[14] 刘庆友. 装配式施工及其发展研究 [J]. 城市建设理论研究（电子版），2020（17）：77，80.

[15] 魏士峰. 光纤复合相线输电工程组织管理优化研究 [D]. 北京：华北电力大学（北京），2016.

[16] 中国电业企业联合会标准化中心. 城乡电网建设与改造施工及验收标准汇编 [M]. 北京：中国电力出版社，2000.

[17] 安顺合. 建筑电气监理手册 [M]. 北京：机械工业出版社，2001.

[18] 廖继成，田志群. 浅谈利用液压顶推法安装主变压器 [J]. 四川水力发电，2016，35（3）：50-52.

第7章 海上防冲刷保护施工技术

复杂的海洋环境下海上风电单桩基础周围会出现局部冲刷现象。水流遇阻后会在基础的迎水面形成马蹄涡，背水面则形成卡门涡街，同时基础两侧流线会收缩，这种局部流态的改变，会增加水流对底床的剪切应力，从而导致水流挟沙能力的提高，导致基础局部形成冲刷坑，降低了桩基承载力，可能导致基础失稳。因此，冲刷防护施工海上风电工程的重要内容。根据防护原理的不同，防护可分为被动型防护和主动型防护两种。被动型防护是采用增加床面抵抗水流剪应力的能力减小基础的冲刷，在基础下部海床面布设防护材料及对海床土进行固化。当前，海上风电场采用较多的被动型防冲刷措施主要有：抛石防护、砂被（砂袋）防护、联排防护、固化土防护等。主动型防护则是通过在基础下部设置扰流结构，破坏冲刷水流，减缓其对基础周边海床面的侵蚀，从而实现防护的目的，仿生草防护属于主动型防护。本章基于实际工程，介绍上述海上风电基础防护工程施工的关键技术。

7.1 抛石防护施工技术

7.1.1 抛石防护施工简介

抛石保护是一种常见的海上风电桩基防冲刷保护方案。抛石防护是通过机械或人工抛投块石、卵石等天然石料，在指定区域堆砌形成防护结构（图 7.1-1）。抛石能够加大海床粗糙程度，能够有效降低局部范围内水流速度。为防止抛石破坏基础，海上风电桩基抛石施工前桩身多采用土工布进行包裹保护。

(a) 单桩基础

(b) 群桩基础

图 7.1-1 抛石防护示意图

抛石具有取材方便、地形适应能力强、施工速度快、后期维护方便等优点，适用于单桩、重力式、吸力筒（单筒）、群桩等基础形式。由于存在海上环境较为恶劣，石料级配较差，抛石施工精准较低，且还存在显著的边缘冲刷问题，可能会致使防护结构失稳，导致防护效果逐渐弱化，并最终丧失。因此，抛石防护设计时需要考虑抛石的粒径、级配、厚度和铺设范围，并对抛石与海床间的反滤层进行设计，以防冲刷底部床砂被吸出，并减小抛石的边缘发生边缘冲刷。抛石防护层越厚，底部泥沙被吸出的风险越小，防护效果就越好。

7.1.2　抛石防护施工工艺

抛石施工技术工艺流程：施工准备→测量定位→方量计算→填充层和反滤层抛填→袋装碎石铺填→扫测→护面层抛填→扫测→结束。

7.1.2.1　技术要求

1. 抛石粒径

抛石防护一般在基础周边设置上、下两层或者多层碎石，上层为大粒径抛石，下层为粒径递减的碎石滤层。碎石粒径的选择应既满足防冲刷要求，又满足粒径级配要求。抛石防护块石和碎石滤层的粒径及厚度的选择可按照《堤防工程设计规范》GB 50286—2013近似估算防冲刷粒径。

抛石粒径可按式（7.1-1）计算：

$$D_{50} = \frac{0.692V_{\text{des}}^2}{2(G_{\text{s}} - 1)g} \tag{7.1-1}$$

式中，V_{des} 为设计流速，是考虑桩体扰流效应后紧邻桩周的水流速度，$V_{\text{des}} = K_1 K_2 V_{\text{avg}}$；$V_{\text{avg}}$ 为不考虑桩体扰流的断面平均流速；K_1 为桩截面形状修正系数，对于圆柱桩取 1.5；K_2 为桩体所在位置的修正系数，对于海洋风机基础而言，可取 1.7；G_{s} 为抛石比重，取 2.65；g 为重力加速度。

2. 抛石重量

一般情况下，可用抛石的重量来表征抛石的大小，抛石重量可采用式（7-1-2）计算：

$$W = 0.85\gamma_{\text{s}} d^3 \tag{7.1-2}$$

式中，γ_{s} 为抛石的容重；d 为抛石的粒径。

3. 抛石级配

抛石级配采用 D_{85}/D_{15} 来表征。当 $D_{85}/D_{15} = 2$ 时认为级配最优。抛石允许级配范围为：

$$1.5 \leqslant \frac{D_{85}}{D_{15}} \leqslant 2.5 \tag{7.1-3}$$

4. 抛石厚度

抛石防护层越厚，底部泥沙被吸出的风险越小，防护效果就越好。根据多年来的研究成果，防护层的厚度在 2 倍 D_{50} 到 3 倍 D_{50} 时，一般可以满足要求。另外，抛石厚度还需满足以下要求：

（1）抛石厚度不应小于抛石最大粒径；

（2）抛石厚度不应小于 300mm；

（3）海洋工程中，在根据第（1）和第（2）项所确定厚度基础上，应乘以 1.5 的安全系数；

（4）当工作环境较为恶劣，如遇到风、波、流、冰等环境载荷作用时，要在第（3）项计算的基础上再增加 150～300mm 的厚度。

5. 抛石铺设半径

抛石铺设半径应当涵盖可能的冲刷范围，以防抛石发生边缘冲刷破坏。当抛石护体厚度较大时，护体边缘可能发生坍塌。为防止进一步的破坏，因此也可考虑适当减小铺设半径。决定铺设半径时，比较安全的做法是根据冲刷深度和土体的内摩擦角（休止角）进行估计。

6. 抛石铺设要求

抛石防护应在基础安装施工完成后尽快施工，同时开展基础周边冲刷范围与深度的测量工作，保证基础周围冲刷得以有效保护。抛石料应采用可水下作业的工程设备，抛石料应在到达泥面后才可以打开铺放。

抛石防护时应设置粒径由细到粗的级配砂砾反滤层。反滤层由 2～4 层颗粒大小不同的砂、碎石或卵石等材料组成。其任一层的颗粒都不允许穿过相邻较粗一层的孔隙，同一层的颗粒也不能产生相对移动。

抛石防冲刷保护一般应包括但不限于下列要求：

（1）所有石料应具有致密、坚硬、无裂缝。

（2）石料的按照级配要求备料，石料的平均密度不少于 2650kg/m^3。

（3）应对石料进行抽样和测试。

（4）桩周 3～5m 范围内，护面层抛石采用带网兜包覆的石料进行防冲刷保护，网兜材料的相关指标以实际要求为准。

7. 其余技术要求

以实际项目为准。

7.1.2.2　抛石施工

1. 抛填定位

网格法抛填工作原理为"单元网格划分、理论定点定量"：利用多波束雷达测量抛填范围内的海底标高，将抛填范围划分成 5m×5m 的网格，抛填前使用多波束雷达进行水下地形测量，间隔 5m 布置一条测线，每条测线间隔 5m 布置一个测点，扫测每个网格中心的泥面标高。每个机位共扫测 3 次，包括：抛填前的扫测、填充层和反滤层抛填完成后的扫测及护面层抛填完成的扫测（图 7.1-2）。根据测量的海底标高，计算每个网格的抛填方量；对每个网格定点定量抛填；当抛填量达到理论量后，根据单元网格划分对抛投网格进行实时测量，再根据测量结果对网格内进行局部清除或补抛，直至满足设计要求。每一层石料抛填完成后，再次测扫抛填区域的标高，重新计算下一层石料每个网格的抛填量，然后进行抛填，如此重复直至抛填至设计标高位置。

施工前，在船舶甲板两侧每隔 5m 做喷涂抛填标记线，用测距仪测量船舶到桩壁的位置（横向由船边刻度线定位，纵向由测距仪定位），从而对划分的网格进行定位。施工时，将船舶移动至抛填网格位置，按照船舶上的标记定点抛填施工，一侧抛填完成后，换船位至另一侧进行抛填。

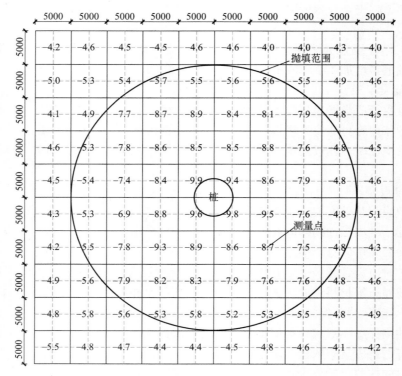

图 7.1-2　扫测示意图

2. 船舶就位

使用 DGPS 引导至预定起点位置就位，水深观察人员使用水深测量设备关注水深变化情况，缓慢靠近施工就位点。当抛石施工船舶到达预定就位点后，根据现场风浪、水流、倒驳、移船定位幅度等施工需要，船首采用八字锚抛锚，船尾采用八字锚或交叉八字锚进行抛锚定位（所有锚位均使用 GPS 定位，并进行记录），如图 7.1-3 所示。通过辅助船舶四锚定位后，绞锚缓慢靠近施工就位点。船舶就位完毕后根据施工水域流向，调整船首向、船位，再根据施工路由规划船舶前进航向，最后根据测量员现场实际测量水深安装、调整导管长度。

一个抛石单元分两次或三次进行抛锚定位，满足抛石单元抛填区域全覆盖、无死角；抛锚共布设四只锚缆，首边锚两只，呈八字形布设于船首前方两侧，尾边锚两只，呈八字形布设于船尾后方两侧（若运输船船长大于抛石船，则船尾抛交叉锚）。船舶锚位施工，如图 7.1-4 所示。

3. 底部级配石抛填

采用可导管方式进行抛石施工。落石导管系统包括管道存储、吊装、落管接长、卸载等部分。导管拟布置在抛石船右舷旁，从连接底座内穿入，并用保险绳绑好。导管材质为钢制，导管口尺寸为 60mm×60mm，额外延长管段利用法兰连接，可利用船上配备的挖机辅助安装拆卸，块石抛填时底部连接一节 2m 长橡胶软管。落管长度根据水深确定，实际施工过程中，抛石施工船舶会根据测深仪数据调节导管伸缩。落石导管法施工示意图，如图 7.1-5 所示。

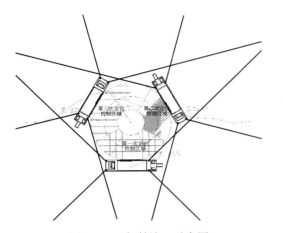

图 7.1-3　船舶施工示意图

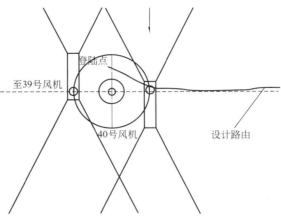

图 7.1-4　船舶锚位施工示意图

　　所有抛填物均须在泥面以上 1m 范围内方可进行抛填。施工期应调查施工期潮流及波浪强度及方向，做好相应的施工措施及安全防护工作，保障顺利铺设到位。石料经过挖机输送至落管管口沿着落管管道准确抛放。第一步抛填碎石（图 7.1-6），第二步抛填级配石（图 7.1-7）。

　　石料抛填也可采用网兜兜送工艺，将石料装入钢制网兜内，运输至施工现场后起吊网兜至预定位置，然后打开网兜将石料倾卸至抛填

图 7.1-5　落石导管法施工示意图

位置。抛石距离泥面落距不大于 1m，网兜尽量靠近泥面以减少石料在水流作用下的水平落距。抛填量即将达到理论值时，边抛边测水深，直至达到设计标高和坡比要求。当抛填量达到理论量后，根据实时测量结果对断面进行局部清除或补抛，直至满足设计要求为止。网兜抛填的优势是不损伤结构物基础。

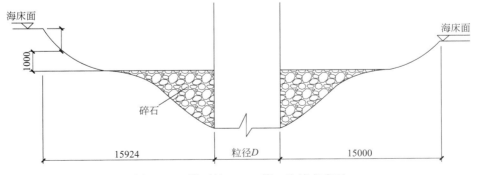

图 7.1-6　抛石施工——第一步填充碎石

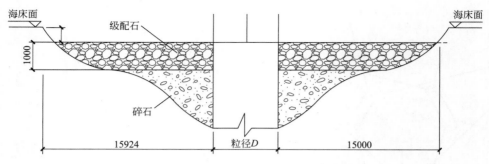

图 7.1-7　抛石施工——第二步填充级配石

4. 反滤层抛填

待级配石回填层基本整平后，进行砂被反滤层的施工。首先在陆域将砂被充制完成，运输至现场后，利用设置自动脱钩装置的专用吊架，将砂被在起重船一次移船能够施工的范围内从桩周向外逐块铺设，砂被设计尺寸为 4m×4m×0.4m，分三层进行铺设，第一层砂被铺设时按搭接 1m 控制，第二、第三层对第一层搭接不足情况进行补抛，确保三层砂被铺设后，整个级配石回填层均被覆盖，起到反滤效果。

5. 扫测

碎石抛填完成后，用多波束雷达沿首次扫测的测线再次对抛填区域扫测，作为护面层抛填网格方量计算的基础数据。

6. 护面层抛填

桩周 3m 范围内，护面层抛石采用带网兜包覆的石料进行防冲刷保护，即石料填充到网兜内形成抛石网兜，将石料与网兜一起抛填。在陆域码头利用铲车将碎石装填进钢制网兜，将填充好的网兜挂载到自动脱钩装置吊架上，通过起重船将吊架吊到桩基周边的指定位置，然后将网兜碎石缓缓放入水中，在网兜碎石接近海床时利用自动脱钩装置脱钩，将碎石抛填至施工区域，反复交替作业完成碎石护面层抛填施工。桩周 3m 外，采用网兜兜送工艺进行抛填。护面层抛填采取"少量多次，间隔欠抛"的抛填方法，即每一网兜的石料充填量相较于填充层和反滤层应减半充填增加抛填次数，以及相邻网格一个按照理论量抛填，一个略微欠抛。当即将达到计算的理论值时，应停止抛填，欠抛的网格在相邻网格抛填完成后再进行补抛。

7.2　砂被（砂袋）防护施工技术

7.2.1　砂被（砂袋）防护施工技术简介

砂被（砂袋）属于土工织物充灌袋的一种，砂被与砂袋基本上属于同一构造性质的结构体，广泛应用于海堤建设工程。一般的施工工艺为打桩完成后，在单桩周围铺填砂袋，可以隔断水流对泥沙的作用，从而阻止冲刷坑继续发展扩大的趋势。单桩、重力式、吸力式（单筒）等基础类型均可采用砂被和沙袋保护。沙袋防护比抛石防护要经济得多，而且施工也要简单得多。国内中广核如东、三峡响水、华能如东、江苏东台、江苏大丰等海上风电场均采用砂被（砂袋）防冲刷保护措施进行防冲刷保护。

7.2.2　砂被（砂袋）防护施工工艺

采用吸砂船吸砂装船，运砂船运砂，铺排船充填砂袋并抛填的施工工艺进行施工。施工流程见图 7.2-1。主要环节有：砂被施工准备、砂被海上运输、砂被铺设施工和砂被铺设质量验收。

1. 施工准备

施工准备主要包括技术准备、人力资源组织和施工物资准备。

2. 施工海域扫海

扫海包括风电场范围内的渔网、养殖漂浮物等影响施工作业的漂浮物，查勘风电场内和所需通行的航道等海域，确保航行通畅和船舶设备正常运行。对浅水区进行实际水

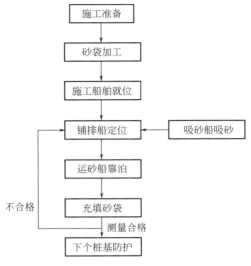

图 7.2-1　砂被（砂袋）施工工艺流程图

深探测，做好水深警示标记。对海图上未标注的实际存在的海底管线及已敷设海缆路由均需与相关部门联系，取得实际路由 GPS 坐标，对施工船舶进行交底，确保抛锚避开该区域，做好成品保护。基础防护砂被测量人员运至施工海域，采用多波束测深系统进行地形扫海（图 7.2-2）。扫海检测为抛填前扫海检测和抛填后扫海检测。根据检测所得数据及所需抛填完毕后的标高来计算所需抛填的方量，根据抛填后所得数据来验收抛填的方量及位置是否满足设计要求。

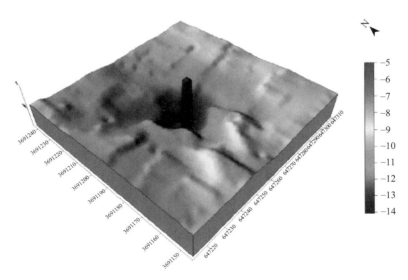

图 7.2-2　多波束测深系统扫海效果图

3. 施工船机就位

根据施工进度的总体安排，所配备的船机设备能力应能适应工程的施工特点；投入设

备数量满足本试验工程施工需求，尽量配备大型化的设备、大吨位的锚，以保证船舶抗风浪能力和防走锚能力。

4. 铺排船定位

铺排船沿着水流方向布置，使用锚系定位的方法，在铺排船上配置液压绞车实现对钢缆绳的控制，通过钢缆控制铺排船顺铺设方向的移动及定位，铺排船抛锚泊位时要防止破坏海缆。在砂袋铺设抛填前，先参照水下大比例地形测量图，绘制出横断面图，然后依托地形情况开展相关计算。计算出砂袋层数、每层铺排砂袋数量，结合充砂袋的排列组合方式，最终确定铺排船准确坐标和需要的装砂总量及相关工程量。在进行水下填充沙管袋的施工时，应先将袋体的位置及坐标绘制成图，以确定铺排船下袋的准确位置。按袋体体积和设计填充厚度计算砂袋充砂量。砂袋应根据设计方案提前整理叠放好，运输到铺排船放置。

5. 运砂船靠泊

铺排船抛锚定位后运砂船靠泊。

6. 砂袋的铺设充灌与抛填

（1）铺设砂袋：首先利用 GPS 系统对砂袋铺设位置进行精准定位，使用铺排船开展砂袋充填，将砂袋布设至滑板上，通过水力冲挖机组将砂袋灌满，然后使用高压水枪射流冲击将滑板进行下放，砂袋从滑板抛到预先设定的位置。

（2）模袋保护：砂袋的完整性至关重要，如果损坏将会漏砂，严重影响工程效果。因此，在铺排模袋时，要防止其破坏，施工人员和施工机械都要避免对模袋的碰损。一旦出现破坏情况，必须进行更换或补强。

（3）砂袋抛填：因桩基冲刷坑呈漏斗状，故在填坑时先将砂袋靠近桩基，使砂袋慢慢下沉，与基桩紧密结合，再将外部砂袋抛填，直到填满冲刷坑，保证填满表层砂袋后，再将砂袋抛填平整。且与保护面紧密结合，起到应有的防护作用。

（4）充填控制：充填袖口和排水袖口分别设置一个，合理设计其尺寸，为了保证砂袋饱满和平整，砂袋不可一次充填完成，需要采取多次充填的方法。

（5）分层分段：对回填区域进行网格划分定量抛投（图 7.2-3）。根据扫海检测的图纸（要求有电子版）来进行水下网格划分，网格划分原则上按长宽 2m×2m（根据砂袋尺寸考虑搭接）的网格进行划分，不规则的部分根据施工现场情况灵活划分，以施工方便为准。首先采用横断面法计算出网格方量，结合单袋装砂方量，计算出单位网格需要的砂袋袋数，再结合网格总面积和个数，计算出抛投总量。每抛完一格都需要马上进行记录。通过 GPS 系统指导绞盘移位，进入下一个网格依次开展砂袋的抛投工作。同时，注意采用分层抛投（图 7.2-4），要求每抛完一层砂袋，马上对该层砂袋进行探测分析，确认其是否符合要求，合格后方可开展下一层砂袋的抛投。

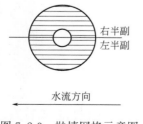

图 7.2-3　抛填网格示意图

图 7.2-4　分层抛填示意图

7.3　连排复合结构防护施工技术

7.3.1　连排复合结构防护施工技术简介

海上风电单桩基础连排砂被复合防冲刷结构（图 7.3-1）施工主要包括成品预制、吊装沉放和水下作业。该施工技术可以提升防冲刷结构耐久性，适用于单桩基础海上风电机组防冲刷，其主要结构形式有两种：混凝土连排砂被复合防冲刷结构和砂肋软体排复合防冲刷结构。本节基于实际工程案例和工法，对混凝土连排砂被复合防冲刷结构施工和砂肋软体排复合防冲刷施工工艺进行介绍。

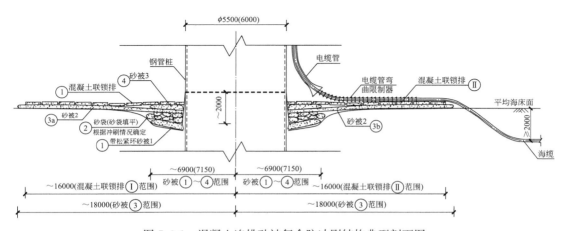

图 7.3-1　混凝土连排砂被复合防冲刷结构典型剖面图

7.3.2　混凝土连排复合结构防冲刷技术

7.3.2.1　技术特点

1. 采用混凝土连排砂被的复合结构发挥不同结构和材料的优势，可解决导致冲刷的单桩前马蹄形漩涡、桩侧边缘流线压缩及桩后漩涡脱落流问题。

2. 相较于传统抛石结构，混凝土连排砂被由陆上预制，工装安装的工艺特点能够有效地保障预装结构的质量，并精确控制安装的精度，从而保障防冲刷结构的质量，有利于保证工程防冲刷效果的发挥，克服传统抛石结构因水下施工位置无法精确控制及抛石过程流失导致质量偏差大的问题。

3. 混凝土连排砂被的复合结构主要结构由陆上预制，工厂化生产降低了因恶劣天气导致工期延误的风险，提升了施工效率。

4. 较传统的抛石结构施工，混凝土连排砂被的模块化结构施工在抵抗水流的冲掏和防止基土沉降方面均有明显的优势，有利于结构耐久性。

5. 相较于传统抛石施工，对吊架工装的精确控制能有效减少施工作业对桩基防腐的破坏。

7.3.2.2 施工工艺

混凝土连排砂被复合防冲刷结构施工工法主要包含两个方面：砂被、砂袋施工和混凝土连排施工。

1. 砂被（砂袋）施工

砂被（砂袋）施工工艺流程如图7.3-2所示，主要工艺介绍如下。

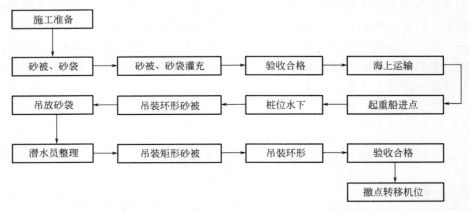

图 7.3-2 砂被（砂袋）施工工艺流程

砂被（砂袋）制作：

（1）材料要求

1）砂被（砂袋）袋体采用 600g/m^2 涤纶长丝机织土工模袋缝制，土工模袋主要项目满足要求见表7.3-1。砂被底部缝制宽70mm，丙纶加筋带拉伸负荷应大于20kN，砂被每个隔舱交接部位、端部加筋带各预留1m制成拉环（施工单位可根据施工情况调整预留加筋带长度），严格按照规范及设计确保土工织物的各项技术指标达到要求。

土工模袋主要项目技术要求　　　　　　　　　　　　表 7.3-1

序号	项目	单位	指标
1	经向断裂强度	kN/m	$\geqslant 120$
2	纬向断裂强度	kN/m	$\geqslant 120$
3	标准强度对应伸长率	%	经向$\leqslant 35$，纬向$\leqslant 30$
4	CBR 顶破强力	kN	$\geqslant 13$
5	等效孔径 O90	mm	$\leqslant 0.075$
6	垂直渗透系数	cm/s	$\geqslant 2\times 10^{-3}$
7	幅宽偏差	%	-1.0
8	模袋充灌厚度偏差	%	± 8
9	模袋长、宽偏差	%	± 2
10	缝制强度	kN/m	$\geqslant 84$
11	经纬向撕破强力	kN	$\geqslant 1.6$
12	单位面积质量偏差	%	-5

2）填充料

砂被（砂袋）充填料采用渗透系数不小于 10cm/s 的中粗砂，粒径 d 要求在 0.2～0.63mm，$d_{50}=0.58$mm，充填饱和度不小于 80％。

3）砂被按施工图纸进行分仓缝制，砂被平均厚度约为 400mm。

（2）缝制要求

1）对砂被接缝的结构形式，缝纫针的大小、针距、缝纫线的质量都按设计及规范要求严格控制；

2）砂被（砂袋）缝制满足《水运工程土工合成材料应用技术规范》JTJ 239—2005 及其他相应的规程规范要求，缝制误差满足要求见表 7.3-2；

3）砂被（砂袋）采用包缝法进行缝制，缝接处的强度不应低于原土工织物拉伸强度的 70％；

4）充砂前保证袋体无破损，发现破损处经等强度修补后才能使用；

5）砂被制作时要考虑收缩，砂被平均厚度为 400mm；施工完成后砂被平面位置允许误差±500mm，砂被填充厚度允许误差±50mm。

砂被缝制允许误差要求　　　　　　　　　　　表 7.3-2

序号	项目	允许偏差（mm）
1	幅长	±L/200
2	幅宽	±B/150
3	加筋带间距	±50

注：L 为砂被长度，B 为砂被宽度，单位均为 mm。

（3）钢吊架的制作

钢吊架（图 7.3-3）形状与砂被形状一致，钢吊架吊点根据砂被上的吊点进行布设，以便于起吊时吊索连接。在砂被每个隔仓各个角均设置吊点，确保砂被中间不会因重力下垂，使起吊时呈平整状态，方形砂被共布置 292 个吊点。钢吊架对应设置 292 个下吊点，均采用气动自动脱扣装置，砂被吊装完成后人员可以遥控操作，自动脱钩，该装置已在多个海上风电项目的基础防护施工中成功应用，可靠性高，认真检查吊装装置，确保没有任何问题。钢吊架上部均匀设置 8 个吊点，其布设位置满足钢吊架起吊时平衡度要求，确保在施工时能平稳起吊砂被，防止吊点偏移导致砂被倾斜无法安装。钢吊架 U 形口内侧安装高强度橡胶靠垫，在吊装时 U 形口卡进桩基时，高强度尼龙滚轮与桩基接触，防止钢吊架对桩基的防腐层造成破坏。环形砂被共布置 54 个吊点，钢吊架对应设置 54 个下吊点，上部均匀设置 4 个吊点，内环口内侧安装高强度橡胶靠垫。

（4）砂被（砂袋）灌充

为了提高作业效率，减少工作量，砂被可在运输船甲板上进行灌充。制作好的砂被平摊至甲板上，泥浆泵安装在运输船上。充填工作开始时，运砂船停靠砂被运输船一侧，将泥浆泵搬入运砂船舱内，另利用潜水泵将水灌入运砂船船舱内，作业人员将泥浆泵充砂管对接砂被充砂口后即可实施砂被充砂施工作业（图 7.3-4）。灌充砂被结束后，通过沥水对砂体饱满度进行检查，如果不达标需要继续灌充，直至饱满度符合要求方可灌充下一个砂被。

图 7.3-3　钢吊架

图 7.3-4　砂被灌充

砂被灌充工艺流程：运输船码头侧面系带→土工布砂被由运输船甲板面铺摊平整→接通充砂泵充砂口（先充填四角）再由砂被一侧依次序逐个充填→单个砂被充填完成，沥水检查砂体饱满度是否符合设计要求→验收不合格补充，合格则进行下一个砂被的充填。

砂被灌充方法如下：

1）砂被由施工人员铺摊运输船甲板接通充砂管口后，开启高压水枪，对运砂船舱内的砂进行冲刷搅拌，通过泥浆泵将砂子通过高密管道泵送至灌充位置，利用分流器进行分流，然后灌充。

2）输送管由高密度塑料材质制成，使用橡胶管完成船船处连接，使用腈纶软管完成砂被充砂口连接，深入袋体并牢固绑扎。布设输砂管路时，要严把质量关，保证施工全程不发生跑冒滴漏。灌充压力控制在 200～400kPa，太低容易造成充填料沉积，太高则容易破坏袋体。

3）充填时，原则上先充袋舱体四角，然后再进行单侧的砂被腔室逐仓依次充填。

4）控制好充填饱满度和厚度，控制每个袋体厚度，确保砂被平均厚度为 0.3m，饱满度控制在 80%，灌充完成之后将袖口扎紧。

5）砂被灌充时，要时刻注意保护袋体，不能破坏及损坏，否则会导致袋中砂子漏失。一旦出现袋体破损，马上开展等强修补。灌充结束后，用土工袋及线绳将袖口绑扎牢固，不能使用铅丝，以防袋体扎坏。袋体属于土工织物，如果长期暴晒容易导致织线断裂，造成袋体老化破损，因此要注意袋体的保存和防晒。施工过程中，铺设好一层后，如果不能及时铺下一层，则需要对施工好的袋层进行遮阳覆盖。

（5）砂被（砂袋）海上运输

砂被（砂袋）灌充完成后由自航甲板驳运输至施工现场。

（6）砂被铺设和砂袋抛填施工

1）砂被铺设

灌充完成的砂被由自航甲板驳船运输至海上施工现场待命。船舶进点就位后起重船吊起钢吊架移动至运输船砂被上方，作业人员将砂被上所有的吊带与钢吊梁对应位置吊点利用吊索连接。吊索连接完毕后起吊砂被并移位至待铺设位置，环形砂被铺设时砂被内环对准钢管桩套入，方形砂被铺设时利用缆风绳牵引，将 U 形口对准钢管桩，缓慢卡入，使砂被贴牢桩身并调整好方位。吊钩下放使砂被落至海床,潜水员确认铺设到位后,继续松钩至吊索呈松弛状态,最后吊起钢吊架。

2)砂袋抛填施工

铺设好砂袋后,将砂袋放置在网兜中,使用起重船将网兜吊起落到桩周附件的海床上(图7.3-5),潜水人员下水,垒筑砂袋将桩基和砂被间的孔隙填满。

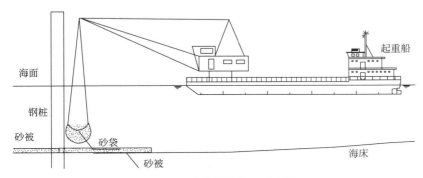

图7.3-5　砂袋吊装施工示意图

2. 混凝土联锁排施工

混凝土联锁排施工工艺流程,如图7.3-6所示,主要工艺介绍如下。

(1)联锁块制作

1)制作要求

联锁块由混凝土预制而成,可直接购置质量合格的商用混凝土。混凝土配合比和配合料的称量搅拌要规范且符合要求。使用专门制作的定型钢质模板(图7.3-7)进行联锁块的浇筑。使用前模板底部要铺一层塑料布,模板内需要布置格形绳网,格形绳网使用丙纶绳根据设计间距编织而成。编织好后将其均匀布置在模板预留槽中,然后用特制铁片固定绳网,同时避免混凝土浇筑过程中从预留槽底部流出,使用钢钎将模板四角固定住,保证牢靠。

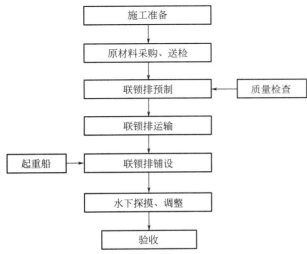

图7.3-6　混凝土联锁排施工工艺流程

图7.3-7　联锁块定型钢质模板

241

2）混凝土养护和场内堆存

联锁块预制好之后，注意拆模时间，需要混凝土达到一定强度。提模时间要根据具体气温情况而定，以拆模不损伤混凝土块棱角为准。养护龄期 28d，养护期间需要根据天气情况洒水养护，避免混凝土脱水。储存区根据龄期划分不同区域，不同区域进行标记。存储要分层码放，整齐排放。码放高度不宜过高，不得超过 2m。

（2）运输及吊装

联锁排按 4m×3m、5m×4m 两种规格进行单元预制，吊放至运输船甲板上进行整体组拼，组拼连接节点处强度不低于原丙纶绳强度。混凝土联锁排现场吊装同方形砂被吊装施工工艺。

（3）混凝土块压载软体排铺设

混凝土连排由自航甲板驳船运输至海上施工现场待命。船舶进点就位后起重船吊起连排钢吊架移动至运输船混凝土软体排上方，作业人员将混凝土连排上预设的吊带与钢吊梁对应位置吊点利用吊索连接。吊索连接完成后起吊混凝土软体排并移位至待铺设位置，铺设时混凝土软体排利用缆风绳牵引，将 U 形口对准钢管桩，缓慢卡入，使混凝土软体排 U 形口贴牢桩身并调整好方位，吊钩逐渐下放使混凝土软体排落至海床。随后，潜水人员确认铺设到位后，继续松钩至吊索呈松弛状态，完成敷设后，吊起钢吊架。

7.3.3　沙肋软体排复合防冲刷技术

7.3.3.1　技术特点

沙肋软体排是一种用于围堤、水下基础护底的常用类型，它是以土工布为基材，将排体缝合成特定尺度，并在其上设置一定的压重物体组成。排布由土工织物制成，通过加筋带提高强度，将砂肋套套进长管袋中，然后装进砂料制成砂肋。砂肋软体排还有很好的变形适应性，能够跟冲刷坑较好地贴合，形成严密覆盖，沉放后能适应下方土体冲刷变形，不会发生意外损失，且此软体排模袋制作简便，可利用排体自重沉降，工艺简单、造价低，具有很强的技术和经济可行性。

软体排排体土工布，也称软体排布、排体土工布、复合土工布。软体排排体由反滤土工布层和机织布层两层布层构成，反滤土工布层在上，机织布层在下。上下两层分割为若干单元体，通过缝制形成框格结构。单元体周围填充砂子，构成框格的横纵方向上的主肋和辅肋结构。辅肋和主肋相互垂直，前者顺着水流方向，后者则与水流方向垂直。由于软排土工布具有良好的柔韧性，同样具备很好的变形适应性，整体形状可以自动调节，能很好地覆盖被保护区域，同时还具有较大的承载能力，其上可压载石块，防冲刷性能良好。

7.3.3.2　施工工艺

沙肋软体排防冲刷工艺主要包括：软体排材料选择及制作、软体排堆放和吊运及软体排施工等，具体施工工艺如下：

1. 软体排材料选择及制作

（1）砂肋软体排

1）砂肋软体排采用 450g/m² 高强度防老化针刺复合布制作，要求材料的最大拉伸强度≥45kN/m，此时伸长率≥40%，静态穿刺阻力不得低于 7000N，等效孔径 O90 在 0.06～0.08m；动态穿刺阻力不得低于 1800N，工厂制作接缝抗拉强度不低于 30kN/m。紫外线照射下抗拉强度不得低于材料原强度 70％。

2）土工织物应由符合条件的厂家按设计要求进行专业生产加工及加工、缝制。土工模袋由监理验收合格后，方可投入工程施工。

3）对砂肋软体排接缝的结构形式、缝纫针的大小、针距、缝纫线的质量都须按设计要求及规范要求严格控制。

4）模袋缝制须满足《水运工程土工合成材料应用技术规范》JTJ 239—2005 及其他相应的规程规范要求，缝制误差需满足要求。

5）模袋应采用包缝法进行缝制，缝接处的强度不应低于原土工织物拉伸强度的 70％。

6）充砂前保证袋体无破损，发现破损处经修补后才能使用。

7）成品模袋的检验难度较大，应制定严格合理的验收程序，落实加工现场实地验收制度。成品模袋的形状、结构、尺寸、材质是基本验收项。除此之外，还应该着重检验模袋受力敏感部位的加工质量。

（2）填充料

1）级配石粒径尺寸为 20～150mm，所用石料应大小匀称；

2）网兜石粒径尺寸为 200～400mm，所用石料应大小匀称；

3）石料须具有致密、坚硬、无裂纹；

4）应对石料进行抽样、测试和记录，性能和等级应符合相关规定。

2. 软体排的堆放、运输

（1）成形后的软体排，沿软体排的长度方向进行折叠，将带有连结绳的排尾折叠在上面，用尼龙绳捆绑。

（2）肋条按布的规格及每块软体排配置的根数分别绑扎在一块，并与同幅软体排号标注一致。

（3）软体排使用前，堆放入库或场外用塑料布覆盖，严禁暴露日晒。

（4）软体排的运输，投入施工船应为自装自运船，装载码头无可用吊装机械时，可自吊装驳。注意，单船装载量应尽量满足单机位施工，以避免因自然因素影响防冲刷保护的质量要求。

（5）软体排在制作、运输、堆放和铺设过程中注意保护，不得出现破损和老化现象。

3. 级配石铺平

考虑到此区域水深较深，加之水流的作业，抛填后容易产生局部性堆积，从而达不到防护效果。因此采用导管（溜槽）输送法，输送定位根据 GPS 设定方格网精准抛填，如图 7.3-8 所示。级配石粒径初步采用 20～150mm；填充高程约为 −17.0m。

总体抛填原则为桩周向外均匀分层抛填，但由于海床的演变，冲刷深度呈上下起伏形状，施工期间通过绞锚移动船舶，尽量一次驻位覆盖最大的抛填半径。在抛填过程中需要安排专员全程监测。尽量保证抛填高程相对一致，导管（溜槽）输送大概示意图，如图 7.3-9、图 7.3-10 所示。

船舶进场前提前控制好时间，尽量在平潮前进行定位、测量周边水深，待水流趋于平缓方可进行导管（溜槽）输送作业，较大限度地为船舶作业提供安全性，克服水下急流对输送管槽的干扰。

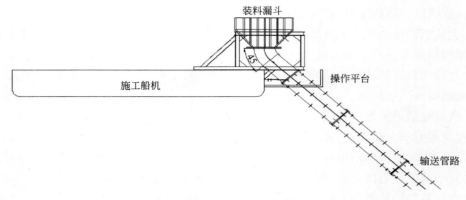

图 7.3-8　管路式抛填设备

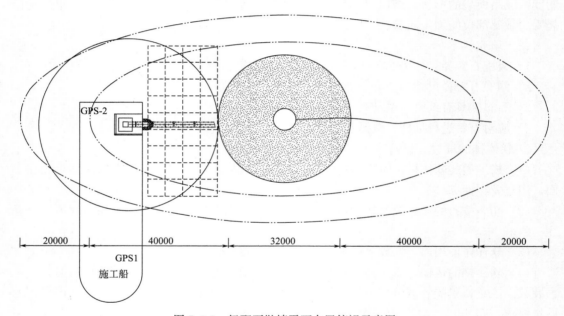

图 7.3-9　级配石抛填平面布置俯视示意图

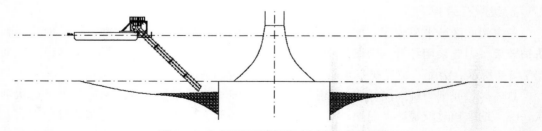

图 7.3-10　级配石抛填平面布置剖面示意图

4. 砂肋软体排施工

（1）砂肋软体排铺展

主要投入铺抛船、充沙船和辅助锚艇。铺抛船由自有方驳改造，提供施工作业场，实现甲板面砂肋软体排铺展、充砂并滑抛沙袋入坑，主要功能与铺排船类似（图 7.3-11）。

充砂船进场后，近铺抛船靠泊驻位，方便连接充填管线；锚艇机动灵活，无固定驻位滞停点，辅助施工。铺抛船平行海缆于基桩一侧驻位，其舷侧沿靠基桩，首尾抛八字锚。砂肋软体排铺展准备就绪后，再次检查滑抛位置，确认正确后，启动翻板，袋体随滑抛板倾角变大缓缓由舷侧滑入水面。

图 7.3-11　砂肋软体排铺展示施工图

（2）软体排铺排

砂肋排采用 $450g/m^2$ 高强度防老化针刺复合布制作，砂肋充填料采用渗透系数不小于 $10^{-3}cm/s$ 的中粗砂，粒径 d 要求在 $0.2\sim0.63mm$，$d_{50}=0.58mm$，充填饱和度不小于 80%。充填时，原则上先充袋舱体四角，然后进行单侧的砂被腔室逐仓依次充填。在充填过程中，施工人员要经常检查出泥管口的泥砂堆积情况，及时调整出泥管口位置，不断调整充泥袖口，使袋内砂充填均匀、饱满，确保充填平整，加快袋体排水固结速度，待整个砂袋达到屏浆阶段，适当减少充填砂袋机械或停止充填，以防布袋爆裂，留有一定固结脱水时间。充填过程中，技术人员根据充砂舱体积计算好量，如一次达不到理想高度，待砂袋稍有固结后，再进行二次或多次充填，直到达到理想的充盈度。

为了确保砂肋软体铺设实际平面位置及相邻两块砂肋软体搭接宽度满足施工要求，在利用 GPS 测量系统对施工船机精确定位的同时，必须对砂肋排排体入水前的平面位置进行有效的预控。因此铺排船进入工位后，由甲板信息人员和操作人员配合施工。入水后，由潜水人员引导信息，操作人员进行细微调整动作。最终到达铺填位置。砂肋软体排抛填布置示意图，如图 7.3-12 所示。

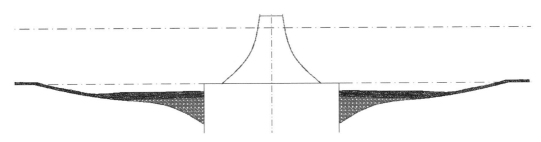

图 7.3-12　砂肋软体排抛填布置示意图

5. 网兜石压顶施工

在砂肋排抛填完成并整平后，立即进行抛石作业。根据实际情况，抛填 1～2 层网兜石。抛石船进入工位后，由甲板装载人员和司索人员配合装载吨包，旋转吊臂，缓缓释放吊钩下入水面，直至收到潜水人员引导信息，细微调整吊机动作。最终到达铺填位置后，抛掷即可。与潜水人员确认后，吊机回收吊臂，进入循环装载抛填作业。运抛船装载时，已将定量的吨包袋置于模袋石上方，契合现场先进行吨袋精投的工艺顺序（图 7.3-13、图 7.3-14）。

图 7.3-13　网兜石抛填现场施工图

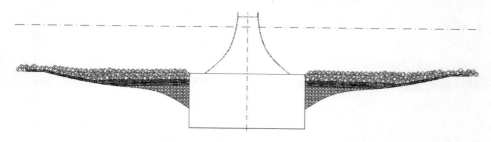

图 7.3-14　网兜石抛填后示意图

7.4　固化土防护施工技术

7.4.1　固化土防护施工简介

淤泥固化是一种新型材料固化新技术，淤泥中水分与水泥等固化剂接触后，发生水化、水解反应，生成水化产物和胶凝物质。胶凝物质可凝结、包裹淤泥中的细小颗粒，形成一个由水化胶凝物为主的骨架结构。利用激发剂激发淤泥中次生矿物的活性，稳定推进反应进程，于淤泥中反应生成硅酸盐类高强度的架构。理论上，固化胶凝的生长周期较长，固化土一旦形成，寿命为 50～100 年，可用于提高海上风电桩基、海缆的冲刷防护。固化土技术（图 7.4-1）在河道整治、吹填等方面已经有了广泛应用，且技术已较为成熟，2018 年 8 月在国内某海上风电场桩基防冲刷保护中进行试验，截至目前经过 20 个月 4 次检测结果显示，桩基周围土体较为稳定，固化土有一定的冲刷防护效果。固化土冲刷防护技术在国家电投滨海 H2♯、滨海 H3♯、大丰 H3♯ 等项目中得到推广，同时浙江地区也有部分项目采用固化土防护方案。

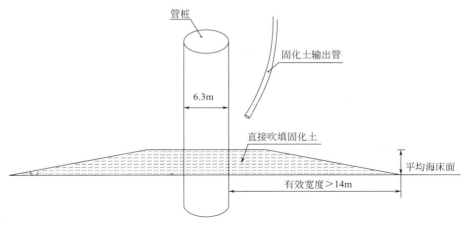

图 7.4-1　固化土保护方案

7.4.2　固化土防护技术要求及特点

7.4.2.1　技术要求

固化土防护一般技术要求如下：

（1）用于固化处理的淤泥需考虑成分和级配，含砂率小于 50%。可使用的淤泥类别包括：黏土质、粉土质级粉砂质淤泥等。

（2）施工前应针对淤泥特性，取样试验调制标准固化土，使固化土的密度、含水率、渗透系数、剪切强度等物理力学指标满足施工条件及强度指标，以指导后期施工。

（3）调制好的固化土需在 4h 内吹填结束。

（4）固化剂应满足相关技术要求。

根据不同的固化剂配比，可以调节淤泥的含水比例，使固化后的土壤压缩系数明显降低，抗剪强度、压缩模量显著提高。首先要根据标准固化土质量标准（表 7.4-1）、项目实际和相关的水文观测数据进行固化土参数设计，依据淤泥类型和含水率、聚合力、抗冲刷等设计要求确定固化剂型号、掺量；根据要抵抗的海底流速，采用淤泥含水率、坍落度符合一定标准的固化剂，按照一定掺量比例混合，使得固化土覆盖后的有效半径和固化土强度满足抵抗海底水流长久冲刷的要求。然后进行相关的材料准备与固化土的制备。最后开展固化土吹填/抛填工作。

标准固化土质量标准　　　　　　　　　　　　　　　　　　　　表 7.4-1

序号	土工指标	标准固化土
1	密度 ρ（g/cm³）	1.35～1.50
2	无侧限抗压强度 q_u（kPa）	＞400
3	渗透系数 K（cm/s）	＜10^{-5} 数量级
4	抗冲刷（m/s）	4.0m/s
5	黏聚力 c（kPa）	＞40
6	内摩擦角 φ（°）	＞13

7.4.2.2　技术特点

采用固化土进行桩基抗冲刷防护具备以下几个特点：

（1）抗冲刷能力强。材料整体匀质性佳、黏聚力指标高、抗冲刷能力强。

（2）结构整体性佳。底部贴合且融合于海床形成紧密的大整板结构，表面光洁，底部不渗水，具有显著的抵御涌浪破坏作用。

（3）桩基贴合性好。流动性易于控制，与桩基紧密贴合，无缝隙，不易形成冲刷点。

（4）水稳定性及耐久性强。固化土稳定、使用寿命长、维护修复较少、维护成本低，能有效解决基础防护和修复中的诸多难题。

（5）施工安全与可靠。通过管道泵送，远离桩基，施工中减少对海缆、桩基碰撞可能产生的损伤，施工安全有保障。

（6）施工便捷、高效。固化土流动性强，在船上搅拌固化土后直接通过泵送至指定部位，覆盖全面，可规模化作业，效率高。

（7）环保价值高。固化土为环保型材料，使用固化土替代砂石料等减少了不可再生资源的消耗，环保效果明显。

7.4.3　固化土防护施工工艺

固化土防护施工主要包括施工准备、固化土制备和固化土吹填/抛填等部分。主要施工工艺流程为：测量定位→材料准备→取淤、运淤→泥浆制作→船机进场→固化土制备→固化土吹填/抛填。各工序简要介绍如下。

7.4.3.1　测量定位

应在冲刷坑修复、保护之前进行地形扫测，扫测成图，为吹填修复工程量、现状地形、滩涂标高差、海缆路由图等提供精确数据。

7.4.3.2　材料准备

改性土的主要成分包括淤泥和固化剂，在施工前要进行淤泥和固化剂的选配。用于固化处理的淤泥需考虑成分和级配，可使用的淤泥类别包括：黏土质、粉土质及粉砂质淤泥等，有机质含量应小于5％。固化剂选型、确定固化剂掺量和泵送含水率应在施工前通过试验进行确定。

7.4.3.3　取淤、运淤

淤泥的采集工作，尽量保障固化土施工作业时泥源的持续供应。可利用运输机械/泵将淤泥运送至作业船上的泥浆制备池中。具体机械设备应根据实际施工需求进行配置，以确保机械设备投入保障施工顺利进行。

7.4.3.4　泥浆制作

用于调制标准固化土的固化前泥浆含水率一般控制在一定范围内（可依据原泥情况进行调整），泥浆制作步骤如下：（1）将取备好的淤泥用停泊在甲板驳上的挖掘机铲运至定位甲板驳上的淤泥搅拌池内。（2）启动加水装置向搅拌池内加入适量的水（根据现场泥源计算合适的加水量）；通过淤泥调制搅拌设备将淤泥和水充分混合、搅拌，制成标准固化前泥浆备用。

7.4.3.5　船机进场

根据需要进行防冲刷保护的风机位置图和坐标点，经改造（安装旋转伸缩型吊杆、泥库、吹填泵等）的甲板船准确定位于离基础 3～5m 位置，利用锚艇进行四锚定位。

7.4.3.6　固化土制备

在泥池内搅拌泥浆，添加事先由试验确定配比的固化剂进行搅拌。调制淤泥固化土时需注意搅拌均匀度，不应有明显团絮状物，不应有浮存的固化剂粉末，混合物应基本均匀。

7.4.3.7　固化土吹填/抛填

1. 吹填施工

淤泥固化土搅拌完成后启动固化土专用输送泵，通过安装在定位甲板驳行车上的短距离输送管道及出泥管头，将管口接触自然海床面开始固化土吹填，利用固化土的自流在桩柱周围形成固化土覆盖。吹填要点如下：1）合理安排作业船位置，与桩基保持 3～5m，避免作业船与风机造成碰撞损坏；2）吹填的淤泥固化土应搅拌均匀；3）固化土吹填点建议桩基周围均匀布置 2～3 个，以便固化土均布防护桩基。

2. 抛填施工

分析确定合适的船机定位点及回填点位，计算各个点位的回填量，作为抓斗回填的指导工程量。在抓斗作业船完成定位后，使用船载抓斗，将一斗固化土置于水面以下并释放，待固化土释放完毕后收回抓斗重复以上步骤至回填完毕。船舶定位时，可根据甲方提供的海缆路由图、方位、位置距离，确定抛锚位置，确保抛锚定位的安全，不对海缆与桩体造成碰损。抛填施工要点如下：1）通常一天 4 个平潮期，每个平潮期 2h 左右，一般情况下施工能利用 2～3 个平潮期；2）抛填过程中应保持船体平稳，匀速行进抛填；3）抛填完成后迅速返回，继续下次施工。

7.5　仿生草防护施工技术

7.5.1　仿生草防护施工简介

仿生草防护技术（图 7.5-1），是一种以海洋仿生学原理为依据的海底结构物冲刷防护技术，它由耐海水腐蚀的高分子材料制成，将其固定在柔性基垫上。在布设时，采用锚固的方式将其固定在海床上，还可以根据实际工程情况与沙袋等支撑措施结合使用。铺设完成后，海流中的泥沙会在仿生草内部不断沉积至冲淤平衡，形成海底绿洲，能有效保护管道，不需要大量的后续修复工程，是一种接近一劳永逸的防护方式，并且仿生草基于仿生学原理研制，对海底环境的影响很小，不会对海洋生物的生存环境造成危害。

7.5.2　仿生草防护施工工艺

仿生草防冲刷保护装置在陆地上预

图 7.5-1　仿生草冲刷防护

先制作完成，由船只运输到施工海域后直接进行水下种植。具有单体质量轻、施工便捷以及种植效率高等优点。对于已经形成冲刷坑的复合筒基础，需分阶段使用仿生草回填功能，逐层将冲刷坑填平，最后再实施水下基础的长期冲刷防护。由船只运抵施工现场后，仿生草防冲刷保护装置按照图 7.5-2 所示的形式均匀地种植于复合筒附近的冲刷坑内。仿生草减缓海床附近海流流速，促进泥沙回淤如图 7.5-3 所示，最终填平冲刷坑，实现冲刷防护。

待前一层仿生草因回填效果被泥沙埋没后，再进行第二阶段的仿生草种植（图 7.5-4），重复上述工作直至冲刷坑基本回填完毕为止，达到水下基础冲刷防护的目的。

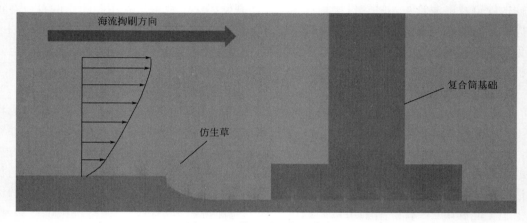

图 7.5-2　第一阶段仿生草种植

图 7.5-3　仿生草促进泥沙淤积效果图

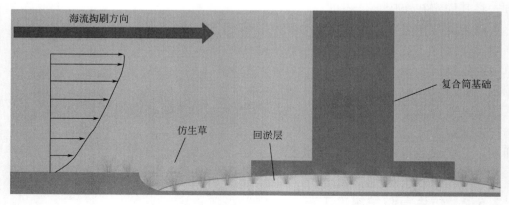

图 7.5-4　第二阶段仿生草种植

在完成每一阶段的仿生草种植后，需定期进行防冲刷效果检查（潜水人员、ROV、三维成像等），观察桩周海床掏蚀以及仿生草位置情况，综合研判防冲刷保护效果，及时开展下一阶段种植工作。

本章参考文献

［1］王玉芳，张颖，贺广零，等．海上风电基础冲刷防护措施探讨［J］．武汉大学学报（工学版），2020，53（S1）：137-141.

［2］袁建中．固化土在海上风电单桩基础冲刷修复中的应用［J］．中国海洋平台，2021，36（4）：46-50.

［3］杜硕．海上风电单桩基础局部冲刷特性及固化土防护研究［D］．南京：东南大学，2021.

［4］和庆冬，戚建功．一种新技术在海上风机基础冲刷防护的应用研究［J］．南方能源建设，2020，7（2）：112-121.

［5］李俊杰，侯志民，田培胜．巨浪冲蚀威胁下的海底管道仿生草防护技术［J］．海岸工程，2017，36（4）：37-43.

［6］雷传，范肖峰，叶兆艺，等．海上风电场单桩基础防冲刷施工技术［J］．水电与新能源，2022，36（2）：70-73.

［7］崔立川．海上风电砂被型式基础防冲刷施工工艺探析［J］．风力发电，2021（3）：55-58.

［8］徐成根，王辉剑，江海涛，等．海上风电吸力式筒型基础防冲刷措施研究［J］．建筑工程技术与设计，2021（35）：1751-1752.

［9］冯亮．海上风电场单桩基础抛石防冲刷保护施工技术［J］．中国战略新兴产业，2020（14）：174.

［10］王启凡．针对海底管道的仿生草防护措施试验研究［D］．天津：天津大学，2019.

［11］中国电建集团华东勘测设计研究院有限公司．海上风电大直径桩基础防冲刷砂被及其施工方法：CN105369834A［P］．2016-03-02.

［12］张祖臣．土工布软体排在潍坊滨海人工沙滩防护工程中的应用［J］．低碳世界，2017，（15）：161-162.

第8章 调试及倒送电技术

为了保证海上风电场的安全运行，必须建立陆上集控中心，全面监测海上升压站和风机的运行情况。海上风电工程陆上集控中心和海上升压站、风电机组的受电启动是海上风电场建设的一个重要节点，直接关系到项目的进度与质量。因此，开展海上风电场调试及倒送电测试，使各项功能达到投运要求，对海上风电系统安全运行具有非常重要的意义。调试及倒送电技术，指的是在风机安装完成之后，对风机、陆上集控中心和海上升压站的各系统进行性能检测，当各系统在调试或运行过程中发生问题时，排故人员可以找到问题的根源，并对其进行处理。调试及倒送电技术主要包含风力发电机组调试、变电站（海上升压站—陆上集控中心）调试、风电场受电启动调试等。本章基于工程案例操作流程，对调试及倒送电关键技术进行阐述。

8.1 风力发电机组调试技术

8.1.1 风力发电机组调试技术简介

所谓风力发电机组调试，就是在风机安装完毕后，对风机的各个系统（变桨系统、偏航系统、齿轮箱及发电机冷却系统、液压系统、齿轮及轴承润滑系统、并网系统、风机主控制系统）进行性能测试。风力发电机组的调试工作可以分为静态和动态两种。静态调试是一种基本的功能测试，它是在生产车间安装完风机后进行的。动态调试是在完成静态调试后进行的，实际上是对风机主控制器进行的内部程序调试，以及对逆变器、发电机的容量进行调整，可以在车间的全功率试验台和风场中进行。

8.1.2 风力发电机组静态调试技术

静态调试就是对风机的各个部分进行性能测试，主要是对主控制器的输入、输出等基础功能进行调试，包括模拟量、数字量、参数调节、联动控制等，但不包括对风机主控制器进行内部调试。静态调试的主要目标是保证风机的硬件和设备完好，以便平稳地进行动态并网调试。调试人员将按照静态调试指南，对机舱和轮毂进行单独的调试。对主控制器输入的功能进行调整的方法为：将各个外部元件启动并操作后，依次检查各个控制面板或主控制器面板上的相应指示灯和数据是否正常。对主控制器的输出功能进行调试与输入正好相反，也就是在调试监视器屏幕上人工设置各个输出点，然后再按顺序检查各个外部设备的工作状态。

在调试工作前，风机及机舱、塔筒应根据规定进行彻底的检修。检查完毕后，应完成调试准备工作的核对记录。调试工作场所必须保持整洁，在进入工地后，必须指定专门人员对正在进行的工作内容中拆卸的终端或元器件进行记录，并在此工作结束后立即恢复，在离开工作场所之前，必须把工作场所打扫一遍。调试工作必须在风机各系统的硬件设施良好、线路正常、终端可靠的情况下进行。所以在调试之前，要安排测试人员对整个系统的元件和连接的牢固度及外观进行仔细的检查。调试主管也要按照当日的工作内容，提出工作重点、说明和记录，以使调试人员在操作过程中注意。在进行调试之前，测试员要熟悉和检查现场设备的电气接线图，并对吊装后可能出现问题的线路进行检查。

在风机静态调试过程中，必须确保叶轮的转子处于锁紧状态，相关的调试人员要对叶轮的机械锁紧和油压进行监控。静态调试时，最佳运行风速为 10m/s。如果没有特别的要求，静态调试工作必须处于维修状态。通过对变桨、偏航、齿轮箱、变流器等关键控制部件的静态测试，对机组的性能进行测试，检查其整体的安全性和保护性能，并及时排除故障，确保被测试机组的安全、可靠运行。在风机静态试验中，应完成以下工作内容。

8.1.2.1 通信测试

在通信试验中，重点检查各个受控设备和主控箱之间的通信情况。通过特殊的软件与 PLC 相连；可根据现场机位改变 PLC 的名称；将 init 文件和 WEAPROG 文件添加到 PLC。

8.1.2.2 安全链测试

在风机运转过程中，安全链是关键的安全装置，所以在风机静态试验时，应确保其连接的正常和完整，并对其进行全面的测试。安全链的性能试验要求风机处于维修状态，转子的机械锁紧装置要锁紧。由于螺旋桨装置还没有通过试验，我们需要切断螺旋桨系统的动力，并用短接线把变桨系统安全链端子短接起来后，才能进行测试。

8.1.2.3 液压站测试

采用测量计分别测量系统压力、转子刹车压力、偏航压力等参数，并将其与标定的设定值进行比较，误差不超过 5bar。

8.1.2.4 齿轮箱系统测试

在风机运转过程中，对设备各个部位的温度进行控制，是确保风机设备的安全、稳定运行的关键。变速箱传动系统的油温要求在规定的温度范围内，由控制系统对变速箱的各个测量点进行实时监控，并据此对变速箱加热、冷却系统等进行自动停机。为了确保油路的正常运转，我们也要注意它的压力和其他的信号。

8.1.2.5 发电机系统测试

对发电机温度、前后轴温度、冷风温度进行检测，对主轴前后 PT100 温度进行检测，并对机舱温度、环境温度、机舱柜、塔底柜温度进行检测；"冷却系统"的全部温度都显示在下面。发电机转子的碳刷磨损是否正常，具体办法是检查发电机有无故障。发电机系统测试调试内容检查记录表，如表 8.1-1 所示。

调试内容检查记录表 表 8.1-1

序号	测试内容	测试方法	合格判定
1	设置机组 IP 地址	使用专用软件设置机组 IP 地址，调试计算机的 IP 地址	设置正常
2	机组主控程序更新	更新 PLC 主控程序	更新主控程序后，PLC 启动正常。进入调试软件，风机各部件数据显示正常

续表

序号	测试内容	测试方法	合格判定
3	查看主控程序版本	通过专用软件查看风机主控程序版本号,调试版本应为最新版本	主控程序版本是最新版本
4	机组主控程序更新	更新 PLC 主控程序	更新主控程序后,PLC 启动正常。进入调试软件,风机各部件数据显示正常
5	查看主控程序版本	通过专用软件查看风机主控程序版本号,调试版本应为最新版本	主控程序版本是最新版本
6	重点参数校对	按照研究院提供的重点参数表,对相应的参数进行校对	确认机组重点参数设定值和研究院提供的重点参数表一致
7	主控与各耦合器通信	A11 光纤耦合器 FS211N 和 A30 光纤耦合器 FM211 指示灯正常(绿灯)	通信正常
8	塔基急停回路测试	按下"紧急停止"按钮	安全继电器触发,机组辅助供电中断
9	检查机组的温度	观察所有温度传感器	所有温度显示正常,温度值应与环境温度相近
10	检查变压器、变频器、A11 消防报警信息	使用专用软件,确认参数 PA_15044 为 FALSE,并在机组空转前保持为 FALSE。观察各消防系统报警信号	各 1 级报警为 TRUE;各 2 级报警为 FALSE
11	变流器冷却水泵 1 测试	用调试软件启动变流器冷却水泵,确认电机转向无误后,持续运行 10min,且观察发电机冷却液管路有无渗水、漏水情况	泵转动方向与标识方向一致,压力正常;检查变流器冷却液管路,应无渗水、漏水情况
12	变流器冷却水泵 2 测试	用调试软件启动变流器冷却水泵,确认电机转向无误后,持续运行 10min,且观察发电机冷却液管路有无渗水、漏水情况	泵转动方向与标识方向一致,压力正常;检查变流器冷却液管路,应无渗水、漏水情况
13	变流器冷却风扇	用调试软件启动变流器冷却风扇高/低速	风扇转向和外部标识一致
14	变压器冷却水泵测试	用调试软件启动变压器冷却水泵,确认电机转向无误后,持续运行 10min,且观察发电机冷却液管路有无渗水、漏水情况	泵转动方向与标识方向一致,压力正常;检查变压器冷却液管路,应无渗水、漏水情况
15	变压器冷却风扇测试	用调试软件启动变压器冷却风扇高/低速	风扇转向和外部标识一致
16	变流器冷却风扇待机加热器	用调试软件启动变流器冷却风扇 1、2、3、4 待机加热器	待机加热器继电器吸合正常
17	变压器冷却风扇待机加热器	用调试软件启动变压器风扇待机加热器	待机加热器继电器吸合正常

序号	测试内容	测试方法	合格判定
18	塔基除湿器测试	通过除湿器面板开启除湿器	除湿器运行正常,反馈信号正常
19	变流器冷却液加热器测试塔基新风系统	分别启动变流器冷却液加热器 1、2、3、4,查看变流器冷却液进口水温是否有升高,注意测试期间需保持相应的变流器冷却水泵运行闭合空开,启动塔基新风系统电机	水温缓慢升高,高于环境温度 10℃
20	UPS 失电保护	1. 机组处于正常状态; 2. 断开 UPS 失电空开; 3. 测试完成后闭合	UPS 输出未发生中断; PLC 及 I-BOX 运行正常
21	偏航变频器与主控通信	耦合器指示灯正常(绿灯)	通信正常
22	变桨系统与主控通信	耦合器指示灯正常(绿灯)	通信正常
23	机舱急停回路测试	按下"紧急停止"按钮	安全继电器触发,机组 400V 辅助供电中断
24	风速风向仪测试	通过调试软件观察风速、风向;风向仪对零	数据显示正常
25	气象站加热测试	通过调试软件启动气象站加热器	加热器吸合正常
26	故障排除	排除风机主控系统所有故障及警告	除偏航、变桨和变流器相关故障外无其他故障

8.1.3　风力发电机组动态调试技术

风机静态调试完毕后,可以进行机组的动态并网调试。在风场进行动态调试时,因风机在运输和安装中,有可能出现个别零件受损,故在进行调试前应认真检查,确认风机的各个部件是否完好。动态并网调试分为主控系统内部程序和外部网络系统的调试。对主控系统内部程序的调试,是指风机各系统是否能够按程序编制的要求,实现自动化操作。例如,可变桨距系统是否能够根据风力、发电功率等条件,自动将桨距角调整到合适的角度;当然,在这之前,还需要做一些必要的工作,例如确认三相电源的相序,确认风机叶片的零位,校正发电机和传动轮的中心,调节偏航压力,调节风量,调节偏航扭缆零位。在准备工作结束后,对所有的系统进行动态测试,并对监控屏幕进行检查,检查所有的参数是否达到要求,有没有出现任何的报警或故障,如果有异常,就先进行异常处理,然后重新调整,直至一切正常。在完成风机的动态调试后,可以进行风机的并网调试,一开始可以采用零负荷的方式,限制风机的风轮转速,然后通过功率限制来限制它的并网,这样可以根据风机的运行时间,逐步放宽最大的功率上限,直到最大的功率。这个过程需要更长的时间,但随着电网的逐渐开放,对变流器也是有利的。风力发电机组基本功能调试内容,如表 8.1-2 所示。

风力发电机组基本功能调试内容   表 8.1-2

调试项目	检查内容	具体要求
冷却系统	液压站油位	启动液压泵,测试各元件应正确动作,调整各部分液压压力至规定值
润滑系统	主控、变流器和发电机等系统的冷却回路	手动启动各冷却回路,检查功能
偏航系统	偏航计数器工作状态	机组处于正常停机状态,手动操作使偏航系统分别向顺时针方向和逆时针方向偏航,观察偏航过程中偏航的平稳性,并检查偏航计数器工作状态;手动操作使偏航系统偏航到满足对风的触发条件,恢复自动偏航,机组能自动对风
变桨系统	叶片在各种情况下的变桨速度和叶片的同步	手动变桨,整定每片叶片的零度角;检查叶片自身的蓄能装置应满足在电网失电的情况下快速顺桨的要求
自动解缆	风力发电机组自动解缆功能	手动操作使机组偏航到满足初期解缆和终极解缆的触发条件,恢复自动偏航,触发终极解缆时风力发电机组应停机解缆
测风装置	风向仪、风向标	调节风向传感器零度位置和机舱零度位置
主控系统	风力发电机传感器系统到主控的信号和控制柜之间的通信	主控发送的指令应能被机组执行机构正确执行
刹车系统	风力发电机组的气动刹车功能和机械刹车功能	人为触发正常停机和紧急刹车停机,观察紧急停机时两种刹车系统的投入顺序和投入过程是否与设计要求一致

8.1.3.1 偏航系统测试

偏航系统测试主要有：偏航方向测试、偏航编码器校零、偏航液压系统测试、手动扭缆开关、自动解缆试验等，如表 8.1-3 所示。在进行试验前，必须对偏航润滑系统进行检查，确保其工作正常，并在调试界面上显示出所有偏航系统的错误。在偏航试验期间，需要由调试人员在马鞍弧形平台上进行观测，一旦发现问题或发生故障，可以立即进行相应的处理。在首次偏航前，必须先清洁一下偏航刹车盘的清洁，包括在旋转后刹车钳的清洁。在进行偏航试验之前，先对四台偏航电动机进行电子刹车试验，找出偏航电动机使用的型号，并对相应的电子刹车进行电压水平检测。

偏航系统测试调试内容   表 8.1-3

序号	测试内容	调试方法	合格判定
1	确定设定偏航零位	手动调节偏航编码器到 0°,确认电缆自然垂放位置,安装好偏航编码器,通过调试软件在调试软件中设置零位	$0\pm1°$
2	确定无条件解缆限位开关	手动调节偏航位置传感器计数齿轮到纽缆位置$\pm660°$,确认无条件解缆限位反馈信号激活	$\pm660\pm10°$
3	确定偏航急停限位开关	手动调节偏航位置传感器计数齿轮到纽缆极限$\pm700°$,确认紧急停机限位反馈信号激活	$\pm700\pm10°$
		手动调节偏航位置传感器计数齿轮到纽缆极限$\pm700°$,设定限位开关刚好动作	$\pm700\pm10°$

序号	测试内容	调试方法		合格判定
4	确定偏航急停限位开关	半力矩刹车压力		23 ± 1bar
		全力矩刹车压力		165 ± 2bar
5	偏航相关空开	全释放刹车压力		空开处于闭合状态
6	检查偏航变流器状态	偏航变流器面板上无故障,且专用软件上无偏航变流器相关故障		无偏航相关故障
7	检查偏航变流器参数偏航电机刹车	根据偏航启停过程刹车压力策略检查相关参数		参数正确
8	偏航电机转向检查	在 WT Yaw System General 页面中使能 Stop Service、Motor control 按钮;在 Yaw System Motor 页面中短时启动 CCW Low Force 按钮,观察偏航电机转向		确认所有电机转向一致,且在偏航时,偏航电机是逆时针转动
9	手动(不带压)偏航测试	手动偏航至±700°,观察电缆扭转情况。测试完成后手动偏航至偏航位置为 0°		电缆扭转均匀,无打结状况
10	机舱指北	使用指南针,通过手动偏航,使机头正对正北方,记录当前偏航角度值到参数中。注意当前偏航角度值必须在$-180°\sim180°$		修改参数值,与当前偏航位置一致

8.1.3.2 变桨系统测试

变桨系统是风力发电机的重要组成部分,它能根据风速的变化,通过调节叶片和风向的角度来调节风轮的速度,从而保证风轮的旋转速度不变,从而使风扇的输出功率得到稳定。采用气动制动器,将叶片顺桨 90°,与风向平行,从而保证了风机的安全运行。变桨系统的安全性是保证风力机组安全发电的关键,其主要上电检查如下:

(1)检查柜体外围设备间的接线、螺栓紧固、扎带固定无松动现象,排除因运输振动引起的松动。

(2)通电前确认主电源供电开关、后备电源供电开关处于断开状态,闭合控制柜内其他断路器,参照对应配置的原理图,使用万用表测量并确认电源三相之间、三相与 N 线和 PE 之间无短路。

(3)测量控制柜内主电源上三相电压为 AC400V±40V,与 N 线之间为 AC230V±23V,确认电压正常后,闭合主电源及后备电源开关。

(4)确认控制器启动、运行正常,并将检查结果填入表 8.1-4 中。

变桨系统测试调试内容　　　　　　　　　　　　表 8.1-4

序号	测试内容	调试方法	合格判定
1	变桨系统置零	手动转动桨叶,进行叶片零位与法兰盘零位对准、校正	变桨系统能置零
2	限位开关 1 位置核对	手动转动桨叶触发限位开关 1,并记录刚好触发时的桨叶角度	偏差在 0.5° 以内

续表

序号	测试内容	调试方法	合格判定
3	限位开关2位置核对	手动转动桨叶触发限位开关2,并记录刚好触发时的桨叶角度	偏差在0.5°以内
4	限位开关3位置核对	手动转动桨叶触发限位开关3,并记录刚好触发时的桨叶角度	偏差在1°以内
5	消除变桨系统故障	使变桨3个叶片均触发限位开关1,消除变桨系统相关故障	无停机故障
6	变桨系统转动测试	手动转动桨叶,向前向后转动测试	正常转动,无异响
7	变桨系统正常停机测试	桨叶初始位置为10°,在专用软件→WT Components→Pitch System→Pitch System Move Test界面中点击正常停机按钮,桨叶按照参数PA_4052(正常停机变桨速度)停机到安全位置	变桨执行顺桨动作,且速度满足参数要求
8	变桨系统快速停机测试	桨叶初始位置为10°,在专用软件→WT Components→Pitch System→Pitch System Move Test界面中点击快速停机按钮,桨叶按照参数PA_4024(正常停机变桨速度)停机到安全位置	变桨执行顺桨动作,且速度满足参数要求
9	变桨系统紧急停机测试	桨叶初始位置为10°,在专用软件→WT Components→Pitch System→Pitch System Move Test界面中点击紧急停机按钮,桨叶按照参数PA_4050(正常停机变桨速度)停机到安全位置	变桨执行顺桨动作,且速度满足参数要求

8.1.3.3 变流器功能测试

风电机组变流器的安全性能测试较为复杂,并且在测试时很容易造成各种部件的损失,所以,各个变流器厂商都把它当作风机的型式试验要求来做,而不把它作为出厂的测试标准。表8.1-5是变流器的主要性能检测内容和测试方法。

变流器性能测试内容及测试方法   表8.1-5

序号	测试内容	测试方法	合格判定
1	变频器除湿	使用机组自动除湿策略,对变频器进行除湿,只在非网侧调制状态下发送加热请求	完成除湿,且不再上报加热请求
2	变流器预充电测试	在系统信息页面,选择运行模式为整机调试-单步调试,单击确定;单击"母线充电"按钮,按钮显示为ON	QA闭合,DC Bus显示常绿。直流母线电压约为1050V
3	变流器网侧调制测试	单击"网侧调制"按钮,按钮显示为ON	网侧断路器闭合,网侧模块显示常绿
4	变流器-发电机同步测试	单击"发电机同步"按钮,按钮显示为ON	QC闭合,机侧模块呈绿色闪烁

8.1.3.4 转速控制测试

目前,国际上主要采用的风电技术是变速恒频风力发电系统。风电机组在低于或高于额定风速时,其控制方案各有不同。在低于额定风速的情况下,风轮的速度必须随着风速而改变,并维持最佳叶尖速比,从而达到最大的风能捕捉效果。在超过额定风速的情况下，一般使用变桨距控制技术来确保输出功率的稳定。当风向变化时，风机的过速停止可能会对其产生危害。转速控制测试内容见表 8.1-6。

转速控制测试内容 表 8.1-6

序号	测试内容	测试方法	合格判定
1	空转测试准备	变桨系统退出手动模式。故障复位，机组无故障。在专用软件上和实际检查中确认风轮锁紧销已摇入及液压刹车处于释放状态。检查传动链有无干涉及其他人员。变桨内部无调试人员且无异物	机组无故障且逐条满足测试方法中项目
2	盘车变频器及盘车电机	核查风轮锁紧销和高速轴刹车均处于打开状态，整个传动链无干涉，人员均处于安全位置。 盘车变频器接线，拨动盘车电机行程开关至工作位置。 操作盘车变频器驱动盘车电机，观察风轮是否转动。 停止盘车变频器驱动。 断开盘车变频器连接线，将盘车变频器放置回存放位置。 波动盘车电机行程开关至脱开位置	盘车变频器及盘车电机完成盘车动作。 盘车电机及传动链无异味、异响或漏油现象
3	机组空转（参数 PA_24103 设定转速）	打开专用软件并连接机组，进入 OPERATION 界面（WT Components→Operation），在"Wind Turbine production"栏单击"Not Release"按钮。 修改参数 PA_19003 Generator speed controller reference 到参数 PA_24103 设定转速。 启动机组。 持续在参数 PA_24103 设定转速处运行 10min。 停止机组。 将参数 PA_19003 Generator speed controller reference 修改回到默认设定值。 检查齿轮箱油路是否有渗油	机组正常运行，无异响和异常温升，机组运行在参数 PA_24103 设定转速±20r/min 范围内。 高速转速与低速转速匹配。 齿轮箱油路应无渗油情况
4	塔筒固有频率测试 1	搜集风力发电机组在参数 PA_24103 设定转速处运行 10min 的数据（包含整个停机过程）	搜集数据完成，无丢失情况；已经计算出塔筒固有频率
5	机组空转 1212r/min	修改参数 PA_19003 Generator speed controller reference 到 1212r/min。 启动机组。 持续在 1212r/min 运行 10min。停止机组。 将参数 PA_19003 Generator speed controller reference 修改回到参数 PA_24103 设定转速	机组正常运行，无异响和异常温升，机组运行在目标转速 1212±20r/min 范围内。高速转速与低速转速匹配
6	塔筒固有频率测试 2	搜集风力发电机组在 1212r/min 转速处运行 10min 的数据（包含整个停机过程）	搜集数据完成，无丢失情况。 已经计算出塔筒固有频率。 根据两次塔筒固有频率测试结果，和滤波器中心频率对比。若差异超过±0.01r/min，请联系研究院修正相关参数

序号	测试内容	测试方法	合格判定
7	超速测试	确认机组发电机转速稳定运行在 900r/min 以上。 修改机组运行参数 PA_13004 Generator speed max limit 设定值,修改到 800r/min。 该项测试完成后修改回参数。 检查齿轮箱油路是否有渗油	机组应触发故障 AL_13007 Generator overspeed,并执行紧急停机。齿轮箱油路应无渗油情况

8.1.3.5 并网测试

风电机组一般都是采用软并网,但是在启动过程中仍然会有很强的冲击电流。当风速超出切出速度时,风机将会自动停机。如果整个电网的风机都在同一时间工作,那么冲击电流必然会对整个电网产生很大的影响,从而对电力系统的供电品质产生一定的影响。同时,由于风机的正常运转,对电力系统的供电质量造成了一定的影响。风力发电机组并网调试(表 8.1-7)应包括下列项目:

(1)手动并网测试:将变流器置于调试模式,按照变流器生产厂商提供的调试手册手动调试机组并网,检查主控与变流器之间的并网通信功能;

(2)自动并网测试:将变流器置于自动模式,在满足风况的条件下让机组自动并网运行,检查机组的自动并网能力;

(3)功率控制测试:将功率分别设定为额定功率以下的某一定值,机组功率应能稳定在设定值上。

(4)风力发电机组中央监控系统调试应符合下列规定:

1)应检查风力发电工程通信网络,且应符合设计图纸;2)中央监控系统与每台风力发电机组应通信正常;3)中央监控系统应正确展示机组的实时数据、历史数据和统计数据;4)报表功能、图表功能应满足设计要求;5)单机和风力发电工程启动、复位、停止控制功能应正常;6)单机和风力发电工程有功功率、无功功率控制功能应满足设计要求;7)中央监控系统与风力发电工程综合自动化系统通信功能应正常。

风力发电机组调试的过程与结果　　　　　　　　　　　　表 8.1-7

序号	测试内容	调试方法	合格判定
1	并网前检查	并网前确保风机无故障且无临时屏蔽的故障	风机无故障且无临时屏蔽故障存在
2	机组并网发电	通过调试软件设置机组释放功率输出,所有参数设置为正常值,最大限定功率为 0kW,启动机组运行 10min	机组运行正常,无故障、无异响、各部件温度无异常,输出功率为 0kW
3	机组并网发电	通过调试软件设置机组释放功率输出,所有参数设置为正常值,最大限定功率为 1000kW,启动机组运行 1h	机组运行正常、无故障,发电机输出功率、转矩、振动、电网电压、电流无异常波动,无异响、各部件温度无异常,功率输出为 1000kW
4	机组并网发电	通过调试软件设置机组释放功率输出,所有参数设置为正常值,最大限定功率为 3000kW,机组限功率运行 12h	机组运行正常、无故障,发电机输出功率、转矩、振动、电网电压、电流无异常波动,无异响、各部件温度无异常,功率输出为 3000kW

序号	测试内容	调试方法	合格判定
5	机组温度检查	通过专用软件检查风机各部件温度是否存在异常	各部件温度无异常
6	机组并网发电	通过调试软件设置机组释放功率输出,所有参数设置为正常值,最大限定功率为6200kW,启动机组运行	机组运行正常、无故障,发电机输出功率、转矩、振动、电网电压、电流无异常波动,功率输出能达到6200kW

8.2 变电站(海上升压站—陆上集控中心)调试技术

8.2.1 变电站调试技术简介

变电站(海上升压站—陆上集控中心)调试技术包含两个部分:分系统调试技术和风电场站内联合调试技术。分系统调试技术主要包括:线路保护调试、降压变保护调试、降压变非电量保护调试、高压电抗保护调试、高压电抗非电量保护调试、高压母线保护调试、场用电保护调试、动补装置保护调试、同期装置调试、直流系统调试。风电场站内联合调试包含海上升压站及陆上集控中心对调、海陆"四遥"试验、信息子站及自动装置控制联调、送出线路保护联调等。

8.2.2 分系统调试技术

8.2.2.1 线路保护调试

1. 外观及接线检查

(1)保护屏内各回路接线是否正确良好;(2)检查二次回路设计与接线应满足继电保护的防错要求;(3)按照设计图纸检查屏位是否正确;(4)按照设计图纸检查屏面布置是否正确;(5)检查屏内设备外观是否良好,有无损坏等;(6)检查屏内设备铭牌是否符合设计要求。

2. 绝缘电阻检查

(1)各保护信号和直流电源回路绝缘电阻测量,进行绝缘电阻测量前应确认回路中所有带有电子元件的设备,已将插件拔出或将其两端短接,使用500V绝缘电阻表测量各接点信号输入回路及直流电源回路对地绝缘电阻,应大于10MΩ;(2)各保护用交流输入回路绝缘电阻测量,使用1000V绝缘电阻表测量交流电压输入回路及交流电流输入回路对地绝缘电阻,应大于1MΩ;(3)各保护输出回路绝缘电阻测量,使用500V绝缘电阻表测量各输出接点对地绝缘电阻,应大于10MΩ。

3. 继电器检验

(1)继电器接点线圈对外壳,输出接点之间绝缘测试,应大于10MΩ;(2)继电器线圈直流电阻测量、继电器动作值/返回值测试、动作时间测试,各项指标都应满足技术要求,动作电压应为额定电压的50%~70%,返回电压不低于额定电压的5%;(3)继电器接点检查。

4. 直流电源检查

（1）自启动性能检查；（2）直流电源输出电压及稳压性检测。

5. 通电初步检验

（1）保护装置的通电自检；（2）直流电源拉合试验；（3）键盘测试；（4）软件版本和程序校验码的核查；（5）时钟的整定与校核或 GPS 同步测试；（6）整定功能测试；（7）打印功能测试。

6. 开关量检查

在保护屏内端子排上短接保护开入量的接点，检查保护装置开入接点是否正确，在保护装置上手动开出出口接点，用万用表检查接点通断情况。

7. 模拟量采样检验

（1）零漂检验；（2）模拟量输入的幅值特性检验；（3）模拟量输入的相位特性检验。

8. 保护定值检验

（1）按照整定单要求，从端子排通入电流电压，逐一校验各保护动作值、动作时间、动作、闭锁条件、动作出口及信号回路。保护功能包括光纤差动保护、相间距离保护、接地距离保护、零序过流保护等，其中对于海上升压站线还配备海缆线路过负荷保护；（2）保护逻辑功能检查。

8.2.2.2 降压变保护调试

（1）外观及接线检查；（2）绝缘电阻检查；（3）继电器检验；（4）直流电源检查；（5）通电初步检验；（6）开关量检查；（7）模拟量采样检验。上述（1）～（7）检查方案同 8.2.2.1 小节线路保护调试。（8）保护定值检验如下：1）按照整定单要求，从端子排通入电流电压，逐一校验各保护动作值、动作时间、动作、闭锁条件、动作出口及信号回路。电量保护功能包括降压变差动保护、降压变高压侧复合电压闭锁过流保护、降压变低压侧复合电压闭锁过流保护、零序电流保护、间隙零序电流、零序电压保护、主变过负荷动作发信号等；2）保护逻辑功能检查。

8.2.2.3 降压变非电量保护调试

（1）外观及接线检查；（2）绝缘电阻检查；（3）继电器检验；（4）直流电源检查；（5）通电初步检验；（6）开关量检查；（7）模拟量采样检验。上述（1）～（7）检查方案同 8.2.2.1 小节线路保护调试。（8）非电量保护传动试验包含：在端子排上分别短接瓦斯、有载调压瓦斯、压力释放、有载调压压力释放、压力突变、绕组温度高、油温高等非电量保护输入接点，检查保护装置上相应指示灯应分别点亮，相应输出接点应闭合。

8.2.2.4 高压电抗保护调试

（1）外观及接线检查；（2）绝缘电阻检查；（3）继电器检验；（4）直流电源检查；（5）通电初步检验；（6）开关量检查；（7）模拟量采样检验。上述（1）～（7）检查方案同 8.2.2.1 小节线路保护调试。（8）保护定值检验：1）按照整定单要求，从端子排通入电流电压，逐一校验各保护动作值、动作时间、动作、闭锁条件、动作出口及信号回路。电量保护功能包括电流差动保护、匝间短路保护、过流保护、零序过流保护、过负荷发信等。2）保护逻辑功能检查。

8.2.2.5 高压电抗非电量保护调试

（1）外观及接线检查；（2）绝缘电阻检查；（3）继电器检验；（4）直流电源检查；（5）通电初步检验；（6）开关量检查；上述（1）～（6）检查方案同 8.2.2.1 小节线路保

护调试。（7）非电量保护传动试验：在端子排上分别短接瓦斯、油温高、油位低等非电量保护输入接点，检查保护装置上相应指示灯应分别点亮，相应输出接点应闭合。

8.2.2.6 高压母线保护调试

（1）外观及接线检查；（2）绝缘电阻检查；（3）继电器检验；（4）直流电源检查；（5）通电初步检验；（6）开关量检查；（7）模拟量采样检验。上述（1）～（7）检查方案同 8.2.2.1 小节线路保护调试。（8）保护定值检验：按照整定单要求，从端子排通入电流电压，逐一校验各保护动作值、动作时间、动作、闭锁条件、动作出口及信号回路。电量保护功能包括母差保护、失灵保护、复合电压闭锁差动保护等。

8.2.2.7 场用电保护调试

（1）外观及接线检查；（2）绝缘电阻检查；（3）继电器检验；（4）直流电源检查；（5）通电初步检验；（6）开关量检查；（7）模拟量采样检验。上述（1）～（7）检查方案同 8.2.2.1 小节线路保护调试。（8）保护定值检验：按照整定单要求，从端子排通入电流电压，逐一校验各保护动作值、动作时间、动作、闭锁条件、动作出口及信号回路。电量保护功能包括电流速断保护、过流保护、零序过流保护、负序过流保护等。非电量保护功能保护温度高跳闸。

8.2.2.8 动补装置保护调试

（1）外观及接线检查；（2）绝缘电阻检查；（3）继电器检验；（4）直流电源检查；（5）通电初步检验；（6）开关量检查；（7）模拟量采样检验。上述（1）～（7）检查方案同 8.2.2.1 小节线路保护调试。（8）保护定值检验：按照整定单要求，从端子排通入电流电压，逐一校验各保护动作值、动作时间、动作、闭锁条件、动作出口及信号回路。电量保护功能包括电流速断保护、过流保护、零序过流保护等。

8.2.2.9 同期装置调试

（1）外观及接线检查；（2）绝缘电阻检查；（3）继电器检验；（4）直流电源检查；（5）通电初步检验；（6）开关量检查；（7）模拟量采样检验；（8）保护定值检验。上述（1）～（8）检查方案同 8.2.2.1 小节线路保护调试。

8.2.2.10 直流系统调试

1. 盘柜外观检查

（1）检查充电屏和馈线屏的外形应端正，无机械损伤及变形现象；各构成装置应固定良好，无松动现象；装置端子排的连接应可靠，所有标号应正确、清晰。

（2）检查充电屏和馈线屏内的连接线应牢固、可靠，无松脱、折断；接地点应连接牢固且接地良好，并符合设计要求。

（3）检查充电屏和馈线屏内装置的各组件应完好无损，其交、直流额定值的参数应与设计一致；各组件应插拔自如、接触可靠，组件上无跳线；组件上的焊点应光滑、无虚焊；按钮、电源开关的通断位置应明确且操作灵活；继电器应清洁，无受潮、积尘。

2. 盘柜接地完整性检查

蓄电池安装支架和充电屏及馈线屏的盘柜接地完整性检查。

3. 电气元器件检查试验

（1）电测仪表检查试验

直流充电屏和馈线屏上的直流电流、电压表、频率表等各类电测仪表以及电流、电压、频率变送器的检查试验。

（2）塑壳断路器检查试验

外观检查：检查断路器外观无明显破损，接线端子可拧紧牢固。主回路绝缘电阻测量和交流耐压试验：用 500V 绝缘电阻表对断路器主回路进行绝缘电阻测量，不应小于 1MΩ。交流耐压试验电压为 1kV，当绝缘电阻值在 10MΩ 以上时，可采用 2500V 绝缘电阻表代替，试验持续时间为 1min。操作可靠性检查：多次手动分合断路器，操作手柄应灵活无卡顿，用万用表检查上下主回路分断、闭合时的导通性，两者状态应对应，主回路直流电阻用万用表测量应为零。

（3）熔断器检查

用万用表测量熔断器上下主回路的直流电阻应为零。

4. 盘柜主回路绝缘检查

（1）绝缘试验之前应将电子仪表、装置从主回路上断开。

（2）充电屏和馈线屏主回路的绝缘电阻用 500V 绝缘电阻表进行测量，不应小于 1MΩ。

（3）交流耐压试验电压为 1kV，当绝缘电阻值在 10MΩ 以上时，可采用 2500V 绝缘电阻表代替，试验持续时间为 1min，试验期间应无闪络、击穿现象。

5. 充电屏检查试验

（1）回路接线检查

对照设计图纸检查屏内一、二次回路接线正确无误。

（2）充电屏通电检查

充电屏调试时，应先把盘柜内所有回路开关断开，蓄电池暂不并入系统。交流输入电源品质检查：测量检查充电模块交流输入电源的幅值、相序等，要求电压幅值在设备要求范围内，确认正相序正确后再合上交流电源进线开关，并检查各相序测量元件是否正常工作。输出精度检查：检查充电装置输出电压、充电装置显示电压是否与充电装置设定值一致（误差在允许范围之内）。保护功能检查：采用修改报警值高于或低于实际值的方法检查充电模块输出失压或过压保护功能，同时检查报警输出接点是否正常闭合。

（3）母线及支路馈线带电检查

合上充电屏母线电源开关，使充电屏母线正式带电，检查母线正负极电压幅值、相序正确，检查各电压、电流变送器输出正常。对充电屏各电压空开进行切换受电，确保屏内各母线段都正常受电。合上馈线屏母线电源开关，使馈线屏母线正式带电，检查母线正负极电压幅值、相序正确。按顺序合上各支路电源开关，同时用万用表在各支路出线端子处检查各出线电压幅值、相序是否正确，各支路电源指示灯是否正确亮启，确保各支路电源空开、指示灯、出线电压一一对应。

（4）充电模块带载检查及限流试验

带载检查：利用放电负载通过馈线屏使充电模块带上额定负载（或现场最大放电负载），稳定运行一段时间，应无异常现象。限流试验：在馈线屏接上一组放电负载，在负荷电流超过单个或整组充电模块最大输出电流的情况下，检查确认充电模块能否把实际输出电流限制在自身最大输出电流范围内而不跳闸。充电模块参数测试：连接充电模块参数测试仪测试充电模块的各项主要技术参数。

（5）充电装置报警输出检查

按设计图纸要求分别模拟装置综合故障、模块异常、绝缘异常、交流异常、电池异常、馈线异常等报警信号，同时检查报警输出接点是否正常闭合。

6. 接地绝缘监测装置检查试验

（1）装置上电前首先检查装置屏后线、各支路巡检回路接线牢固，接线正确，回路绝缘正常。

（2）装置上电后首先检查装置自检情况，然后按照不同电压等级要求设置绝缘报警值（综合规程要求和现场实际一般 110V 直流系统按 10kΩ 设置，220V 直流系统按 20kΩ 设置）。

（3）依次把各支路正、负极用电阻串接接地以模拟各支路馈线接地，当该接地电阻阻值大于装置的接地报警设定值时，装置应可靠不报警；当该接地电阻阻值小于装置的接地报警设定值时，装置应可靠报警，要求装置报警信息中所显示的具体支路数和正负极应与实际一一对应，不得有误。

（4）装置报警输出检查：按设计图纸要求分别模拟装置故障、接地故障等报警信号，同时检查报警输出接点是否正常闭合。

7. 蓄电池单体检查试验

（1）外部检查：检查蓄电池铭牌参数应与设计参数相同。检查连接条固定良好，无明显变形及裂纹现象，各部件安装端正牢固。检查电缆的连接与图纸相符，施工工艺良好，压接可靠，导线绝缘无裸露现象。检查连接条及正、负极连接端子有无锈蚀、污迹，并保持清洁。试验环境检查：用温度计测量蓄电池室温度，要求蓄电池室的试验环境温度经常保持在 5～35℃。

（2）蓄电池连接电阻检查

用微欧计检查所有蓄电池内阻及蓄电池连接器电阻的情况，包括蓄电池之间的连接电阻和端接部件的电阻，比照厂家数据确保读数对系统都是正确的。

（3）蓄电池内阻检查

用蓄电池内阻测试仪测量蓄电池内阻情况，检查对应容量蓄电池内阻满足国标要求。

（4）极性试验及开路电压试验

极性试验：用万用表逐个检查蓄电池极性，如发现极性错误，立即纠正。开路电压试验：蓄电池组在完全充电后并静置至少 24h 后，测量各个蓄电池的开路电压。

（5）蓄电池组并入直流系统试验

充电屏和蓄电池组单体试验都完成后，再把蓄电池组并入直流系统，并入之前应检查蓄电池组端电压正常、并接电缆正负极接线正确及绝缘正常。

（6）蓄电池监视器检查试验

并入之后在充电装置上检查装置巡检到的蓄电池组电压和单体蓄电池电压幅值及相序正常。

（7）蓄电池组容量检查试验

蓄电池组容量检查试验见充放电试验。

8. 测量表计检定

测量表计主要包括电压表、电流表及电压、电流变送器等。用多功能电测检定装置对表计进行检定，检定点的选择一般不少于 5 点，如是指针式仪表则选取分度线作为检定点。误差不应超过表计允许的最大误差。

9. 调试后工作

（1）恢复试验过程中的临时措施，并进行检查，确保回路及装置符合设计要求。（2）对调试过程中发现的不合格品及时通知相关人员进行处理，并做好记录。（3）检查调试过程中涉及的记录是否齐全，并及时填写试验记录。

8.2.3 风电场站内联合调试技术

通过对海上升压站和陆上集控中心整体调试，使其具有正常的工作状态，各项技术指标满足生产厂家和设计部门的要求，确保 220kV 升压站及集控中心系统安全投运。确保海上升压站与陆上集控中心符合有关检验规程及设计要求，具备升压站倒送电条件。调试内容及流程，如图 8.2-1 所示。

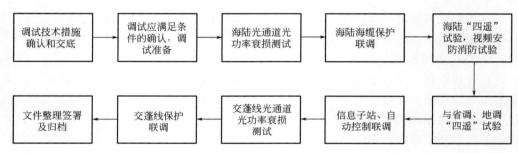

图 8.2-1 调试内容及流程

8.2.3.1 调试对象和范围

（1）海缆线路保护联调、海陆"四遥"对点。（2）送出线路保护联调。（3）海上升压站及陆上集控中心与省调和地调"四遥"对点。（4）保护故障信息子站、安全自动装置（频率电压紧急控制、PMU）、AGC/AVC 功率控制系统联调。（5）视频监控、安防、消防系统联调。

8.2.3.2 调试前准备工作

（1）陆上集控中心及海上升压站 220kV、35kV 系统保护的单体及分系统已调试完毕，符合有关检验规程及设计要求，且报告、签证齐全。

（2）海上升压站及陆上开关站内的开关、刀闸各自经海上（陆上）NCS 操作回路正确，保护、信号、报警回路经调试、验收完备，正确可用。

（3）交、直流及 UPS 系统调试完毕，符合有关检验规程及设计要求，且报告、签证齐全。

（4）海上升压站柴油发电机系统调试完毕，带负荷试验正常，且报告、签证齐全，满足调试需要。

（5）陆上集控中心及海上升压站 220kV 升压站保护室、220kV 开关站、35kV 开关站内应清理干净，地面清洁，道路畅通，照明充足，暖通设备工作正常。所有电气设备名称编号清楚、正确，带电部分设有警告标志。

（6）继电保护装置的整定值与整定通知书相符。

（7）海上升压站与陆上集控中心通信已联通，通道正常。

（8）消防设施齐全，保护室内应配有灭火器。

（9）所有调试仪器设备已就位。

（10）所有与本次校验有关的图纸、资料已齐全。

（11）与本次校验相关的作业人员已学习本措施，全体作业人员熟悉作业内容、危险源点、安全措施、进度要求、作业标准、安全注意事项。

8.2.3.3 调试方法、工艺、步骤及作业程序

1. 海上升压站及陆上集控中心对调

（1）光功率衰损测试

装置上电后各指示灯指示正确，报文收发正常。在海缆光纤一端接光源，另一端接光功率计，测量光功率衰损。通道对调记录表，如表 8.2-1 所示。

通道对调记录表 表 8.2-1

装置通道		收信号测试	发信号测试
陆上	海缆线 A 套保护 A 通道		
	海缆线 A 套保护 B 通道		
	海缆线 B 套保护 A 通道		
	海缆线 B 套保护 B 通道		
海上	海缆线 A 套保护 A 通道		
	海缆线 A 套保护 B 通道		
	海缆线 B 套保护 A 通道		
	海缆线 B 套保护 B 通道		
陆上	海缆线 A 套保护 A 通道		
	海缆线 A 套保护 B 通道		
	海缆线 B 套保护 A 通道		
	海缆线 B 套保护 B 通道		
海上	海缆线 A 套保护 A 通道		
	海缆线 A 套保护 B 通道		
	海缆线 B 套保护 A 通道		
	海缆线 B 套保护 B 通道		
结论			

（2）通道运行数据检查

通道测试完毕后，恢复保护通道，观察 3min，报文异常、通道失步、通道误码均不增加为正常。装置显示通道延时与通道测试延时一致。

（3）通道接线核对

逐一断开两端的光纤收发接头，装置应正确告警，且通道对应正确；分别投退两侧差动保护压板，装置应正确告警，且通道对应正确。

（4）采样检查

分别在两侧海缆纵差保护装置各相加电流，记录对侧装置采样值，两侧的保护装置应能正确将各相电流值传送到对侧，且两侧装置采样与通入测量值误差小于 5％，若两侧电流互感器变比不同时，应注意变比的折算。通道对调记录表，如表 8.2-2～表 8.2-5 所示。

1）陆侧加 A、B、C 三相电流

通道对调记录表（A 套）　　　　　　　　　　表 8.2-2

相别	陆侧电流（A）	海侧电流（A）	
		A 通道	B 通道
A			
B			
C			
结论			

通道对调记录表（B 套）　　　　　　　　　　表 8.2-3

相别	海侧电流（A）	陆侧电流（A）	
		A 通道	B 通道
A			
B			
C			
结论			

2）海侧加 A、B、C 三相电流

通道对调记录表（A 套）　　　　　　　　　　表 8.2-4

相别	海侧电流（A）	陆侧电流（A）	
		A 通道	B 通道
A			
B			
C			
结论			

通道对调记录表（B 套）　　　　　　　　　　表 8.2-5

相别	陆侧电流（A）	海侧电流（A）	
		A 通道	B 通道
A			
B			
C			
结论			

（5）模拟区内故障

根据模拟工况，记录动作结果，通道对调记录表，如表8.2-6所示。

通道对调记录表（A套/B套） 表8.2-6

序号	模拟工况	动作结果
1	对侧加电流,本侧开关合位,对侧开关在合位,两侧加电压(均低于60%的额定)	
2	对侧加电流,本侧开关分位,对侧开关在合位,两侧加电压(均低于60%的额定)	
3	对侧加电流,两侧开关合位,两侧加电压(均为额定)	
4	本侧加电流,本侧开关合位,对侧开关在合位,两侧加电压(均低于60%的额定)	
5	本侧加电流,对侧开关分位,本侧开关在合位,两侧加电压(均低于60%的额定)	
6	对侧加电流,两侧开关合位,两侧加电压(均为额定)	
7	对侧模拟远跳	
8	本侧模拟远跳	
结论		

（6）试验完毕后，拆除试验接线，对试验电流、电压回路端子进行紧固并检查。

（7）海上升压站及陆上集控中心"四遥"试验按风电场全站"四遥"点表进行验证。

（8）海缆间隔操作回路逻辑闭锁验证按表8.2-7进行。

交海26S1海缆间隔 表8.2-7

项目	闭锁开关	确认
海上站海交26S13隔刀分合闸(Q9)	陆上站交海26S17地刀分位(Q81)	正确□
海上站海交26S17地刀分合闸(Q81)	陆上站交海26S13隔刀分位(Q9)	正确□
陆上站交海26S13隔刀分合闸(Q9)	海上站海交26S17地刀分位(Q81)	正确□
陆上站交海26S17地刀分合闸(Q81)	海上站海交26S13隔刀分位(Q9)	正确□

（9）海陆视频监控系统、安防系统、消防报警系统联调。

联调前做好安全隔离措施后，设备厂家按设计图纸逐点进行遥信、遥控验证，试验完毕恢复正常状态，消防系统置自动/手动，由运行按运行方式确定。

2. "四遥"点表验证

海上升压站及陆上集控中心与省调、地调"四遥"试验按风电场调度"四遥"点表进行验证。

3. 保护信息子站、安全自动装置控制联调

与调度联调，将风电场海上升压站及陆上集控中心相关系统与元件等保护有关信息及PMU测量信息上传至省调。

4. 送出线路保护联调

（1）光功率衰损测试

装置上电后各指示灯指示正确，报文收发正常。在交蓬线路光纤一端接光源，另一端接光功率计，测量光功率衰损。通道对调记录表，如表8.2-8所示。

通道对调记录表　　　　　　　　　　表 8.2-8

装置通道		收信号测试	发信号测试
本侧	送出线 A 套保护 A 通道		
	送出线 A 套保护 B 通道		
	送出线 B 套保护 A 通道		
	送出线 B 套保护 B 通道		
对侧	送出线 A 套保护 A 通道		
	送出线 A 套保护 B 通道		
	送出线 B 套保护 A 通道		
	送出线 B 套保护 B 通道		
结论			

（2）通道运行数据检查

通道测试完毕后，恢复保护通道，观察 3min，报文异常、通道失步、通道误码均不增加为正常。装置显示通道延时与通道测试延时一致。

（3）通道接线核对

逐一断开两端的光纤收发接头，装置应正确告警，且通道对应正确；分别投退两侧差动保护压板，装置应正确告警，且通道对应正确。

（4）采样检查

分别在两侧海缆纵差保护装置各相加电流，记录对侧装置采样值，两侧的保护装置应能正确将各相电流值传送到对侧，且两侧装置采样与通入测量值误差小于 5%，若两侧电流互感器变比不同时，应注意变比的折算。通道对调记录表，如表 8.2-9～表 8.2-11所示。

1）陆上站本侧加 A、B、C 三相电流

通道对调记录表（A 套/B 套）　　　　　　表 8.2-9

相别	本侧电流（A）	对侧电流（A）	
		A 通道	B 通道
A			
B			
C			
结论			

2）送出站侧加 A、B、C 三相电流

通道对调记录表（A 套/B 套）　　　　　　表 8.2-10

相别	对侧电流（A）	本侧电流（A）	
		A 通道	B 通道
A			
B			

续表

相别	对侧电流（A）	本侧电流（A）	
		A 通道	B 通道
C			
结论			

3）模拟区内故障

通道对调记录表（A 套/B 套）　　　　表 8.2-11

序号	模拟工况	动作结果
1	对侧加电流,本侧开关合位,对侧开关在合位,两侧加电压(均低于 60% 的额定)	
2	对侧加电流,本侧开关分位,对侧开关在合位,两侧加电压(均低于 60% 的额定)	
3	对侧加电流,两侧开关合位,两侧加电压(均为额定)	
4	本侧加电流,本侧开关合位,对侧开关在合位,两侧加电压(均低于 60% 的额定)	
5	本侧加电流,对侧开关分位,本侧开关在合位,两侧加电压(均低于 60% 的额定)	
6	对侧加电流,两侧开关合位,两侧加电压(均为额定)	
7	对侧模拟远跳	
8	本侧模拟远跳	
结论		

4）试验完毕后，拆除试验接线，对试验电流、电压回路端子进行紧固并检查。

8.3　风电场受电启动调试技术

8.3.1　风电场受电启动调试简介

　　海上升压站与陆上集控中心的受电调试对风力发电机的启动与调试有着重要影响。在受电初期，集中控制中心和升压站的受电设备均要做负荷试验。对集控中心和升压站的线路保护、电抗器保护、主变保护、母线保护及相应二次控制回路进行检验，确保其能够投入运行。风电场的启动调试技术主要有：陆上集控中心受电启动调试、海上升压站受电启动调试和风力发电机组受电启动调试。基于实际工程案例，本小节阐述风电场受电启动调试关键技术。

8.3.2　调试前准备工作及安全技术措施

8.3.2.1　调试前准备工作

　　海上风电场工程陆上集控中心和海上升压站受电调试前，需具备如下条件：

　　（1）海上升压站内的 400V、35kV、220kV 各段开关及倒送电有关的刀闸经 NCS 操作回路正确，保护、信号、报警回路经调试、验收完备，正确可用。

　　（2）柴油发电机组及 400V 开关的控制、保护逻辑调试整定完毕，并具备投运条件。继电保护装置的整定值与整定通知书相符。UPS 电源已调试完备，应保证 NCS 系统用的电源安全可靠。

（3）检查 1 号、2 号主变分接头位置符合有关要求（无特殊要求时在额定值 9B 位置）。

（4）1 号、2 号主变本体及母线等主体设备的绝缘状态良好，瓷套表面清洁，主变管路阀门位置正确，主变油质检验合格，瓦斯继电器动作正确，相关试验报告齐全。

（5）海缆线路陆上高抗、海缆线路海上高抗及母线等主体设备的绝缘状态良好，瓷套表面清洁，高抗管路阀门位置正确，高抗油质检验合格，瓦斯继电器动作正确，相关交接试验报告齐全。

（6）海缆已完成耐压试验，海缆相序校核正确，并经有关部门检验验收合格。海陆联调，调度自动化联调均已结束，试验结果应正确。

（7）电建公司在 1 号、2 号主变重瓦斯跳闸回路安装紧急跳闸按钮，并经试验验证。送电过程中主变出现异常情况可不经汇报，就地直接跳开运行开关。在母差保护屏内短接退出海交 26S1 线路、海交 26S2 线路 CT 回路。

（8）在 1 号主变保护 A、B 屏短接退出 35kV 低压差动 CT 绕组。在 2 号主变保护 A、B 屏短接退出 35kV 低压差动 CT 绕组。

（9）受电有关的一、二次设备均应安装调试结束，经有关部门检验验收合格，报告齐全。陆上集控中心受电范围内的 220kV 开关室应全面检查，所有相关倒送电开关应在冷备用位置。

（10）海上升压站受电范围内的 35kV、220kV 开关室应全面检查，所有开关应在冷备用位置。做好本次倒送电受电范围与非受电范围设备的安全隔离措施。

（11）所有临时接地线、短路线应拆除。安装作业人员撤离工作现场，开关室、400V 配电室等受电设备的区段门锁齐全，投运设备悬挂标示牌、警示牌。

（12）带电部分的对地安全距离符合安规要求。与本次倒送电有关的操作、信号、表计及保护回路均应正确；保护整定正确，二次回路经全面传动试验，试操作正确无误，并经验收合格。

（13）受电系统的土建、门窗、消防管路已完成，并经工程质量监督部门按程序进行检查后方允许系统带电。

（14）受电部分及周围场地应清理干净，场地清洁，道路畅通，照明充足。调度、主控室、开关室及主变、升压站现场之间的通信设施齐备、畅通。临时电源（包括开关直流系统）应可靠。

（15）受电设备应有系统接线图并应按图标号清晰。受电的高压设备应设有遮拦并悬挂警告牌或标示牌，各开关室应有门锁。消防设施齐全，各开关室按规范要求配置灭火器材，倒送电期间主变现场加设临时消防设备。

（16）保护室、升压站包括 1 号、2 号主变间隔接地系统应完成，接地电阻符合要求。

（17）参加倒送电的有关人员应学习本措施，服从统一指挥，并熟悉受电系统和设备的运行规程。

8.3.2.2 安全技术措施

（1）严格执行操作票和工作票制度，避免电气故障。

（2）对设计图、调试要点进行仔细的了解，避免出现误接等情况。

（3）操作人员和调试人员必须对保护定值进行校验，并在启动之前进行保护传动检验，以确定其可靠性和正确性，避免误动、拒动。

（4）禁止带电拔出电路板部件，并做好防静电保护。

（5）在整个测试期间，所有参与测试的人员和相关人员都必须严格遵守《电力安全工作规程》，不能有任何违规行为。所有人均有权利和义务停止对电力系统的破坏；要有预防意外发生的准备，避免变压器的损坏和保护。

（6）临时供电设备必须标明，并进行绝缘处理，测试结束后要立即进行维修。

（7）参与此项测试的所有人都必须了解此项措施，并且对电力系统及设备的操作规则熟悉掌握。在测试之前，要有清晰的任务，在测试时要全神贯注，听从统一的指示，不要随意走动，如果要改变线路或改变装置，必须事先得到测试主管的许可。

（8）在测试过程中，如果出现任何不正常的情况，要立即报告，如果出现故障，要服从调试人员的指示。

（9）如在试验过程中出现突发事件，试验者或操作者可以在未经允许的情况下，立即断开临时主变电所的高压侧开关，使其切断电源。

8.3.3　陆上集控中心受电启动调试技术

陆上集控中心受电启动调试主要内容包含：检查本次倒送电受电范围内的技术准备工作、保护投运方式、检查受电范围设备符合送电条件、检查主变保护跳闸压板投入、陆上集控中心送出线路受电执行、借调 2603 开关、主变冲击试验、动补送电试验、用变受电试验、备自投逻辑校验。检查倒送电受电范围内的技术准备工作、安全措施后，各有关部门的试验人员就位，并向调度报告此次倒送电准备工作已经完成，可以进行试验。接到调度可以试验命令后，开始测试。

（1）保护投运方式：陆上集控中心 220kV 线路保护、高抗保护及母差保护按调度要求投或退。临时保护装置定值及保护投退按调度令执行。220kV 陆上集控中心故障录波器正常运行。3 号主变保护所有保护功能均投入，主变本体非电量保护按保护定值投入。35kV 开关综保均投入。

（2）检查受电范围内绝缘应合格，设备符合送电条件。

（3）检查 3 号主变保护跳闸压板投入。

（4）陆上集控中心送出线路受电方案按调度实施方案执行。

线路受电时检查线路 PT 及母线 PT 的相位及幅值。依调度令对 220kV 正母线 PT、送出线 PT 进行二次核相。

（5）待陆上集控中心送出线路及 220kV 正母线冲击受电结束后向调度借调 2603 开关。

（6）3 号主变冲击试验：

将 2603 开关转运行，用 2603 开关对 3 号主变进行冲击 5 次，每次受电持续 10min，间隔 5min；检查冲击电流和电压值，检查 3 号主变本体及保护装置应正常。冲击 3 次后，拉开 3 号主变高压侧 2603 开关。3 号主变低压侧进线 303 开关摇至工作位置。2603 开关转运行，对 3 号主变进行第 4 次冲击。检查 3 号主变本体及保护装置应正常。第 4 次冲击后，拉开 3 号主变高压侧 2603 开关，合上 3Q11 刀闸，合上 3Q21 刀闸，将 3 号主低压侧进线 303 开关转运行，35kV Ⅴ段母线 PT 转运行。将 35kV ♯1 动补 3Q1 开关、♯2 动补 3Q2 开关、♯4 场用变 34B 开关推至工作位，全部转为热备用。断开 35kV ♯1 动补 3Q1

开关、♯2 动补 3Q2 开关的操作电源，检查 35kV 所有保护均投入运行。合上 2603 开关，对 3 号主变进行第 5 次冲击，对 35kV Ⅴ 段母线受电。检查 35kV Ⅴ 段母线 PT 相位、相序、幅值应正确。对 35kV Ⅴ 段母线 PT 和 220kV 母线 PT 进行核相，应正确。恢复 3 号主变差动低压 CT 的原接线，拆除重瓦斯回路上的临时接线。退出 3 号主变保护差动。5 次冲击后按规范要求取 3 号主变油样进行色谱分析。

（7）35kV ♯1 动补送电试验：

合上 3Q1 开关的操作电源。将 3Q1 开关转运行，程序控制合上 ♯1 动补 3Q1A 开关，对 35kV ♯1 动补设备受电，检查 ♯1 动补一次设备无异常；带适当负荷后检查设备无异常，保护装置无异常；对 3 号主变间隔 CT、线路间隔 CT、35kV 进线开关间隔 CT、♯1 动补间隔开关 CT 进行带负荷校验，进行线路保护、母保护、主变保护的带负荷校验。校验结束后，动补运行方式按调度和运行要求调整。

（8）35kV ♯2 动补送电试验：

合上 3Q2 开关的操作电源。将 3Q2 开关转运行，程序控制合上 ♯2 动补 3Q2A 开关，对 35kV ♯2 动补设备受电，检查 ♯2 动补一次设备无异常；带适当负荷后对 ♯2 动补间隔开关间隔 CT 进行带负荷校验。校验结束后动补运行方式按调度和运行要求调整。

（9）♯4 场用变受电试验：

检查 44B 开关在工作、分闸状态。合上 34B 开关，对 ♯4 场用变进行冲击，冲击 3 次。

在 44B 开关处进行 400V 核相工作。核相正确后进行 ♯4 场用变有载调压调挡试验：由中间挡 5 挡调至 7 挡和 3 挡，每次间隔 1～2min，并记录 35kV、400V 电压变化（调挡范围根据现场电压变化决定）。

（10）400V 备自投逻辑校验：

正常状态：检查 400V Ⅳ 段母线工作进线 44B 开关、400V Ⅴ 段母线工作进线 45B 开关在运行状态，400V Ⅳ、Ⅴ 段母联 445 开关在热备用状态，400V Ⅳ、Ⅴ 段母线分别由 ♯4 场用变和 ♯5 场用变供电分列运行，备自投投入。在正常运行状态下，由调试人员人为操作或模拟使 400V Ⅴ 段母线失压备自投低压启动或保护动作时，400V Ⅴ 段母线工作进线 45B 开关跳闸转为分位，此时备自投装置动作，自动合上 400V Ⅳ、Ⅴ 段母联 445 开关，此时 400V Ⅳ、Ⅴ 段母线由 400V Ⅳ 段母线工作进线供电，完成后恢复正常运行状态。在正常运行状态下，由调试人员人为操作或模拟使 400V Ⅳ 段母线失压备自投低压启动或保护动作时，400V Ⅳ 段母线工作进线 44B 开关跳闸转为分位，此时备自投装置动作，自动合上 400V Ⅳ、Ⅴ 段母联 445 开关，此时 400V Ⅳ、Ⅴ 段母线由 400V Ⅴ 段母线工作进线供电，完成后恢复正常运行状态。

（11）陆上集控中心的场用变及 400V 运行方式按风电场运行要求执行。

8.3.4　海上升压站受电启动调试技术

海上升压站受电启动调试内容包含：检查本次倒送电受电范围内的技术准备工作、保护投运方式、检查受电范围设备符合送电条件、检查主变保护跳闸压板投入、高抗冲击方案执行、检查海缆线路压变电压、相序及幅值、220kV 正母线 PT、海缆线路陆上 PT 进行二次核相、冲击试验、母线受电试验、用变受电试验、备自投 PLC 逻辑校验。

（1）检查本次倒送电受电范围内的技术准备工作、所有安全措施均已落实完毕后，相关单位试验人员均已到位，向调度汇报本次倒送电的准备工作已全部完成，可以进行试验。接调度可以试验命令后，开始试验。

（2）保护投运方式：

陆上集控中心 220kV 线路保护、高抗保护及母差保护按调度要求投或退。海上升压站 220kV 海缆保护及高抗保护按调度要求投退。临时保护装置定值及保护投退按调度令执行。220kV 海上升压站故障录波器正常运行。1 号、2 号主变保护所有保护功能均投入，主变本体非电量保护按保护定值投入。35kV 开关综保均投入。

（3）检查受电范围内绝缘应合格，设备符合送电条件。

（4）检查 1 号、2 号主变保护跳闸压板投入。

（5）220kV 陆上高抗及海上高抗冲击方案按调度实施方案执行。

（6）按调度令冲击后，海上升压站检查海缆线路压变电压、相序及幅值应正确。

（7）依调度令对 220kV 正母线 PT、海缆线路陆上 PT 进行二次核相。

（8）1 号主变 5 次冲击试验、35kV 母线受电试验：

向省调申请借调海缆线路开关。检查 301A、301B 开关在冷备用状态。检查 35kV 所有集电线路及站用变间隔综保均投入运行。合上海交 26S1 开关，对 1 号主变、♯1 接地变以及♯2 接地变进行第一次冲击，检查冲击电流和电压值，检查 1 号主变、♯1 接地变以及♯2 接地变本体及保护装置应正常；隔 10min 后拉开海交 26S1 开关，以后每隔 5min 用海交 26S1 对主变冲击一次，每次带电 10min 左右，共冲击 4 次。4 次冲击后，将 31B1 刀闸、3111 刀闸、3121 刀闸、3131 刀闸、3211 刀闸、3221 刀闸、3231 刀闸、3311 刀闸、3321 刀闸、3331 刀闸、3411 刀闸、3421 刀闸、3431 刀闸、32B1 刀闸、301A1 刀闸、301B1 刀闸、35kV Ⅰ 段母线 PT、35kV Ⅱ 段母线 PT、35kV Ⅲ 段母线 PT、35kV Ⅳ 段母线 PT 转运行。检查 35kV 母差保护在检修状态。将 301A、301B 开关转运行。确认 2 号主变低压侧 302A、302B 开关在冷备用状态。合上海缆线路开关，对 1 号主变、♯1 接地变、♯2 接地变、35kV Ⅰ 段母线、35kV Ⅲ 段母线进行第 5 次冲击，冲击正常后 35kV Ⅰ 段母线 PT、35kV Ⅲ 段母线 PT 相位、相序、幅值，应正确。对 35kV Ⅰ 段母线 PT、35kV Ⅲ 段母线 PT 与海交 26S1 线路海上 PT 进行核相，应正确。投入母联 310 充电过流保护（充电过流保护临时定值由电厂提供），合上 310 开关对 35kV Ⅱ 段母线受电。投入母联 330 充电过流保护（充电过流保护临时定值由电厂提供），合上 330 开关对 35kV Ⅳ 段母线受电。检查 35kV Ⅰ、Ⅱ、Ⅲ、Ⅳ 段母线 PT 相位、相序、幅值，应正确。并与海交 26S1 线路 PT 进行核相。将 35kV Ⅰ、Ⅱ 段母联开关 310 转冷备用，将 35kV Ⅲ、Ⅳ 段母联开关 330 转冷备用，退出母联开关 310、330 充电过流保护。核相结束后，恢复 1 号主变差动低压 CT 的原接线，拆除重瓦斯回路上的临时接线。进行 1 号主变有载调压调挡试验：由中间挡 9b 挡调至 11 挡和 7 挡，每次间隔 1～2min，并记录 220kV、35kV 电压变化（调挡范围根据现场电压变化决定）按规范要求取 1 号主变油样进行色谱分析。

（9）♯1、♯2 场用变受电试验：

检查 400V Ⅰ 段母线工作进线 41B 开关、400V Ⅱ 段母线工作进线 42B 开关均在分闸位置，400V Ⅰ、Ⅱ 段母联 412 开关在试验位置，400V 备自投 PLC 处于退出状态。将♯1 场用变 31B 开关转运行，对♯1 场用变冲击，检查冲击电流和电压值，检查♯1 场用变本体及保护装置应正常，共冲击 3 次。将♯2 场用变 32B 开关转运行，对♯2 场用变冲击，检查冲击电流和电压值，检查♯2 场用变本体及保护装置应正常，共冲击 3 次。将 400V Ⅱ段母线工作进线 42B 开关、400V Ⅰ段母线工作进线 41B 开关转运行，在 400V Ⅰ、Ⅱ段母联 412 开关上下端口处对 400V Ⅰ段母线、400V Ⅱ段母线进行核相。400V Ⅲ段母线Ⅰ工作电源 413 开关转运行，400V 柴发停运。400V Ⅲ段母线Ⅰ工作进线 431 开关转运行。对 400V Ⅰ段母线、400V Ⅲ段母线进行核相。核相完成后将 400V Ⅰ、Ⅱ段母联 412、400V Ⅲ段母线Ⅱ工作电源 423 开关置热备用位置，400V Ⅲ段母线Ⅱ工作进线 432 开关转运行。

（10）400V 备自投 PLC 逻辑校验：

正常状态 1：检查 400V Ⅰ段母线工作进线 41B 开关、400V Ⅱ段母线工作进线 42B 开关在运行状态，400V Ⅰ、Ⅱ段母联 412 开关在热备用状态，400V Ⅰ、Ⅱ段母线分别由♯1 场用变和♯2 场用变供电分列运行，400V Ⅲ段母线Ⅰ工作进线 431 开关、400V Ⅲ段母线Ⅰ工作电源 413 开关在运行状态，400V Ⅲ段母线由Ⅰ段母线供电，400V Ⅲ段母线Ⅱ工作电源 423 开关置热备用位置，400V Ⅲ段母线Ⅱ工作进线 432 开关运行状态，柴发停用，备自投 PLC 投入。在正常运行状态 1 下，由调试人员人为操作或模拟故障使 400V Ⅰ段母线失压备自投低压起动或保护动作时，400V Ⅰ段母线工作进线 41B 开关跳闸转为分位，此时备自投装置动作，自动合上 400V Ⅰ、Ⅱ段母联 412 开关，此时当备自投装置检测到 400V Ⅲ段母线Ⅰ工作电源 413 开关为合位并且 400V Ⅲ段母线Ⅱ工作电源 423 开关为分位时，则动作跳开 400V Ⅲ段母线Ⅰ工作电源 413 开关，合上 400V Ⅲ段母线Ⅱ工作电源 423 开关，400V Ⅲ段母线由Ⅱ段母线侧供电，这种运行方式柴发不启动，完成后恢复正常运行状态。

正常状态 2：400V Ⅰ段母线工作进线 41B 开关在运行状态，400V Ⅱ段母线工作进线 42B 开关在运行状态，400V Ⅰ、Ⅱ段母联 412 开关在热备用状态，400V Ⅰ、Ⅱ段母线分别由♯1 场用变和♯2 场用变供电分列运行，400V Ⅲ段母线Ⅰ工作进线 431 开关和 400V Ⅲ段母线Ⅱ工作进线 432 开关在运行状态，400V Ⅲ段母线Ⅰ工作电源 413 开关在热备用状态，400V Ⅲ段母线Ⅱ工作电源 423 开关在运行状态，400V Ⅲ段母线由Ⅱ段母线供电，400V Ⅱ、Ⅲ段母线联络运行，柴发停用，备自投 PLC 投入。在正常运行状态 2 下，由调试人员人为操作或模拟故障使 400V Ⅱ段母线失压备自投低压起动或保护动作时，400V Ⅱ段母线工作进线 42B 开关跳闸转为分位，此时备自投装置动作，自动合上 400V Ⅰ、Ⅱ段母联 412 开关，此时当备自投装置检测到 400V Ⅲ段母线Ⅱ工作电源 423 开关为合位并且 400V Ⅲ段母线Ⅰ工作电源 413 开关分位时，则动作跳开 400V Ⅲ段母线Ⅱ工作电源 423 开关，合上 400V Ⅲ段母线Ⅰ工作电源 413 开关，400V Ⅲ段母线由Ⅰ段母线侧供电，这种运行方式柴发不启动。在正常运行状态 1 或状态 2 下，由调试人员人为操作或模拟故障同时使♯1、♯2 场用变高压侧失电，当备自投装置检测到♯1、♯2 场用变失电，则备自投动作跳开 400V Ⅰ段母线工作进线 41B 开关和 400V Ⅱ段母线工作进线 42B 开关以及 400V Ⅰ、Ⅱ段母联 412 开关，同时跳开 400V Ⅲ段母线Ⅰ工作电源 413 开关和 400V Ⅲ段母线Ⅱ工作电源 423 开关，备自投装置自动启动柴发后合上 400V Ⅲ段母线备用电源 43C 开关，柴发只带Ⅲ段母线的负荷运行。在柴发运行状态下，由调试人员人为操作恢复♯1、♯2 场用变供电时，柴发经固定延时停运，联跳 400V Ⅲ段母线的柴发进线开关，恢复为正常供电状态 1 或状态 2。在正常运行状态 1 或状态 2 下，测试各进线断路器、母线联络断路器的合闸回路相互闭锁，严禁两个电源同时并列运行。柴油发电机就地同期并网试验应正确。

（11）海上升压站的场用变及 400V 运行方式按风电场运行要求执行。

（12）根据现场条件，由业主安排风机并网进行带负荷测试，具体待并风机组号由业主提供。

（13）35kV 风机集电线路送电：

检查风机箱变的蓄电池为可用状态。35kV 风机集电线路保护、35kV 风机集电线路箱变保护、35kV 风机保护均投入。35kV 海上升压站故障录波器正常运行。检查 35kV 风机集电线路的绝缘电阻应合格，设备符合送电条件。检查 35kV 风机集电线路开关、风机、箱变均处冷备用状态。将 35kV 集电线路 4 转热备用。合 321 开关对集电线路 4 冲击，共冲击两次，每次间隔 5min，检查冲击电流和电压值，检查保护装置，应正常。两次冲击完，将风机箱变转热备用，其中 32B1H 负荷开关分闸，合 321 对集电线路 4 进行第三次冲击。冲击合格后，合上箱变高压侧开关，对箱变进行冲击，共冲击三次，每次间隔 5min，检查冲击电流和电压值，检查保护装置，应正常。合上箱变低压侧开关，对风机进行送电，送电正常后，进行风机的动态调试。其余风机送电方式同样进行。

集电线路送电方式同上。

8.3.5 风力发电机组受电启动调试技术

风力发电机组受电启动调试技术的内容包括：在完成了海上升压站受电启动调试作业的最后一步工作之后，关闭风机箱变低压侧开关，对风机进行送电。在送电之后，要检查各带电设备是否工作正常，并检查电压相序、幅值是否正常。并网后带负荷的情况下，对电网中的电压、电流、有功功率和无功功率等参数进行检测，并对各传感器的温度进行检测。在对风机进行离网调试时，应注意其工作状况是否良好，有无故障。

电网的电压、电流、有功功率和无功功率的数据是否发生了变动。

检查正常后，由风机厂家对风机内部系统进行动态调试。

1. 风机并网需要对变桨系统、偏航系统、主控系统、冷却系统及制动系统进行调试，主要检查内容及具体措施如表 8.3-1 所示。

风机内部系统进行动态调试内容及措施 表 8.3-1

序号	检查内容	具体措施
1	倒送电措施审批手续完整，签证齐全	将所使用的手续及资料提前准备齐全
2	变桨控制器参数上传校准检查无误，叶片转向正确、转速正常，润滑泵工作正常，变桨蓄电池电压正常，限位开关调整完成	(1)检查每个叶片的校零。按步骤操作，最终叶片停止角度在 88.5°～89.5°；(2)检查自动变桨距爪锁。变桨爪功能正常，伸缩位置到位；(3)检查叶片轴承的集中润滑系统。油泵转动方向准确，油管及分配器无漏油；停止润滑泵，上次润滑日期/时间及流量增加；(4)测试轮毂中的变桨距叶片阀体，检查所有阀门；(5)测试绝对值编码器(或 SRSG)装置(风轮转速保护)；(6)测试 SSD(PCH)装置(抗冲击检测)。紧急变桨距系统已启动，且叶片收至停止位置

续表

序号	检查内容	具体措施
3	主控控制器上传校准检查无误,输入输出信号测试准确,安全链测试正常	(1)确定安全模块状态:检查所有安全模块是否正常,若不正常,则重启控制器,保证安全链正常;(2)安全系统主电源紧急停机:触发手动急停按钮,观察是否失电,机舱主电源是否断开;(3)安全链高速轴刹车输出:触发安全链高速轴刹车输出,观察是否失电;(4)安全链润滑和加热器输出:触发安全链润滑和加热器输出,观察安全链润滑和加热器是否断电,停止运行
4	冷却系统工作正常	(1)检查冷却系统的接线是否正确;(2)检查冷却系统是否可以正常启停,再观察冷却水箱液位镜中的液位是否正常
5	偏航系统传感器工作正常,偏航电机转向统一,转速正常,偏航制动系统工作正常,自动解缆工作正常	(1)主控与偏航变频器通信:观察所显示的偏航位置和实际运行情况的相符性;(2)风机在维护模式下,按下机舱柜门上的左右偏航按钮,观察偏航方向是否正确;观察偏航电机的转向是否统一且转速是否正确,转速是否正常;(3)风机在维护模式下,手动偏航角度大于10°,取消手动偏航,进入自动偏航模式,5min内观察偏航是否完成偏航对风,测试完成后,恢复手动偏航
6	制动系统安装符合要求,制动系统动作灵敏,可靠	(1)塔底控制柜紧急停机按钮:触发塔底控制柜紧急停机按钮,观察塔底控制柜紧急停机按钮信号是否有变化;(2)机舱控制柜紧急停机按钮:触发机舱控制柜紧急停机按钮,观察显示屏上机舱控制柜紧急停机按钮信号是否有变化;(3)偏航限位开关:触发偏航限位开关,观察显示屏上偏航限位开关信号是否有变化
7	变频器参数上传校准正确无误,变频系统工作正常	(1)偏航变频器柜检查:检查偏航变频器柜内不同电压等级的电源线,信号线进线端子是否正确可靠连接;(2)检查变频器的参数是否调试正确,确定变频视同可以正常工作
8	正常停机试验及安全停机、振动保护试验、超速保护试验、事故停机试验合格,工作正常	(1)观察振动传感器指示灯状态;(2)机舱振动传感器检查:沿X/Y轴方向敲击振动传感器,观察显示屏X/Y轴振动值是否有变化;(3)机舱振动紧急停机测试:晃动传感器触发振动安全链,观察安全链是否断开;(4)低速轴超速紧急停机:改变超速模块预设值直至触发低速轴超速紧急停机,观察显示屏上低速轴超速紧急停机信号是否有变化,测试完成后,将超速模块恢复默认值
9	检查IP电话和蜂鸣器	拨打IP电话通话是否正常
10	在风机工作温度下检查显示的温度	检查各传感器显示温度与实际温度是否一致
11	检查"风场计算机"可接收数据,并且风机在线	登录服务器界面,并选择"系统状态"确认风机在线
12	检查监控:从风场服务器、SCADA面板检查到风机工控机是否有连接	打开风场服务器、SCADA面板和风机工控机连接是否正常
13	发电机的切入测试达标	通过手持终端查看风机运行、并网发电
14	紧急停机装置测试成功,执行2个急停紧急顺桨(风机切入时按急停)	(1)风机切入时已按急停;(2)紧急顺桨
15	用风机塔底部的IP电话呼叫到一个移动电话并反序重复测试	塔底IP电话与移动电话互拨正常

2. 并网后带负荷的情况下,检查电网的电压、电流、有功功率和无功功率数据是否

正常，以及各个传感器的温度是否符合要求。具体措施如表8.3-2所示。

并网后带负荷的情况下调试内容及措施 表8.3-2

序号	检查内容	具体措施
1	检查机组带负荷之后的功率、电压、频率是否符合设计要求	测量出设备的功率、电压、频率是否在规定的范围内
2	检查机组带负荷之后各传感器元件工作是否正常，显示正确	PCH、PT100等传感器无故障，显示参数正常
3	检查机组的噪声、振动参数是否正常	机组噪声、振动符合《风力发电机组 第2部分：通用试验方法》GB/T 19960.2—2005的要求
4	风力发电机组能否正常启动，转动部件是否完好	风力发电机组转动部件无异响，机组启动正常
5	检查机组的偏航变频器拨码是否正确	参数下载正确，各参数值满足技术规范要求

3. 风机离网调试，表8.3-3是对风机脱网后的检查，主要看风机的状态是否正常，风机有无故障，电网的电压、电流、有功功率和无功功率的数据是否发生了波动。

风机离网调试内容及措施 表8.3-3

序号	检查内容	检查措施
1	风机离网后安全保护试验、现地/远程控制功能试验	能顺利完成风机的启停机和远程功能测试
2	风机离网后检查之前并网运行记录并分析 	并网运行记录功率数据曲线应符合左图的变化规律
3	风机离网后风力发电机组各部位温度值、振动值参数检查	风机离网后风力发电机组齿轮箱、发电机、变流器等部件的温度值显示应正常，不能大于设计值，振动参数值无异常
4	风机离网后是否出现非外部原因停机	风机离网后没有出现非外部原因停机

本章参考文献

[1] 聂超，李晓艳，何国华，等. 风力发电机组调试效率提升技术研究及应用 [J]. 船舶工程，2022，44（S2）：63-66.

[2] 汪志旭 . 风力发电机组变桨距系统的分析与测试 [J]. 上海电气技术，2022，15（1）：21-24，56.

[3] 郑树国 . 风力发电项目升压站电气设备的安装调试及管理 [J]. 水利水电技术（中英文），2022，53（S2）：83-85.

[4] 王宁 . 风电场升压站电气安装与调试探讨 [J]. 电气传动自动化，2021，43（4）：61-64.

[5] 李涛道 . 升压站一次设备安装调试施工技术 [J]. 中国航班，2021（20）：103-105.

[6] 王旭强 . 风力发电机组的调试方案探讨 [J]. 黑龙江科学，2019，10（24）：104-105.

[7] 赵巍 . 发电机组并网前的动态调试 [J]. 电子测试，2018（18）：113，114.

[8] 汪成伟，杨勇军，李积强 . 利用 35kV 电源进行风机动态调试分析 [J]. 中国高新科技，2018（16）：78-80.

[9] 张钢，周亚群，何信林 . 大型发电机组电气系统调试常见问题及其防范措施 [J]. 电气技术，2018，19（5）：67-70.

[10] 顾炜 . 500kV 升压站 NCS 改造的研究与应用 [D]. 南京：东南大学，2018.

[11] 吕小光 . 简析风力发电机组的调试与排故措施 [J]. 电子测试，2017（24）：96-97.

[12] 关宇，廖丽贞，董哲，等 . 新能源升压站监控系统调试方法研究 [J]. 自动化应用，2017（5）：141-142.

[13] 周玉宏 . 110kV 线路保护配置及调试案例分析 [J]. 江西建材，2016（9）：219，236.

[14] 杨明，宋晓兵 . 风电场升压站电气设备安装调试管理 [J]. 云南水力发电，2016，32（4）：22-24.

[15] 胡国强 . 风力发电机组的调试及排故 [J]. 电工文摘，2013（4）：6-9.

[16] 张永宁，乔振宇，白戈亮 . 关于风力发电机组静态调试简介 [J]. 电气技术，2010（11）：91-93.

第9章 海上风电工程数字智慧化技术

海上风电工程数字智慧化技术是以信息化、数字化、标准化为基础，以大数据、物联网、云平台为平台，通过构建"人机网物"跨界融合的全层次开放架构、提升海上风电感知能力、运维能力、控制能力及决策能力，实现风电场全生命周期综合效益的最大化。海上风电工程数字智慧化技术主要包括：智慧风场平台建设、智慧施工及远程管控系统、海上风电 BIM 技术。华东勘测设计研究院有限公司对海上风电项目建设中的难点进行分析、总结，学习国际先进的管理方法，以"智慧风场"理念为基础，通过搭建 O-Wind 数字能源服务平台（以下简称"O-Wind 平台"）提高海上风电项目管理能力，实现以海上风电全产业链、全生命周期的管理咨询、技术服务为目标，自主开发完成的工程项目信息化管理平台。本章主要介绍基于智慧风场建设 O-Wind 系统的各种功能模块。

9.1 智慧风场建设 O-Wind 系统

9.1.1 O-Wind 系统简介

华东研究院在"智慧风场"概念的指导下，利用先进的信息技术，为客户提供管理咨询和技术服务，并在此基础上，研发出了一套面向全产业链和全生命周期的 O-Wind 平台（图 9.1-1）。O-Wind 海上风电场安全管理系统能够对海洋气象、施工进度、工作计划、重要节点、项目公告、安全地图、动态演示等进行全方位的展示。基于大数据和云计算等先进的信息技术，对人员安全、设施设备、天气预报、工程建设等都起到了很大的作用。O-Wind 平台的应用，一方面可以提升海上风力发电项目的管理水平，为决策者提供更为精确和及时的信息；另一方面，还可以有效地降低项目建设成本，减轻巡检人员的工作量，实现了项目数字化、可视化管理，这对于海上风电信息化建设有着很好的借鉴意义。O-Wind 平台的成功应用体现了我国海上风电项目由传统建设模式向信息化建设模式的发展，同时推动了信息技术在海上风电的运用与发展，实现了数字化与工程建设互相促进的良性循环模式。

9.1.2 O-Wind 指挥中心

指挥中心（图 9.1-2）是整个平台最重要的模块。考虑到海上风电的特殊性，指挥中心主要配置了项目基本信息、施工计划、施工流程、施工进度统计、项目形象进度图、项目实时信息、里程碑节点、海图、海洋气象信息、数字化模型展示、人员和船舶安全等模

图 9.1-1　海上风电智慧风场平台——O-Wind 平台

块，可以展示风场装机容量、风机台数、风机型号、项目概况、项目亮点、参建方信息、项目形象面貌、预警人员安全、船舶安全等。

图 9.1-2　O-Wind 平台指挥中心

9.1.3　O-Wind 安全管控平台

9.1.3.1　功能描述

安全管控系统是 O-Wind 平台的一个重要模块（图 9.1-3），由于海上风电施工过程中存在诸多安全风险，因此安全管控系统针对海上施工的特点，配置了人员落水报警模块、风场安防报警模块、施工船舶驶离统计模块、海缆水域船舶抛锚或停泊报警模块、施工船舶视频监控模块等，以充分保证海上施工的多方位安全管控。安全管控系统可以显示安全地图、出海信息、实时告警信息。安全地图为直接嵌入 O-Wind 海上风电场安全管理系统地图页面；出海信息、实时告警信息来源于 O-Wind 海上风电场安全管理系统。

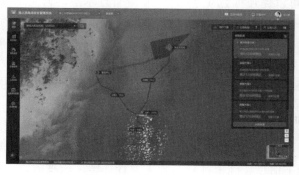

图 9.1-3　安全管理系统

9.1.3.2　安全管控模块

1. 船舶监控

船舶监控主要包含运维船舶定位跟踪、船舶历史轨迹查询、运维船舶信息管理四个功能。船舶定位跟踪可在地图上实时了解船舶的当前位置信息，进一步查询施工船舶的历史航行轨迹信息。

2. 人员监控

人员监控主要包含运维人员动态跟踪、人员落水预警、人员信息库管理三个功能。

（1）人员动态跟踪：全方位深度掌握现场运维人员作业信息（包括人员作业实时定位，轨迹展示回溯等），支持危险区域违规进入告警、异常行为告警、工作负责人离场告警、人员分离告警、人员滞留告警、应急救援路线辅助等应用场景。

（2）人员落水预警：运维人员一旦落水，系统立即收到落水预警，实时跟踪落水人员位置，辅助救援，切实保障施工人员安全。

（3）现场人员信息库管理：实现运维人员信息管理。应用定位、识别等技术，实现人员作业定位、考勤数据采集，建立运维人员信息库。

3. 风场安防

风场安防包含电子围栏技术、海缆水域船舶抛锚或停泊预警、远程喊话和声光报警、虚拟警示引导系统等功能。

（1）电子围栏技术：利用电子海图，划定并标识海上风电场警戒区范围、风机警戒区范围、海缆警戒区范围，并可以人工设定警戒规则，一旦外部船舶行驶到该区域，则会自动激活报警系统，自动报警，实现安全预警和报警。电子围栏可考虑与外部摄像头视频数据结合，结合图像识别技术，现场作业计划单信息，对身份不明的未知船舶进行识别，进入风机基础安全距离时进行告警。所有异常告警及重要节点信息（包括设备参数异常、故障信息、安防告警、现场作业定位等），均将联动调取相应摄像头视频数据，及时投射在预设的监控大屏相应位置。

（2）海缆水域船舶抛锚或停泊预警：通过对船舶航速航向等运行状态的感知，对在海缆保护区水域减速、停泊的船舶进行预警，并进行驱离。

（3）远程喊话和声光报警：可通过声光设备对误入本工程警戒区域的船舶进行驱离。

（4）虚拟警示引导系统：虚拟警戒仪是基于自动识别系统、卫星定位系统（GPS/北斗）、电子海图/航道图系统等现代科技产生的新兴导助航应用技术，具有设置简单，维护方便，成本经济的优势。在风场区域周围设置虚拟警戒仪，提醒其他经过该位置的船舶提高警惕，小心驾驶，从而航经该区域的船舶能够及早获知该水域的危险性，及早作出避让措施，保证风场的安全。

4. 船只调度

施工船调度系统主要实现建设单位（运维方）对运维船的日常调度、监控、线路规划、统计等功能。能够实现对运维船舶、线路、码头和工作人员的信息化管理，接入运维船的GPS定位信息，并实现运维船的集中智能信息化调度功能，充分发挥信息化管理的优势，提高调度工作的效率和质量，满足日常运维的需求。智能航线规划设计可依据运维船只历史航行轨迹，同时结合海洋气象海流等信息，自动制定最优航线，同时可选择航线模式：最经济航线、最安全航线、最快速航线。

9.1.4 O-Wind 工程项目管理平台

9.1.4.1 功能描述

海上风电工程项目由于建设周期短、工作任务重、人员流动性大等特点，导致项目管理难度大。针对海上风电项目的管理难点和经验教训，华东院开发了海上风电工程项目管理系统（图 9.1-4），用于海上风电项目的建设管理。项目管理系统对项目各个阶段的工作任务进行分解、分析、提取，形成海上风电通用的标准化工作任务清单，对项目的工作要求、工作示例、经营难点、经验教训等信息的搜集归纳，形成可复制的海上风电标准化施工流程，可为项目管理者提供及时、准确、可视化的数据信息和工作提醒，极大地保障了项目管理的高效、稳定，起到"责任到人、精准分工、提质增效"的作用。

图 9.1-4 工程项目管理界面

9.1.4.2 工程项目管理模块

工程项目管理"以项目为中心、以现场管控为重心、以适用易用为目标、系统实现协同工作平台"的原则进行设计开发。包含项目管理所涉及的费用管控、进度管控、质量管控、合同管理、HSE 管理和信息管理等管理内容；建立移动办公、管控云平台应用；接入业主方、设计方、采购方、施工方等项目参建单位，实现项目参与各方的业务协同，主要模块如下：

1. 策划管理：项目企业策划、项目总体策划、项目专项策划、项目实施策划。

2. 设计管理：计划管理、设计成果管理、图纸管理、数字化移交（以 KKS 编码为基础）。

3. 采购管理：三级采购（采购方案、采购文件评审、定标审批、合同评审、合同审批）、分包商采购信息（采购申请、采购计划查询、采购合同信息查询、采购执行情况查询、商品信息）。

4. 质量管理：工程质量检测、工程质量巡检、工程质量验收。

5. HSE 管理：危险源管理（危险物品管理、危险源辨识、重大危险源管理）、安全检查与隐患排查、教育培训、HSE 目标及计划、职业健康、环境保护、作业安全（方案管理、分包管理、变更管理）、设施管理、应急管理（应急体系、应急预案、应急演练）、持续改进、信息和事故管理（信息报送、事故报告和调查处理）、法律法规与制度（查询法规及相关制度）。

6. 进度管理：以工程进度为主线，以设计、采购、施工安装等的编码管理为纽带、实现各管理要素（模块）的互联互通。

7. 多方协同：多方协同是工程项目管理的核心所在，其中包括施工方、业主方、设计方在内的其他项目参加单位通过多方协同工作模块完成系统数据交互和相关协同工作。

8. 综合办公：人力资源管理（人员信息管理、考勤管理、项目授权管理）、沟通管理（会议纪要、项目日报、周报、月报、项目工作分派）、公共信息发布。

9.1.5　海洋气象信息平台

9.1.5.1　功能描述

O-Wind 平台依托华东院先进的信息化、数字化技术以及丰富的海上风电工程实践，配置了集监测、预报、预警于一体的海洋气象服务保障系统，服务我国海岸线超过 400km 范围海域，能对风电场区附近海域进行 7×24h 站点逐时气象预报，包括风速、风向、浪高等多种气象信息。同时，通过对气象信息的综合评判，进行出海指标评定，提示项目管理人员是否适合出海及施工。海洋气象展示了逐时气象预报、逐日气象预报、实施台风预警、历史台风、实时气象预警功能。根据实时台风监测和预报数据，分析计算风电场在各预报时刻与台风中心的距离，为台风灾害的防范提供重要的数据支持。

海洋气象信息平台（图 9.1-5）通过整合风电场布设的气象和海洋观测、多通道静止卫星遥感数据和数值天气预报模式 WRF 区域高分辨率数值预报结果，为海上风电场的建设运维服务提供数据和信息支持。海洋气象信息平台采用基于 WebGIS 技术的 B/S 构建，将多种实时观测、反演和预报数据融合显示于同一界面上，便于用户快速查阅多种监测和预报信息。

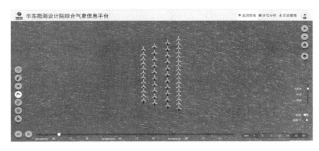

图 9.1-5　海洋气象信息平台

9.1.5.2　气象支撑系统

1. WRF 实时预报系统

系统通过架设高分辨率 WRF 实时预报系统的方法来获取未来 7d 逐时的近海面（主要预报高度为 100m 左右）的温、湿、压、风、辐射等气象变量，以及天气现象和海浪等模式诊断量的预报。WRF 模式的实时预报变量和模式导出量可通过等值线、填色图、风粒子图（流场图）等形式展示在前端界面中，不同的变量采用图层叠加的方式显示。对某些关键要素数据提供查询、下载和进一步分析处理的功能。

2. 精细化海洋气象预报

包括针对风电场和风机位、航路、船舶定位、人员定位等。针对风电场和风机位，以具体风场或风机位为单位，为用户提供面上及具体点位的风、天况、能见度、浪等气象要素的逐时预报；根据用户制定的航线图，为客户定制航线上特定点位的气象要素预报；根据"安全系统"给出的船舶、人员位置信息，提供船舶、人员所在位置的实况气象信息，并对船舶未来航线上、人员所在位置的气象要素进行预报。同时，根据用户自定义指标判据，可增加多种预报指标，如出海指标、机舱吊装指标、叶片吊装指标、塔筒安装指标、基础施工指标等。

3. 台风监测和预警

通过实时采集全球各大台风预报中心（如 JTWC、日本气象厅、欧洲中心和 NOAA）的台风监测和预报信息的方式来为风电场提供台风预警支持。通过定时运行的后台程序不断监控各中心的台风预报信息发布页面，提取台风监测和预报数据，存储于本地数据库供进一步分析和展示。获取到本地数据库的实时台风监测和预报数据将叠加到系统的前端界面，并可以解算任意风电场在各预报时刻与台风中心的距离，为台风灾害的防范提供重要的数据支持。

4. 葵花 8 卫星云图

根据用户制定的航线图，为客户定制航线上特定点位未来 1～5d 的风、浪、天况以及能见度的预报。系统具备针对葵花 8 卫星辐射数据的解码、拼接、投影转换和多通道合成的功能。通过将葵花 8 卫星数据获取云分类、降水量等重要气象反演产品，并整合到系统的前端界面。帮助用户了解大范围的天气实况，提升短期运维和作业的安全性。

5. 海洋气象监测分析

实时获取海上风场站的海洋气象观测数据，整理后存放到本地数据库。系统可通过一体化系统采集海上风电场记录的实时数据，如激光雷达测风仪、气象自动站（位于升压站顶，包括百叶箱温湿压监测）、海浪、水位、海流等环境和气象监测设备。采集的数据将录入系统数据库，并在前端界面提供数据展示接口。用户可通过前端界面对某一风电场的历史和实时数据进行查询和统计分析。

9.2 智慧施工及远程管控系统

9.2.1 智慧施工及远程管控系统简介

智慧施工及远程管控系统利用监测设备、互联网及云端数据中心，对海上风电工程施工作业进行实时监控，遇到突发事件可以发出预警，并提供相应的管控措施。该系统的应用，促进了信息技术在海上风电施工中的智能化发展，最终形成了数字化与工程建设相互促进的良性循环模式。智慧施工及远程管控系统具体包括：人员安全管理、船舶管理、施工进度管理、施工远程监管、海上安防作业管理等 5 个管理系统。

9.2.2 人员安全管理

海上风电施工过程中，人员落水时有发生，过去救援人员很难获取落水人员呼救信息、确定落水人员位置、事故发生时间以及事态严重程度，导致救援难以开展。通过在固定点位安装定位基站、出海人员佩戴手环，当出海人员进入定位基站接收范围内，基于 UWB 技术实现人员定位功能。当人员在船上时，通过船只的 AIS 位置信息来代替人员的位置。人员落水主要利用佩戴在救生衣上的定位装置，人员落水后装置手动或者自动开启，通过 AIS、北斗 RDSS 等通信手段实现预警自动报警、卫星精确定位、位置持续跟踪和历史轨迹查询等。为此，O-Wind 平台配置了人员安全模块。这个模块与人员救援报警系统相连接，为出海人员配备了专用的落水报警设备（图 9.2-1），保证在有人落水之后，会立刻自动发出求救信号，在平台接收到求救信号之后，会立刻进入报警模式，同时还可以利用卫星定位系统，对落水人员的位置进行实时定位，给救援工作带来了很大的帮助。

图 9.2-1　人员落水报警辅助设备

9.2.3　船舶管理

海上风电项目存在覆盖面广、交通限制大等特点，给项目海上交通安全管理造成了极大的不便。要对巨大的海域面积中的船舶进行管控，极为困难。为解决这一难题，O-Wind 平台特别配置了船舶管理模块（图 9.2-2）。O-Wind 平台可以对以下船舶信息进行配置：根据船舶类型配置其出海指标、吊装指标、施工指标。其中，出海指标指每艘船（所有类型的船舶），能否在特定天气条件下在指定区域内航行。吊装指标指吊装船（风机吊装船、升压站吊装船），能否在特定天气条件下在指定区域内进行风机吊装施工。施工指标指施工船（基础施工船、交通船、海缆敷设船），能否在特定天气条件下在指定区域内进行负责板块的施工。

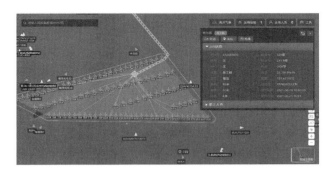

图 9.2-2　船舶管理系统

9.2.4　施工进度管理

在 O-Wind 平台上，实现了"里程碑""进度计划"和"累计工作量"三个功能；在平台上，还专门配备了施工进度形象图和海图，可以清楚地显示出每个风机机位的施工状态，便于管理人员对船舶及人员的作业进行统筹协调。

施工进度展示了施工进度地图、施工流程视频、累计进度（图9.2-3）。施工进度地图展示了风机、海缆、升压站、集控中心当前的施工进度情况，不同的进度会使用不同的图标或颜色进行展示；点击设备可查看全部施工步骤的完成情况和完成时间；支持短信、系统、音频提醒。累计工作进度展示了施工工程、单位工程、施工步骤的详情进度完成情况。

图9.2-3　智慧风场平台施工进度监测

9.2.5　施工远程监管

施工远程监管系统能够对风电场建设运营过程中的船舶、人员、通航环境等信息以及安全管理资源进行全面的掌握，从而达到对信息资源进行集中存储、统一管理和统计分析的目的。施工船舶驶离施工区域预警。船舶详情、轨迹查询。采集风电场附近海域水文、气象等信息，包括风、浪、降水、能见度、潮汐等，通过对气象信息的综合评判，进行出海指标评定，提示项目管理人员是否适合出海及施工，在系统中设定船舶出海、吊装、施工作业等水文、气象条件，当水文、气象不满足条件时进行预警。

保存一定时间段内的本地视频监控录像资料，并能方便地查询、取证。可远程预览、调整摄像机镜头焦距、控制云台进行巡视或局部细节观察（图9.2-4）。音量控制、语音对讲、抓图等。无论身在何处，任何授权的用户都可以进行录像。视频展示实时监控、录像回放、查看上传视频的功能。

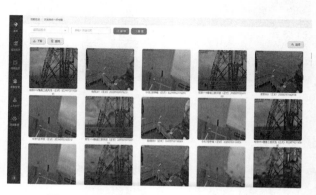

图9.2-4　海事自主监管平台视频监控功能

9.2.6　海上安防作业管理

海上安防作业管理系统可以接收并识别场区及周边 20 海里范围内的船舶 AIS 信息，将进行数据解析、清洗、压缩后的实时数据，再由网络传送到监控中心，从而达到对辖区船舶进行动态监控的目的（图 9.2-5）。自定义电子围栏区域，对重点区域、重点船舶进行监控，对进入和驶出警戒区域的非许可船舶进行分级预警。支持短信、系统、音频提醒。自动存储外部船舶闯入轨迹等信息，并能方便地查询、取证，且可以对靠近船只通过其高频喊话。此外，海事局会不定期发送巡检消息至自主监控平台。

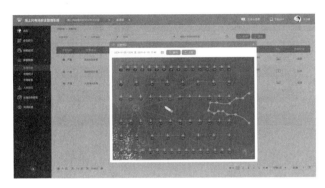

图 9.2-5　海上安防作业管理系统

9.3　海上风电 BIM 技术施工管控应用

9.3.1　海上风电 BIM 技术简介

BIM 是以三维数字技术为基础，BIM 模型由若干建筑构件组成，构件的相关属性如几何尺寸、位置、材质、构造、成本等被赋予其中，其设计过程为参数化输入，这也是其区别于传统的 CAD 等设计软件的关键，交付物由二维图纸变成三维数字化模型载体。针对海上风电工程，通过对风电机组基础设计模块、升压站设计模块、集电线路设计模块等各专业模块进行快速、自动优化设计，可以提高设计效率。在 BIM 技术设计方案中，基于完整统一的数据模型，各项目的设计人员可以通过同一平台实现数据的共享，通过对模型的导入、输出、修改和实时关联，真正实现协同工作流程。利用 BIM 技术可以构建一个涵盖项目规划、设计、施工和后期运营的全生命周期的多功能协同管理平台，从而可以在风电工程施工进度、造价、质量、安全及运营维护等方面，获得实时反馈的数据信息，明显提升海上风电场运营所产生的经济效益。本节介绍了海上风电常用的勘测设计 BIM 平台、施工建设 BIM 平台、运营维护 BIM 管控平台。

9.3.2　勘测设计 BIM 平台

勘测设计 BIM 平台具有强大的建模能力，通过建立三维地质模型，将大量的岩土工程参数及地质资料集成到一个模型中，能够全面反映海底地质和地形的分布状况。在 BIM

的基础上，可对方案进行可视化、三维交底等操作，能够减少基础设计过程中的人力成本和时间成本，提升风电建设的工作效率和施工预算的准确性。在此基础上，基于 BIM 的碰撞分析等方法，可以对整个结构进行进一步的优化。另外，在对 BIM 进行分析和优化之后，可以在 BIM 可视化的基础上，生成完整的 2D 和 3D 施工图，并对工程量进行自动计算，从而提升设计出图的效率。

9.3.2.1 地质建模

海上风电工程及风电场建设具有体量大、建造复杂、设计专业多及受环境因素影响较大的特点，困扰施工进度安排及施工质量。复杂的海洋环境条件（如不良的地质条件、复杂的海床地形及恶劣的自然环境），会增加风机基础的工程造价，延缓施工进度，甚至会影响基础工程的施工质量。然而，常规的地质报告及配合查阅资料能够大概地了解海床地质分布情况，若想详细地掌握海上地质特征、地质岩土层的走向，仅靠查阅图纸是难以实现的。BIM 拥有很强的建模能力，它通过构建三维地质模型（图 9.3-1），能够对海床地质、地形分布情况进行全面的展现，并且可以随意地选择某一层地质进行剖切、查看和标注，使地质勘测最大限度地接近工程实际情况。

9.3.2.2 结构设计

海上风电场的建设工程，需要有大量的专业施工人员及设计人员参与其中，各项工作交叉互联，而且牵一发而动全身，需要各个分部项目的协同合作。BIM 技术的优势体现在建模和设计方面，便于各个行业专业设计人员之间更多地合作，预制构件库是进行海上风电机组和升压站 BIM 正向设计的前期条件，预制构件库的关键是实现构件和零件的参数化与通用化，其中构件参数化是 BIM 建模效率的保证，是用于复杂建模需求的必要手段，通用化则可满足每个海上风电机组和海上升压站的功能需求。构件参数化设计是按照构件的种类特点，将特定数据参数赋予模型构件，修改对应的参数即可快速修改模型的细部尺寸，快速调整模型。BIM 参数化设计分两类：一类是通过参数控制项目整体或局部结构，结构模型具体可通过 Tekla 二次开发的插件实现，完成梁、柱构件创建，并进行钢结构节点设计（图 9.3-2）；另一类是参数化控制构件，如门窗、栏杆、楼梯、管道等，通过将舾装构件和设备的各种真实属性采用参数的形式进行模拟，通过参数调整，改变构件尺寸大小和形状。

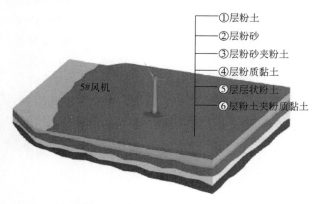

图 9.3-1　风电场三维地质建模

图 9.3-2　局部三维效果图

BIM 技术主要应用在基础三维设计、参数化建模、快速出图等，借助计算分析所得数据，利用二次开发软件进行参数化模型快速搭建，创建风电场内风电机组基础整体三维模型（图 9.3-3），实现协同设计和工程量、图纸一键输出等。

(a) 单桩风机整体模型   (b) 高桩承台风机整体模型   (c) 升压站整体模型

图 9.3-3 BIM 三维整体建模

9.3.2.3 模型分析与优化

根据各专业的总装模型，应用 BIM 软件冲突检测功能校核各专业设计间的碰撞和冲突，进行项目设计图纸范围内管线布置与结构、电气设备平面布置和竖向高程相协调的三维协同优化设计工作（图 9.3-4），最大限度地避免不同专业设计模型的空间冲突，防止设计缺陷遗留到施工阶段。整合汇总结构、舾装、电气、暖通、消防等各专业的 BIM 模型，生成总装后的建筑信息模型。设置冲突检测及管线综合优化应用模块的相关参数和检测原则，对总装模型中各专业间或专业内的冲突和碰撞（图 9.3-5、图 9.3-6）进行查找检测并生成冲突检测及管线综合优化报告，报告内容包括冲突检测及管线综合优化应用模块的相关参数和检测原则、识别出的冲突和碰撞的空间位置及详细记录、针对冲突和碰撞的调整优化方案，以及调整优化后的修改对比说明。

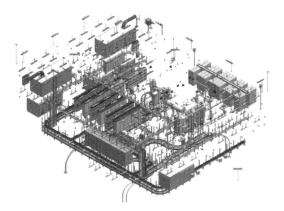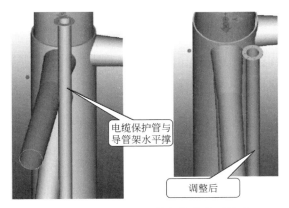

图 9.3-4 电气系统模型   图 9.3-5 碰撞检测电缆保护管模型优化

9.3.2.4 出施工图

在对 BIM 进行分析和优化之后，以 BIM 的可视化为基础，可以形成一组完整的二维和

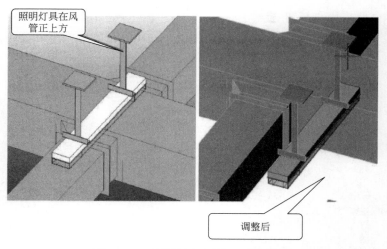

图 9.3-6　碰撞检测照明灯具模型优化

三维施工图，可对工程量进行自动计算，从而提升设计出图的效率。三维图册包括管综出图、三维模型视图（图 9.3-7）和渲染图。根据优化后的 BIM 模型，在管线复杂区域给出管线综合剖面图及轴测视图，并标注相关尺寸反映精确竖向标高，改变了以往传统的单专业二维出图方式，以多专业整合的出图方式来表现空间之间的位置，以便配合施工。三维模型视图是在三维模型中直接选取一定范围、任意视角的未经贴图或渲染而直接输出成图片，渲染图是三维模型经过专业渲染软件贴图及光线设置等操作输出成接近现实的照片级图片。

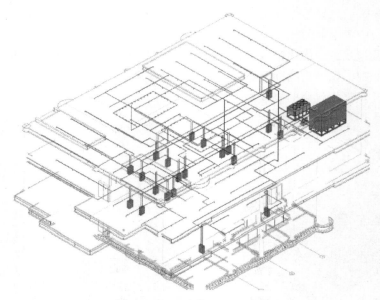

图 9.3-7　三维模型施工图纸

9.3.3　施工建设 BIM 平台

施工建设 BIM 平台能够引入时间维度，对风电工程的施工过程展开动态仿真，能够直观地展示各个时间节点上施工进度，进而对施工进度进行控制。可以对施工的现场环境条件、工序和步骤以及资源消耗情况展开模拟和仿真，并对施工方案进行优化。导出的工程量和材料统计结果，可以直接用于项目的预算分析，为项目的投资分析、成本控制及竣工结算等工作提供了可靠的基础。

9.3.3.1　施工模拟

海上风电施工及进度计划与 BIM 结合起来，并引入时间维度（即时间参数），可对基础安装、上部风机结构（塔筒、轮毂、叶片等）吊装等施工过程进行动态模拟，直观地展现施工进度在各个时间节点上的分布，从而控制施工进度。在设计模型的基础上，结合现场的施工环境以及相关的施工工艺流程，提取施工阶段需要的信息，通过对模型剖切、漫游以及制作工艺动画等（图 9.3-8），制定出高效合理的施工组织设计。三维可视化不仅可以让施工人员清晰地了解建筑物本身的形式特点、空间组成、操作环境、施工工艺等，还可以充分验证施工方案的合理性，及时优化方式方法。三维技术交底内容明确直观，可指导各参建施工单位基于设计模型进行细化、分类、分解等工作，方便施工现场对分包工程质量的控制。

图 9.3-8　机舱吊装工程可视化模型

通过将 BIM 模型进行轻量化后导入移动端应用，可配合现场进行施工交底。工程人员可随时随地链接到设计环境，查看设计的细节及项目进程，使用"类似游戏"的触摸手势在三维环境中浏览，通过审查选定对象的属性、筛选，以查找类似对象或仅显示匹配特征，来缩放分析模型中的对象以及实现行走和飞行效果。通过交互式功能，现场人员可直观浏览三维建筑模型和相关工程文件。利用平板电脑的运动传感器和触摸屏，不但能获得全景视图，还能获知对象属性。例如，可以通过点选来获得确定管道的壁厚、喷漆颜色或额定压力。

9.3.3.2　施工方案优化

根据工程分部分项划分情况、施工节点进度、工程施工特点及现场实际情况，对三维模型进行实体切割，形成可以反映施工作业对象和结果的施工作业单元实体模型。以可视化的形式对施工建造的现场环境条件、工序和步骤以及资源消耗情况进行模拟和仿真，更全面、综合地分析施工组织设计的可行性和优劣。将三维模型、施工设备、施工临建设施与周边环境和建筑物进行动态碰撞检查形成碰撞检测报告，从而对施工方案进行优化调整和查漏补缺，同时能够更直观地反映出施工总布置设计的合理性，从而优化施工规划布局。采用 BIM 进行虚拟施工模拟，需将施工总布置的 BIM 空间模型与施工进度的时间计划互相关联，形成包含空间和时间信息的 4D 施工资源信息模型，通过动画预演进度对整体施工方案进行优化及调整。针对施工过程中的重要环节和关键工序，利用 BIM 模型进行施工工序和步骤的动态模拟，分析施工方案中存在的不足和需要重点关注的步骤，提前采取针对性的措施和手段，从而提高施工方案的可行性，模拟海上风电工程实际施工环境进行可视化预演模拟，加强对复杂工序的可控性。此外，专项 BIM 施工方案模拟也可用于施工交底和培训。

9.3.3.3　工程量计算

通过 BIM 建模将工程设计以空间实现的方式进行表达、验证和优化，因此 BIM 模型具有二维图纸设计不可比拟的准确度，从 BIM 模型导出的工程量和材料统计数据具备较高的可信度和实用性，软件算法也可大大提高统计工程量统计的精度和效率。导出的工程量和材料统计结果可直接应用于工程预算分析，为工程的投资分析、造价控制和竣工决算提供可靠的依据。钢结构深化 BIM 模型可导出钢构件预装配模型及其相关参数，通过编码和标注示意形成钢结构加工示意图和工程材料统计表，导出的图纸和材料统计表经施工单位确认审核后即可直接报送厂家下料生产。此外，管道设备 BIM 模型可针对深化后的机电管道，可统计相关管道用量、管件、设备工程量及支吊架工程量。

运用 BIM 进行数据分析的优势在于模型、信息、表格是关联的。BIM 设计过程就是布置各类构件族的过程，结构布置完成、输入构件信息属性正确后，相当于结构工程量数据表格已完成，项目所需要的信息指标可通过明细表功能提取出来，根据模型进行的工程量计算、数据结果均无须手动计算会自动更新。

9.3.4　运营维护 BIM 管控平台

海上风电场的运维阶段也至关重要。一般来说，BIM 施工建模及后期运营维护过程规划越高效，业主方、设计方、施工承包方、监理方及监测单位消耗的经历越少，从而可以更优化地配置管理人员。因此，通过 BIM 技术的辅助工作，可以指定最佳的施工方案、风电机组设备维护方案，并通过风机服役期间运行模拟及数据的采集，及时预测和进行设备维护与更换，做好防灾减灾的工作。

9.3.4.1　资产管理系统

"资产管理系统"模块以对风场风电机组及海上升压站主要设备进行有效管控为目的，包括设备资产管理、零部件库存管理、合同管理、生产成本管理四个部分。

9.3.4.2　风场监控管理系统

风场监控管理系统提供了人/机交互接口、监测系统的数据接口，支持获取各类动态数据，并存入数据库进行管理。通过对监测系统数据的监测分析，用户可以及时获取设备的各类动态数据，并存入数据库进行管理。同时提取设备模型的空间位置和 BAS 系统设备一一对应，通过对数据的监测分析，用户可以在三维模型中及时获取设备的运行状态，故障报警，实现安全监管。监测的内容主要有：设施、设备运行状态监测、报警响应。

9.3.4.3　运维综合服务系统

运维综合服务系统包括：基于 BIM 的维护流程、任务中心、日常巡检管理、智能故障定位。在设备维修或抢修的故障定位过程中，将综合运用三维 BIM 模型，分析判断故障出现的环节或关键点，利用 BIM 模型快速地进行故障的空间位置定位，提高设备维修和抢修的效率；如果需要查询设备资料、历史维护记录等，用智能手机扫描该设备的二维码，即可获得该设备的相关信息，将设备信息发送到服务器后，即可获得由服务器从数据库中调出更多的关于该设备的各种资料。

9.3.4.4　决策支持中心

决策支持中心针对包括规划设计、施工建设和运维管理在内的全生命周期智慧风场数据，通过建立算法库，针对海上风电场实际需求，进行分析预测、模型仿真、指标评价和智能调度。主要功能包括实时调度控制、发电计划优化、调度端功能预测。

本章参考文献

[1] 许海波，范肖峰，张震宇．海上风电海事自主监管平台研究［C］//2022年全国工程建设行业施工技术交流会论文集（下册），2022：710-712.

[2] 李超杰，尤福新，孙焕峰．海上风电智慧风场平台设计研究［C］//2022年全国工程建设行业施工技术交流会论文集（中册），2022：486-488.

[3] 晁变变，吕村．BIM技术在海上风机基础工程的应用［J］．价值工程，2022，41（21）：122-124.

[4] 李春雷，崔浩然．BIM技术在海上风电项目施工技术中的应用分析［J］．中国水运，2022（06）：115-118.

[5] 杨瑞睿，滕彦．基于BIM的海上风电全生命周期建设管理平台研究［J］．水电与新能源，2022，36（4）：15-18.

[6] 卫慧．海上风电工程技术资产数字化平台设计［J］．电脑知识与技术，2022，18（7）：92-94，97.

[7] 金飞，叶晓冬，马斐，等．海上风电工程全生命周期数字孪生解决方案［J］．水利规划与设计，2021（10）：135-139.

[8] 叶晓冬．BIM在设备管理与运维中的应用［J］．设备管理与维修，2021（6）：11-12.

[9] 施夏彬，周晓天．O-Wind数字能源服务平台在海上风电项目建设中的应用［J］．工程技术研究，2020，5（22）：239-240.

[10] 王肖颖，晋嘉玉，郑远财，等．BIM技术在机电安装工程全生命周期的应用——以福建三峡海上风电产业园工程为例［J］．武夷学院学报，2020，39（9）：33-37.

[11] 张文革．海上风电工程建设指挥系统的构建与实现［J］．西北水电，2020（3）：109-113.

[12] 石明，金飞．大连市庄河Ⅲ海上风电场三维数字化设计与应用［C］//水利水电工程勘测设计新技术应用——2019年度全国优秀水利水电工程勘测设计奖获奖项目、第二届中国水利水电勘测设计BIM应用大赛获奖项目，2020：423-428.

[13] 谢军．BIM技术在福建三峡海上风电国际产业园的应用实践［J］．水电与新能源，2020，34（3）：74-78.

[14] 朱峰林．大连市庄河Ⅲ海上风电场BIM开发设计与应用［J］．上海节能，2019（10）：864-868.

[15] 武东宽．海上风电项目进度管理案例研究［D］．北京：华北电力大学（北京），2019.

[16] 叶磊．水利工程数字化模型管理平台设计与实现［D］．杭州：浙江大学，2019.

[17] 汪映荣，许修亮，曹姝媛．数字化核电站构想［J］．电信科学，2016，32（4）：186-191.

[18] 王侠．基于无线网桥的露天矿数字监控系统研究与应用［J］．露天采矿技术，2016，31（5）：45-47.

[19] 钟辰．平安城市网络视频监控组网解决方案以及发展趋势研究［D］．南京：南京邮电大学，2015.

[20] 危元华，任晓东，李智，等．数字化电厂的概念及方案研究［J］．电力建设，2013，34（4）：51-54.

第 10 章　海上风电工程施工技术发展展望

我国出台的"退补"政策，使海上风力发电进入"平价时代"。在此背景下，大容量风电机组应用成为海上风电发展的必然。为此，亟须发展大尺寸和高效率的集成式海上风力发电机组安装平台和配套机组，以满足大型风力发电机组大型化的要求。此外，目前我国已经建成或正在建设的海上风电场工程多集中在浅水区域，在近海资源开发日趋饱和的情况下，深远海域海上风力发电发展技术研发与应用是一种必然趋势，当前国内外大力发展漂浮式风力发电技术将是深远海风电未来发展的新星。此外，风力发电的大规模使用决定了风电场的发展必须走多样化的发展之路，海上制氢、海洋牧场、能源岛等，也为海上风电场的发展带来了新的机遇。本章对海上风电大型化发展特点、一体化海上风电安装平台、漂浮式风力发电技术进行阐述，并介绍海上制氢、海洋牧场和能源岛与风力发电相关的发展动向和挑战。

10.1　大型化发展

10.1.1　大型化发展简介

大型风力发电系统在一定的风速概率分布曲线下，可以提高叶片的扫风区，可以提高机组的发电能力，通过增大风轮的直径来提高机组的额定功率，从而降低风电场的设备投资及运维费用。距离海岸的距离越远，风速越大，同等规格的海上风电机组发电效率的提升也就越明显。在补贴退坡及深远海区域开发的发展趋势背景下，大容量风电机组的研发成为海上风电发展的必然，全球风电机组的最大单机容量已突破 12MW，5 年内单机容量有望发展到 15MW 以上。虽然大容量的设备在单台基础建设和吊装方面投入很大，但是因为设备的数量很少，所以选择大容量的风电设备可以减少风电项目的总投资。因此，海上风力发电厂商倾向采用大直径、大容量的风机，使其朝着大型化方向发展。此外，海洋风力发电大型化发展必须透过科技与模式的革新，透过新的技术与业务来推动海上风电大型化工业的革命性变化。

10.1.2　风电机组大型化

随着海上风电场规模的不断扩大，以及对于大型海上风电机组的迫切需求，全球大型海上风电机组的研制不断取得突破性进展。根据 IEA 的相关研究，到 2030 年最大风机的单机容量将达到 15～20MW、叶轮直径达到 230～250m。目前，通用电气的 Haliade-X

12MW 机型轮毂高度达 150m、叶轮直径达 220m，并已成功获得英国和美国等市场的订单。中国整机厂商也积极跟随国际厂商的步伐，明阳智能、东方电气等多家企业已陆续推出了 10MW 的机型。2020 年 7 月，我国首个 10MW 级机组正式投入运行，标志着我国海上风机已经迈入 10MW 时代。截至 2022 年 4 月，中国海上风电单机最大容量达 13MW。在大兆瓦机型技术路线选择上，随着技术的进步及超大容量机组的发展，出现的直驱式永磁同步风机和无齿轮增速箱的半直驱式永磁同步风机被大量应用于海上风电场。维斯塔斯和明阳智能选择体积小、效率高且便于运输的半直驱路线；西门子和金风科技选择发电效率高、维护运行成本低、并网性能好等的直驱永磁技术路线。此外，随着中国风力发电机叶片生产商在成本控制、质量控制、工艺技术等方面研究的深化，新型材料碳纤维能够在保持叶片大型化和轻量化的同时，提高叶片运行的可靠性，因而成为大型叶片生产应用的趋势，如洛阳双瑞风电叶片有限公司 10MW-SR210 型超长柔性叶片采用碳纤维材料，已于 2021 年进行商业化生产，其叶片长度 102m，叶轮直径 210m。

此外，国家海洋局《关于进一步规范海上风电用海管理的意见》提出，为了有效地利用风电场，每个风电场的外缘线，原则上以每 100000kV 控制在 16 平方公里的范围。因此，盲目地增加单机容量会造成系统的容量利用率下降，而且一年的发电能力也不会随着发电能力的增加而增加。同时，国内实行的是固定海域容量核定，在确定全场容量后，进行机组选择，以提高全部机组的总投入产出比例，是国内开发商的首要目标。因此，在风电机组选型中，要根据风力资源的实际情况，对标国外风电机组容量，选择合适的技术路线，确定一批稳定的机型，以满足经济性和可靠性的基本要求。

10.1.3　生产规模大型化

由于我国的风电工业发展时间较短，生产、运输、安装等大型生产技术尚不成熟。根据产业集群的理论，通过市场机制和政府政策的协调，可以有效地减少物流成本，从而形成产业集群。我国沿海地区海洋风力资源分布不均衡，而支持其发展的相关资源也是不同的。以江苏盐城射阳港为例，其港口空间广阔，海港水深资源丰富，加上国家一类对外开放港口的优惠政策资源是其特有的有利条件。射阳港区已规划了远景能源、中车、长风海工等海上风电设备制造企业，形成一条完整的产业链，并逐步形成了一个产业集群。各个沿海地区都急需以自己的优势为基础，加速制定相关的政策，促进形成具有自己独特优势的海上风电产业集群，形成产学研协作网络，并在此基础上，最终形成跨区域协作、跨国际协作的综合协作网络，形成世界级的产业集群。

10.1.4　产业发展智能化

海上风电规模化发展需要在科技和模式上进行创新，通过数字、区块链、机器人系统、3D 打印、存储和移动技术等新技术和新业务，推动海上风电规模化产业的变革。目前，风机智能化、数字化工具方法贯穿风机的设计、制造与运维等各方面。设计方面，主要应用人工智能算法等提升设计精度；风机制造智能化方面，主要是推进数字化车间转型、使用数字化设备，期间可使用数字孪生等系统，提升制造精度与质量稳定性；风机运维智能化方面，主要包括智慧风场建设与运行，包括通过机体预测、大数据维护等方式，对风机并网、穿越控制策略等方面实现智能化控制，在线监测数据、及时预测风险并提出预警、加以调整，期间可使用数字孪生等系统，降低运维人工成本、提升管理效率。通过提高设备的智能化，提高设备在生产和运营期间的安全操作数据的采集与监测，保证生产的稳定，实现操作的早期预警，降低操作失败所造成的被动维修费用和损失。提高运维设备的智能化程度，提高对设备寿命的准确判断，增加对设备正常运转的保障。

10.2　深远海发展

10.2.1　深远海发展简介

目前，我国已经建成或正在建设的海上风电场工程多集中在浅水区域。在近海资源开发日趋饱和的情况下，将海上风力发电发展深远海域是一种必然趋势。深海地区的风力资源比较丰富，几乎占据了海洋 80％的风能资源，不会对近岸渔业、养殖业、通航等行业产生任何影响。为了发展深远海风力发电行业，当前国内外大力发展漂浮式风力发电技术。海上漂浮式风机的组成部分一般包括风机、塔架以及浮式基础，其中浮式基础包括浮式平台和系泊系统，而系泊系统包括系泊线和锚固基础。常用的锚固基础主要有重力锚、拖曳锚和吸力锚。海上风电漂浮式风机系泊系统中，系泊系统是连接浮式平台与锚固基础的重要构件，按其应用范围可划分为三种类型：悬链式系泊系统、张紧式系泊系统和半张紧式系泊系统。本小节对常见的浮体平台、系泊线和锚固基础进行阐述。此外，随着风电的深远海化，电力的传输也面临巨大的挑战，远距离柔性直流输电技术的发展必然是势在必行的，该技术基于线换相换流器的高压直流输电，克服了传统高压直流输电技术自身难以克服的不足，因此，本小节对深远海风力发电的超远距离电力输送技术进行阐述。

10.2.2　深远海新型基础

10.2.2.1　浮体平台

海上漂浮式风机浮体平台大体可以分为四类：Spar 式、张力腿式、半潜式和驳船式，如图 10.2-1 所示。Spar 式平台结构简单，吃水深度大，重心低于浮心，垂荡性和稳定性良好；张力腿式平台浮体结构较轻，主要依靠张紧的系泊缆来维持其稳性，具有良好的垂荡和摇摆运动特性；半潜式平台水线面积比较大，拥有良好的稳定性；驳船式平台结构形式简单，类似于船型，稳定性较好。

1. Spar 式

采用直立的柱状形结构，其稳定性源自其在水下的重心比浮力中心低，也就是说底部重量大于上部重量。该结构简单，易于生产，稳定性好，但是由于其结构特点，一般只能布置在 100m 以上的深水区域。

2. 张力腿平台

采用半潜结构，外加拉张力，锚索固定在海底。与半潜式平台相比，它的浮动结构更小、更轻，它的稳定主要依靠紧固的锚索来保持。这种设计的优势是，它的浮式结构造价低廉，但是它会增大锚固系统的应力，从而增大了破坏的可能性，同时它的安装工艺也比较复杂。

(a) Spar式　　　　(b) 张力腿式　　　　(c) 半潜式　　　　(d) 驳船式

图 10.2-1　常见的浮体基础结构

3. 半潜式平台

半潜式平台采用悬链式锚固于海底，一般要求大型、较重的浮动结构，或者采用动态稳定器来保持其稳定性。半潜式平台吃水比较浅，对浅水区的设置比较有利，其安装和拆装是目前主流技术中最简单的一种。半潜式平台使技术人员能够在码头上完成完整的组装和调试，无须使用大型的船体设备，即可将其直接拖到现场。此外，当设备报废或需要搬迁时，可以方便地拆卸、拖动。

4. 驳船式平台

驳船式平台结构简单、易于制造，装配可在码头完成后湿拖运输，成本较低。适应水深通常大于 30m，平台类似于船型，主体结构一般为中间镂空设计，可起到阻尼作用，改善平台整体运动性能。缺点是吃水浅、重心高，不适应环境恶劣的海域且对波频响应较为敏感，需要对平台运动频率优化。

10.2.2.2　系泊系统

漂浮式风机系泊系统是连接浮式平台与海床的关键结构，根据系泊线类型在系泊系统中的使用情况，将系泊系统大致分为悬链式系泊系统、张力式系泊系统和半张力式系泊系统三大类，如图 10.2-2 所示。

  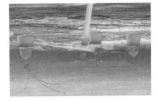

(a) 悬链式系泊　　　　(b) 张力式系泊　　　　(c) 半张力式系泊

图 10.2-2　常见的浮体系泊系统

1. 悬链式系泊系统

悬链式系泊系统的结构形式是利用缆索本身的重量和弯度来固定平台，缆索下部设在水下，由支承锚杆将其固定在海床上，以约束其运动。该系统特点为水下活动区域较大，锚索承受横向荷载，且负载较小。由于锚索的重量限制了平台的移动，使平台在水平方向上的移动受到了一定的约束，但是其自由度比张力系锚固要大，所以安装起来比较方便。悬链系泊会对海底造成严重的损害。

2. 张力式系泊系统

张力式系泊系统的结构是用钢丝绳或高强度纤维将浮式平台与锚地连接起来，以保证其稳定。系统特性为水下活动区域较小，在垂直方向上作用于锚杆，锚杆承受较大的荷载，平台纵向移动受限制，高拉力可保证平台稳定，不会对海床造成损害。其缺点是平台难以安装。

3. 半张力式系泊系统

半张力式系泊体系的构造方式是一条缆索或高强度纤维缆索将平台与转塔连接，其他缆索、高强度纤维锚固在海底，如悬挂式锚固。系统特性为在悬链式和张拉式两种泊位之间，加载方向与锚点呈 45°，基本水平位移有限制，但可以围绕回转台转动；单一联结点使得平台在波浪作用下易于移动，易于施工。对于悬链式系泊船，最适宜的是圆柱型和半潜型，而张力式系泊则是更适宜于张力腿型。采用半张力式系泊，更适用于不需要偏航的浮动风力发电机。

10.2.2.3 锚固基础

浮式风机常用的锚固基础主要有重力锚、拖曳锚和吸力锚，如图 10.2-3 所示。浮式风机系泊锚的选型需要根据土质条件、水深等判断锚的适用性与安全性。

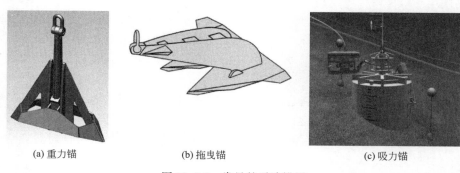

(a) 重力锚　　　　　　　　(b) 拖曳锚　　　　　　　　(c) 吸力锚

图 10.2-3　常见的系泊锚型

1. 重力锚

重力锚常采用钢和混凝土制作，既可被固定在海床上，又可部分或完全埋入海底，普遍适用于 TLP 结构的浮式风机。重力锚主要依靠自重提供垂直或水平方向上的承载力，尽管锚的材料便宜，但若要达到所需的承载力则需要大量材料，其重量与浮力之差决定其承载能力，水平承载效率较低。重力锚的优势如下：不需要考虑安装距离；锚可靠性高；施工简单，现场施工可行性好；大小仅受装卸设备的限制；可适用于沉积物覆盖岩石、砾石等特殊的地质条件。

2. 拖曳锚

拖曳锚一般为固定锚爪，锚安装之前锚爪与锚柄之间的角度可以调整，角度为 30°～50°。拖曳锚不能承受垂直载荷，只适用于悬链式系泊配置。拖曳锚具有很高的承载效率，即使锚拉力超过最大承载力，在水平力作用下拖曳锚也可通过增加入泥深度以保持承载力。此外，拖曳锚回收也很方便。但是，由于海底的复杂性，导致拖曳锚的轨迹和埋入深度存在不确定性，需要相当长的拖曳距离才能达到其承载力，从而导致增加干扰现有海底缆线的可能性。

3. 吸力锚

吸力锚是一种顶部有盖的大直径筒形薄壳结构，通过锚链与上部结构相连，采用压差法安装。吸力锚在自重作用下下沉，通过抽水降低吸力锚内部的压强，从而与锚外的静水压力形成压差（吸力），迫使桩锚进一步贯入土体，安装后，顶盖密封，保持内部吸力，从而最大限度地增大端部阻力。吸力锚的缺点为在下沉过程中锚内土体会出现"土塞"现象，导致吸力锚不能完全贯入。此外，当吸力锚服役时，随着基础周边流体运动的变化，锚周围容易被冲刷，从而影响其承载特性。

10.2.3　超远距离输送

10.2.3.1　柔性直流输送技术

随着深海风力发电的广泛海化，长距离柔性直流输电技术将成为今后海上风电技术发展的重要方向。柔性直流输电是一种以自换相电压源型换流器为基础的高压直流输电技术。从结构上看，柔性直流输电与传统的直流输电有很大的不同，即基于线换相换流器的高压直流输电，克服了传统高压直流输电技术自身难以克服的不足，主要是由于采用大容量滤波器而引起的换流站体积、造价、运行维护费用、增加安装大量的无功补偿装置所需的额外费用，同时还增加了由于换相电流引起的换相失败和故障的可能性。总体来说，柔性直流系统输电技术较高压直流输电更适合在大型海上风电的并网中使用。图 10.2-4 显示了海上风力发电柔性直流输电系统的送出模式。

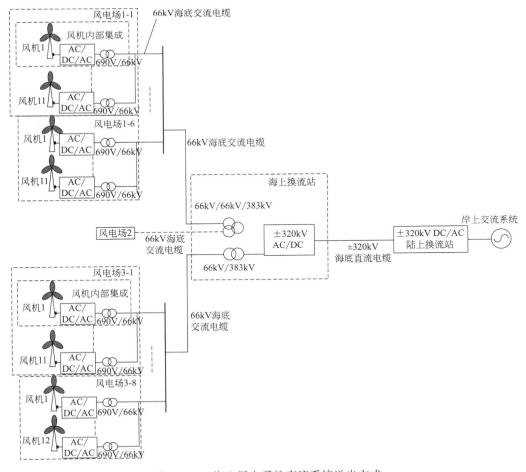

图 10.2-4　海上风电柔性直流系统送出方式

10.2.3.2 紧凑轻型化平台设计技术

浮式风电机组一般都离海岸很远，浮式平台终年在漂移，所以要保证缆绳与机组的连接牢固，以免发生放电，造成设备损坏。海上风电场站的大规模 AC/AC 变压或 AC/DC 变流环节都集成在海上平台上。大型海上风电场站场地条件差（高盐雾、高湿），距离陆地较远，平台体积大、质量大，平台上部质量高达 10000t，工程造价昂贵，需要大量的大吨位船舶，所以在对设备和平台进行研究和设计时，必须从降低成本的角度出发，对设备、结构进行优化，尽量减小平台体积和质量。国外技术已比较成熟，欧洲的最高直流电压等级达到了 ±320kV。江苏如东海上风电项目柔性直流输电项目中，采用了 ±400kV 柔性直流系统的海上换流站，已经在 2021 年年底建成投运。为了降低工程造价，在建造海上升压站或换流平台时，必须采取更加合理的电气接线和设备选择方案，以降低工程造价，同时也是实现平台结构的轻型化、紧凑化的关键。通常，海上升压站或换流站均为 3~4 层的钢结构，在一楼设置电缆及附属设备，放置较重的一次设备，二楼放置二次设备，三、四层及顶楼视需要放置其他设备。未来，我国海上风电并网技术将由传统的交流输电向基于海上公用电网、柔性直流输电为主、低频输电为技术突破的新一代输电并网技术。同时，在海洋输变电系统中，还将逐步采用集约化、模块化的海上升压和换流站技术。

10.3 施工成套装备发展

10.3.1 施工成套装备简介

海上风力发电技术的迅速更新换代，也是海上风电安装业主最关心的问题。《世界能源报告》显示，到 2025 年，全球海洋风机的单机能力将继续增加，海上风机基础规模将会扩大，海上风电场将会向更深处延伸，现有的风力发电设备将会被淘汰，传统的自升式船却难以安装 14MW 及以上风机。目前，我国海上风电主流施工特点是装、运分离的工艺路线，国内将近 40 条风电安装船大部分没有自航能力，只能在场内进行转运，分体部件均依靠运输船来提供。为了满足海上风力发电机组大型化的需求，亟须发展大型、高耐波性、高效率的一体化海上风电安装平台和配套的风机安装与施工装备。因此，本节对海上风电安装船设计内容进行介绍。

10.3.2 大型船机装备

海上风电机组的运输与安装，通常由大型浮吊、自升式驳船、起重驳船以及特殊的风机安装船等完成。随着海上风电产业的迅速发展，风力发电设备的日益庞大，导致传统的船机吊装能力、吊装高度难以满足这种需求。在此背景下，一种集多种用途于一身的自航自升式安装船（又称为自航自升式平台）开始用于海上风电场建设。参考欧洲海上风电场，装、运一体化吊装实践，在风机设备供应充足的情况下，A2SEA 公司所属的一艘自航自升式风电安装船曾经在 2019 年创下单艘船"45 天安装 26 套海上风机设备"的世界纪录，产生了良好的效益，核心施工船机和海上风电产业形成了良好的互动。三峡自航自升式一体化海上风电安装平台是国内首艘满足未来、远海、大容量、一体化施工需求的自航自升式风电安装平台，见图 10.3-1。该船具有 50m 左右的宽度，10m 左右的深度，具有先进的设计和强大的灵活性；该设备具有全电动全回转式动力，4 套提升系统，2000T 全旋转吊车和 1 台 200T 辅助吊车，其吊装高度可达 170m，可满足 10MW 及以上风电机组的安装要求。

图 10.3-1　自航自升式一体化海上风电安装平台

随着风力发电设备的日益庞大，其吊装能力、吊装高度、海上环境的复杂性，使传统的吊装设备难以适应这种需求。在海上风电场中，需要研制专门为深远海风电场施工的安装设备，从而使其具有以下优势：

（1）适用水深不断增加。随着风电场的建设逐渐向深海发展，对风力发电设备的水深适应性也越来越高，从滩涂发展到现在的 40～60m，随着风力设备的不断成熟，大型船机的应用范围也会越来越广。

（2）吊车的载重不断增加。随着海上风机功率的增加，风电机组的重量日益增加，对安装设备的吊装能力也越来越高。

（3）增加可供使用的主甲板区域。为了提高安装效率，风电安装船需要增加风机设备，所以需要增加主甲板面积，以满足日益增长的海上风力发电的需要。

（4）提高主甲板的承载力。由于风力发电装置的重量和装机容量的增大，使得海上风电场安装船的主甲板容量上升到 $20t/m^2$，而且还在持续增长。

（5）功能越发完善。随着风力发电设备的发展和成熟，对风力发电设备的性能要求也越来越高，比如配备了电力定位系统、高功率打桩机、抱桩器、多名员工以及直升机甲板等。

10.3.3　海上风电安装船设计

海上风电安装船设计内容主要包含：桩腿设计、桩靴设计、船体设计、升降系统设计、吊机底座设计和整体稳定性设计等内容。

10.3.3.1　桩腿设计

桩腿的数目和结构形式应综合考虑作业水深、作业能力、船体结构形式、船体尺寸等诸多因素，并在结构上进行最后的分析。一般而言，海上风电安装船的桩腿数目为 4～6 个，通常采用柱状结构的桩腿。桩腿结构强度的设计应根据以下情况进行：（1）在船舶的拖航/自动航行条件下进行。根据 CCS《海上移动平台入级规范》，要求在海上或在油田进行自升式平台迁移时，必须考虑到船舶的晃动惯量力和倾角，并对锚杆处的桩腿进行强度校验。（2）站立工况。考虑平台重量、风浪流外力对桩腿强度的影响，特别是下固桩楔块位置的桩腿强度；（3）预压、起船、拔桩等工作条件。这种工作状态通常不属于控制工况，但是在极端恶劣的情况下也应该加以考虑。

10.3.3.2　桩靴设计

桩靴尺寸和形状的选择对海上风电安装船的设计非常关键，对这种设备的工作效率和插拔速度都有很高的要求，所以插桩不宜太深，在设计时应根据现场的海底地质情况来确定桩靴的形状和尺寸。根据规范的规定，桩靴结构强度的设计必须符合以下条件：预压状态：在初始压力作用下，先加载的同心分布开始与一系列可能的接触区域相接触；工作条件和自备条件：桩腿最大反作用力、桩腿下导桩处的50%、水平荷载的叠加作用于桩靴；在特定条件下，桩腿的最大竖向反作用力作用于桩底区域的50%。

10.3.3.3　船体设计

海上风电安装船的船身与平板驳船相似，其长度与宽度之比均较大，但其船身设有贯穿桩腿的围井构造区，可在直立作业时避免过分的中垂。在总体设计中，首先要确定甲板上的荷载分布，并对船体的各个部位（板厚、型材等）进行分析，确定船体的整体强度是否符合规范。根据设计规范，对船舶整体结构强度进行分析，主要工作内容如下：（1）拖航/自航：对船体在漂浮状态下的结构强度进行分析，特别是对桩腿振动的影响；（2）站立工况：对船舶在正常运行和风暴状态下的强度进行分析，该状态通常是控制工况；（3）预压、起船、拔桩的条件：在施工过程中，预压、拔桩等情况往往具有一定的危险性。因此，必须结合现场的预压、拔桩设计，对船体进行强度分析。除了对船体的整体强度进行分析之外，还需要对船体的局部强度进行分析，其中包括：吊机底座、主机底座等大型设备底座、升降机围井、直升机平台等。同时，船舶结构的设计也要符合规范中有关的拖航稳定性、站立稳定性等有关规定。

10.3.3.4　升降系统设计

安全、可靠的升降系统对海上风电场安装船的安全运行起到了保障作用。目前，自升式平台的提升机构有许多种，如电动齿条式、液压油缸顶升式、钢丝绳式等，各有各的优点和不足。齿轮、齿条升降系统技术成熟，升降速度快，工作效率高，但因升降频繁，齿轮、齿条的疲劳寿命将影响其工作寿命。钢索提升系统在工程中也有应用实例，但由于其安全性、可靠性和使用效率等问题，目前尚未得到普遍的应用。所以，目前海上风电安装平台采用的主要是液压油缸顶升系统。根据技术规程，液压油缸顶升系统必须包括插销、环梁、液压系统等；电动齿轮、齿条提升系统应考虑齿轮、齿条强度、传动系统、轴承强度、升降室的结构设计。

10.3.3.5　吊机底座设计

在海上风电场安装船中，吊车的吊重比较大，通常要根据吊重的大小来决定吊机的底座位置、形式、与船体的连接形式等，特别要注意吊机底座的焊接、吊机底座屈服、屈曲强度设计、吊机支承肘板的疲劳设计。

10.3.3.6　整体稳性设计

海上风力发电设备的稳定性需求可以划分为漂浮稳定和站立稳定两大类。这种海上风电场安装船通常具有较小的干舷和密集的舱室布局，在稳定性分析中应特别重视对平台整体稳定性和破舱稳定性的要求。在进行站立稳定性分析时，应充分考虑到外挂与环境负荷相同时对其最不利的影响，同时，应考虑到功率放大器。有关稳定性方面的内容可以参考《海上风机作业平台指南》有关的规范和要求。

10.4　海上风电＋X

当前，我国海洋风力发电面临新的机遇与挑战，随着"双碳"目标的实施，海上风力发电将承担起重要的责任，并迎来良好的发展势头；但是我国出台的"退补"政策，使海上风力发电进入"平价时代"。在这样的大环境下，如何寻找行之有效的降低成本和提高效率的方法，是实现海上风电可持续发展的关键。风力发电的规模化利用及其本身的特性，决定了风力发电要朝着多元化的方向发展，海上制氢，海上牧场，能源岛，这些都给海上风力发电带来无限的可能，为风力发电与其他产业的融合描绘出美好的前景。本节将简单地阐述海上制氢、海洋牧场和能源岛与风力发电相关的发展动向和挑战。

10.4.1　海上风电＋氢能

10.4.1.1　海上风电＋氢能简介

氢能具有高热值、洁净、无碳等优点，可用于储能、发电、发热等领域，是促进传统化石能源清洁、高效、可持续发展的理想能源载体，它将成为 21 世纪能源系统的核心。"海上风能＋氢能"模式（图 10.4-1）是一种极具创新潜能的远景方案，利用海上风力发电制取氢能既解决了风电能量密度低、稳定性差等问题，又克服了其并网不安全、传统电池无法长时间储存等问题。随着海上风电场的大规模集约发展，分散式、离网式的制氢技术将成为今后发展的重点。自 2019 年开始，欧洲等多个国家相继制订了氢能源发展的战略计划和发展路径，并在这一框架下，开展了多个海上风力发电项目，重点是在固定和浮动海上风力发电和氢能耦合的环境下，提高氢气的生产、储运和使用技术，并逐步实施示范工程。我国是海上风电、氢能应用大国、海洋资源大国，应该重视海上风电技术的发展，多途径开发海洋资源，并将其与氢能工业相结合，以解决"绿氢"的源头问题，促进"碳中和"的实现。

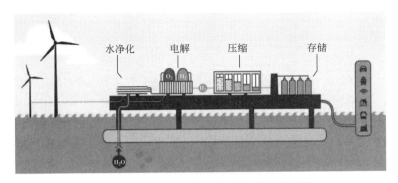

图 10.4-1　"海上风电＋氢能"模式示意图

10.4.1.2　海上氢能最新进展

欧洲海上风力发电技术的概念、项目实践均处于国际领先水平，为海上风力发电及绿色氢气工业的发展提供了有力的支持。欧洲不仅把氢作为"碳中和"目标，还把氢作为经济结构转型、为后疫情时期注入更多发展动力的一条重要途径。国外典型的海上风能发电项目以欧洲为主，北海地区有许多已建或在建的海上风电场项目，其中绿色氢气的全产业链技术正在不断地培育。

荷兰的 PosHYdon 项目是世界上第一个海上风电制氢示范工程，它将以海王星能源公司完全电气化的 Q13a-A 平台为试验对象，如图 10.4-2 所示，计划建设 1MW 的电解槽，以证实海上风力发电的可行性，并将氢气与天然气混合，通过现有的天然气管道馈入国家天然气管网。

荷兰的 NortH2 是迄今为止世界上最大的海上风能发电项目，它的目标是在北海建立一个 3~4GW 的海上风力发电站，主要用于绿色氢气的生产，以及一个大型的电解水制氢站，位于荷兰北部的埃姆斯哈文港或其海岸地区；预计到 2040 年，海上风力发电容量达到 10 亿 kW，绿色氢气年产量达到 100 万 t。

挪威的 DeepPurple（图 10.4-3）是全球首个漂浮式海上风电制氢项目，该项目将海上风力发电技术用于制造绿色的氢燃料，并将其存储于海洋储罐中，这样就可以用氢燃料电池来代替大型的燃气涡轮机，为石油和天然气平台提供可持续的可再生能源。该项目的目标是在 2024 年前将挪威的石油和天然气产品实现零排放。

图 10.4-2　荷兰 Q13a-A 平台

图 10.4-3　挪威漂浮式海上风电
制氢项目概念图

英国的 Dolphyn 项目是世界上最大的海上漂浮风力发电系统，该项目将在北海发展 4GW 的浮动海上风电场，在每一座浮动平台上都装有独立的电解槽，将产生的氢气通过管道输送出去，无须海底电缆和海洋制氢站，这个项目的目标是到 2026 年在 10MW 机组上生产氢气。

丹麦的风能巨人沃旭能源宣布了 SeaH2Land（图 10.4-4），该项目计划在 2030 年前建设 1GW 的电解槽，并直接与荷兰北海 2GW 的海上风力发电站相连，所生产的绿色氢气将经由荷兰与比利时的跨国界管线输送。SeaH2Land 第一期项目包含 500MW 的电解槽容量，第二阶段将扩大至 1GW，那时需要与全国的氢气干线相连。

我国的海上风电制氢还处在初级发展阶段，目前还在研究各种技术方案和商业模式。2022 年 8 月 31 日，明阳集团在阳西县召开了青洲四 500MW 项目启动仪式。该项目的总

图 10.4-4　丹麦项目

装机容量为 500MW，到 2023 年底，工程建成后，可提供 183×10^7 kW 的清洁能源发电。同时，为了提高海域的利用率，该工程将引进国际上最先进的"导管架＋网衣融合"技术，并与风电制氢项目配套建设，有望成为全国首个"海上风电＋海洋牧场＋海水制氢"融合项目。

10.4.1.3　海上氢能主要技术路线

1. "电能＋氢能"共享输送方式

该方案适合离岸近距离、铺设海缆、输电功率经济的海上风能发电。该方案的核心理念是将海上风力发电与海上风力发电产生的氢，用一条脐带缆进行运输，实现"电能＋氢"的共享运输。制氢装置在海上升压站一体化配置，海洋制氢设施包括海水淡化、水电解制氢、压缩储氢等。风电机组的电力由中压集电海缆汇入海上平台，升压后把电能通过脐带缆的电缆单元输送到陆上，降压后分别给平台设备和制氢设备供电，制取的氢气经过脐带缆的管道单元输送到陆上，如图 10.4-5 所示。脐带缆主要由电缆单元、氢管单元、光纤单元、填料和护套组成，如图 10.4-6 所示。

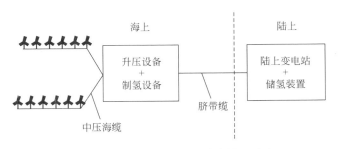

图 10.4-5　"电能＋氢能"共享输送示意

2. 海上制氢站＋管道输送氢气

该方案适合远海、铺设海缆进行输电的海上风能发电。风力发电场的风机产生的电力，经过中压集电海线汇入海上的制氢装置，用于生产氢气。生产出的氢气通过海底压力管道被送至陆地上的储氢设备，用于陆地上的利用和消纳，如图 10.4-7 所示。

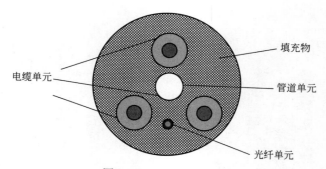

图 10.4-6　脐带缆截面

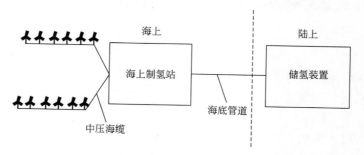

图 10.4-7　海上制氢站管道输送氢气

3. 海上加氢站＋运输船输送氢气

该方案适合远海、铺设海缆进行输电的海上风能发电。风力发电场的风机经过中压集电缆线，集中于海上制氢装置，用于生产氢气，生产出的氢气被装入一个氢气瓶。在海洋的制氢站点或运输船上设有起重设备，这些设备通过运输船将其运送至码头的氢气转运点，以便在陆地上进行处理，如图 10.4-8 所示。

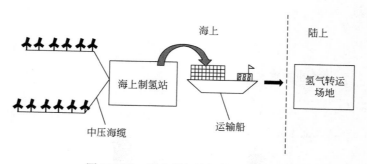

图 10.4-8　海上制氢站船舶输送氢气

4. 海上加氢站为船舶提供清洁能源

近年来，世界各国都十分重视船舶运输所造成的环境污染问题。绿色、低碳已经成为船舶行业发展的必然趋势。氢燃料船是一种很好的方法，可以达到"零排放"的目的。目前，氢燃料电池在汽车上的应用已经相当成熟，为其在船舶上的应用打下了良好的基础。海上制氢站和海上加氢站可以为今后的未来氢动力船舶氢能供应，如图 10.4-9 所示。

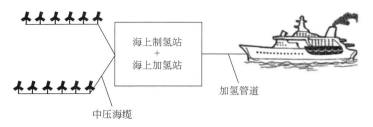

图 10.4-9　海上制氢站、海上加氢站为船舶提供氢气

10.4.2　海上风电＋海洋牧场

10.4.2.1　海上风电＋海洋牧场简介

海洋牧场是我国海洋经济发展中最为成熟的一种形式，它是一种以海洋为基础，在一定的海域进行科学的开发与管理。我国的海洋牧场建设还面临一些问题，一方面，由于电力供应和电力短缺，海洋牧场的养殖设备和资源环境监测设备无法正常使用和维持，生产效率低下；另一方面，海洋牧场只能通过人工养殖来开发，而不能充分利用水面空间，这对海洋资源的立体开发是不利的。

反观海上风电，利用海上风力发电，既能有效地利用海洋空间的资源，又能有效地解决海洋牧场电力短缺的问题。风力发电场的基础，在海洋中有很大的优势，可以作为海洋生物的栖息地，这一点和海洋牧场的人造鱼礁很像，都是通过在海洋环境中添加人造建筑，改变海洋环境，从而为海洋生物提供更好的生存环境，保护海洋生物资源。海上风电项目的实施，将使海洋环境质量和各种物理环境因素发生显著的改变。当水流通过风电桩基础或半潜式海上平台时，其迎流面会随水流而起，而底层营养物质则会随上升流而上浮，与表层海水充分交换，导致营养盐如硝酸氮、氨氮、化学需氧量、磷酸盐、总磷等浓度明显提高。这些水的运动可以促使海洋中的浮游动物和动物的繁殖，从而增加了风机桩基础所在的海域的基本生产力，并将附近的浮游动物和游生物吸引过来，以满足它们的繁殖和诱饵，并吸引更多的海鸟和其他捕食者，组成了一个复杂的、严密的食物链。

将海上风力发电与海洋牧场的建设相结合（图 10.4-10）是今后一种新的集约用海方式。所以，在海上风电场的建造前，应特别规划、设计风机桩基等，并根据海域的具体条件，采用特定的结构和形状的桩基，使其更好地发挥出人工鱼礁的作用。同时，在风机水

图 10.4-10　海上风电与海洋牧场结合示意图

面上建造一个水面平台，并配套监测设备、人工驯化设备、水产养殖设备，以实现海洋牧场和海上风电的一体化发展。

10.4.2.2　海洋牧场最新进展

海上风电与海洋牧场结合（图10.4-11）是一种重要的新型工业模式，也是今后的发展趋势。目前，欧洲各国如德国、荷兰、比利时、挪威等，已于2000年进行了海上风电场与海洋养殖的联合试验，其基本原则是将养殖网箱、贝藻养殖筏安装在风机上，从而实现海洋资源的节约利用，为海上风电与多营养层次海水养殖的融合发展潜力提供了一个典型案例。

图10.4-11　海上风电与海洋牧场融合示意图

经过10年的实地考察，丹麦HORNSREV1海上风电厂发现，风电场海域海底生物和海洋鱼类的数量基本稳定，生物多样性得到了显著的改善；荷兰Noordzeewind海上风电场经过5年的实地考察，发现风电场地区的海底生物数量和数量并未发生显著的改变，但是风机底座和周围的礁石却吸引了更多的海洋生物，包括鲽鱼、鳕鱼等鱼类的数量也得到了增加。韩国也在2016年进行了海上风力发电和海洋养殖的联合工程，研究结果显示，在风电场区域，如双壳贝类和海藻等重要的生物资源数量都有所增加。国外前期的研究表明，风机桩基可以聚集鳕鱼、马鲛鱼等，这是由于桩基迎流面形成的上升流可以加速土壤中的营养物质和表层海水的充分交换，同时在桩的背流面也会形成背涡，大多数鱼类更倾向于在水流较慢的漩流区生活。另外，漩涡也会导致浮游生物、甲壳类和鱼类的物理聚集。

我国一些专家、学者从欧洲地区的实践和研究成果出发，提出了开展海上风电场与海洋牧场一体化发展的构想。如山东省率先制定了《山东省现代化海洋牧场建设综合试点方案》。在华北黄渤海地区，组织和实施了海洋牧场与海上风电场建设相结合的试点，对海上风电场桩基础进行"鱼礁化"改造，以检验海上风电场桩基的建设是否会对土著生物的生存和生物多样性造成影响，进而探讨海洋牧场建设和海上风电场建设兼顾发展的可行性，为深入探讨适合深海的新能源供应问题提供了一个新的思路。2022年8月31日，全国首个"海上风电＋海洋牧场＋海水制氢"融合项目在广东动工，有望成为全国首个"海上风电＋海洋牧场＋海水制氢"融合项目。

10.4.2.3　海洋牧场与海上风电融合建设关键问题

目前，海洋牧场与海洋风力发电融合发展急需进行的工作主要包含：海洋牧场与海洋风机融合布局设计、环境友好型风机研发与应用、增值型风机基础研发与应用、环保型施工和智能运维技术的研发与应用、海洋牧场与海上风电配套设施研发及应用，以及海上风电对海洋牧场资源环境影响观测与综合评价等。

（1）海洋牧场与海上风电相结合布局优化设计。对海上风机布置的目标海域进行了资源环境的基础调查和承载能力分析，并对其进行了评价；通过分析不同地质条件对海上风机运行稳定性的影响，确定了风机在海洋牧场的布置方式；优化海洋牧场建设设施与风机的配合布置模式；建立海洋牧场和海上风机的相互结合模式，优化海洋牧场和海上风机的一体化布局。

（2）开发环保型海洋风力发电风机。对风机设计、施工、运行、维护等全过程进行综合评价；确定风机在施工、运行、维护过程中产生的噪声污染根源，开发出一套全面的降噪控制技术；开发低噪声的施工设备及工艺，减少风机及地基的噪声；通过对海上风电设备的优化，提高其运行可靠性，减少维护次数，降低维护成本，降低设备维护对海洋生态环境的影响。

（3）开发增值型风机基础。发展环保风机的基础防腐蚀技术；研究风机地基融合结构对海洋初级生产力的作用机理；研究风机地基融合构型对海洋牧场经济动物，如恋礁性鱼类、甲壳类及大型底栖类的影响；探讨风机底座融合构形对腹足类卵袋附着、头足类产卵、幼稚鱼等重要牧场经济动物繁殖和增殖的影响；综合行为、生理、繁殖等多种因素，研制一种集海洋资源增殖于一体的新型海洋风机基础。

（4）开发环保型施工技术及智能化维护技术。通过对海洋牧场环境因子、噪声产生、振动、牧场生物和鸟类、哺乳类等保护动物的综合效应进行对比，对海洋牧场的环境因素进行优化；采用海上泡沫隔离技术，对比不同气泡密度对环境因子、噪声产生、振动的隔离效应，并在一定程度上减少海上工程对海洋牧场的整体影响；发展海上风力发电的智能化维护技术，减少运行费用；建设风力发电运营数据库，以提高风力发电设备的可用性和可用度。

（5）开发海洋牧场和海上风力发电配套设备。提出新型的海洋牧场自主供电技术和能源供应相结合的新技术。在海洋牧场运行、监测、管理等方面，充分发挥其能源、监测、管理的作用；探索提升筏式、智能网箱、垂钓平台、监测系统等设备与海上风机相结合的新模式。

（6）海洋风电场对海洋牧场资源和环境的影响。通过对海洋牧场建设过程中的环境因素、初级生产力、牧场生物（生长、行为、生理和生存）以及鸟类、哺乳类等保护动物的行为、生理和社会价值，客观评价海洋牧场与海上风电融合发展的科研、生态、经济和社会价值。

10.4.3 海上风电＋能源岛

10.4.3.1 海上风电＋能源岛简介

能源岛的概念起源于海上风力发电，是一种以海上风力发电为基础的多元化海洋利用体系。"一座天然的海岛或者人造的平台，作为周边海域的风力发电站，并向北海地区的各国提供电力。"这是能源岛最早的概念。能源岛的概念性设计，如图 10.4-12 所示。

能源岛对深海地区的海上风力资源的利用有很大的促进作用，为海上风力发电提供了广阔的发展空间。另外，这也可以使陆地上的输电线路和电力系统的加强投资有所降低。

图 10.4-12　清洁能源岛概念设计图

能源岛作为中心建设集散型远海风电场，有利于形成规模效益，而以岛为单元的海上风能装置，则可以通过模块化生产来减少生产成本。在能源岛的基础设施建设中，通过配置码头、小型机场等设施，可以减少运行费用，减少应急响应的时间；配有能量存储设备，保证了电网的安全、稳定；通过配备仓库、海水淡化设备等，可以减少设备的运输费用。能源岛的建成，对海洋资源地进一步利用和海洋试验也是有益的。

能源岛的经济效益主要表现在：第一，能源岛位于深海区域，不需要人工建造，也不需要支付高昂的补偿金；第二，我国远海地区的风力状况比沿海地区要好，风力资源越丰富，机组容量越大，发电效率越高；第三，利用能源岛作为中转站，将海上风电设备的各个部件暂时储存、运送，可以减少沿海地区的交通成本；第四，将升压站布置在能源岛上，就可以节省大量的资金；第五，能源岛作为运行中心，配置港口和机场，可以减少运行费用。

10.4.3.2　能源岛建设最新进展

欧洲北海风电场工程是启动最早、设计最完善的能源岛工程。早在 2017 年，TenneT 公司就已经提出了能源岛的构想，其总体计划支持度为 100GW。地点位于北海多格沿海，这里的风能资源很丰富，水深比较浅，所以项目的费用比其他地方要便宜。这些岛屿被用来接收海洋风力，而由多个国家发展起来的风电场也可以与之相连。因为海岛和风电场之间的距离比较近，所以可以采用比较便宜的交流电模式，首先将电能输送到海岛，然后通过高压或特高压直流电，将其输送到欧洲和英国。同时，由于距离缩短，从能源岛到海上风电场的飞机、轮船等交通方式也会减少。通过能源岛的建设，可以使风电机组的规模效应得到最大程度的发挥，并提高了设备的使用效率。这个项目在很多方面都获得了支持，很多公司都参与了 TenneT 公司领导的北海风力发电站（NSWPH），在 2019 年，NSW-PH 发布了一份关于北海地区能源岛的初步评价，它将成为一个海上风力变流器、传送器和氢气中转站的项目，无论是从技术还是经济上都是可行的。通过对北海风电场的进一步优化，总体计划支持能力增至 180GW。

NSWPH 计划推行"轴辐式"发展模式，建立多个枢纽岛，减少输电费用，同时通过分散布置，尽量增加风力发电的效率。根据海床及水深来确定岛屿形态，可采用人造砂基岛屿、吸力式多筒复合地基或沉箱地基。在输电方式上，有三种主要的方式：一是将机组的电能通过电缆输送到岸边；二是利用发电装置产生的电能，三是在海岛上产生氢气，然后通过氢气输送到岸边；到现在为止，北海风电场工程是最早启动和设计最完善的能源岛建设工程，计划在 2030 年到 2050 年之间完成。丹麦气候、能源和公共部门于 2021 年宣布，丹麦将在距日德兰半岛 80km 的地方建设首座能源岛（图 10.4-13）。这座岛屿耗资 340 亿美元，它将成为一个能源枢纽，将从邻近的几百个海上风机向北海周围的国家提供绿色能源。第一阶段，预计将为 300 万名欧洲居民提供电力。

目前，国内海上风力发电主要集中在沿海地区，远海风力发电行业尚处在初期。2020 年 8 月 14 日，推进海南全面深化改革工作领导小组办公室发布了《海南能源综合改革方案》，其中明确建设海南洁净能源岛的目标，海南清洁能源岛在 2025 年初具雏形。

图 10.4-13　丹麦海上风电能源岛概念图

10.4.3.3　能源岛建设的前景和主要问题

1. 能源岛建设前景

在风力资源的分布方面，根据国家气象中心的调查，我国海洋水深 5～50m、70m 处的海洋风能储量约为 5 亿 kW，而在 50m 以上的深水地区，则有 13 亿 kW 左右的风能储量，远远超过浅水区。由于我国深海地区距离较远，能源岛的建设和海上风电场的建设对提高深水地区风力资源的利用具有重要意义。渤海地区的平均水深为 18m，多数地区为 20m 以下。因此，工程建设的条件比较好。渤海位于辽宁、山东之间，渤海地区的能源岛能够为北京、天津、山东提供能源，具有良好的消纳性能。东海大陆架的平均水深为 72m，多数为 60～140m，多数为深海风力发电，目前的发展程度受到限制。台湾海峡风况良好，台中浅滩、台湾浅滩等浅水区位于海峡中下游，其海洋环境状况与欧洲相似，但也有台风的负面效应。

我国的海洋环境和欧洲有很大的不同，所以要根据自身的情况，进行能源岛的开发。在总体布局上，渤海中部地区的水体深度较浅，且风速较近海岸地区要好，有利于能源岛的布置；东海远海区海域的渔场发展良好，海岛众多，为能源岛的发展提供了良好的条件；台湾海峡风场条件最好，有珊瑚礁，可以发展能源岛，周围有大型风力发电装置。

2. 中国能源岛模式探索

能源岛的建成，将推动"风渔一体化"的进一步发展，广东政府工作报告在"十四五"规划中提出，要在"十四五"期间大力发展海洋生态系统和海洋渔业，为"风渔融合"提供了一个新的契机。以能源供应为主，以渔业观光为主，可充分发掘能源岛的潜力，增加其综合效益。总体而言，能源岛的盈利模式主要有电力、氢供应和鱼类供应，能源岛周围形成了一种以集群为基础的经济模式。

（1）能源岛的主要动力是电力供应，主要为风力发电，可以进一步发展潮流能源等，为以后的发展打下了坚实的基础。

（2）从供氢的角度来看，最大的问题就是把氢气运到岸上，因为海底管线的造价很高，如果能把运输问题处理好，对能源岛的发展也会有很大的帮助。

（3）为了更好地利用能源岛的资源，可以采取风渔互补的方式，必须同地方政府及渔户进行磋商。电力公司要积极与地方政府、管道公司、渔民等进行合作，以增加能源岛的投资回报，以实现更为多样化的盈利方式。

（4）从消纳区域来看，我国能源消费最多的地区是东部沿海，由于陆地上的土地资源价格高，风能密度低，发展起来困难。当前，我国沿海地区主要依靠燃煤发电，随着碳达峰和碳中和的不断推进，建设能源岛，并将风电场选址延伸到更远的海域，可以有效地缓解未来火电发电比重下降所带来的能源供应压力。

3. 构建能源岛尚存问题

当前，我国能源岛建设面临的最大问题仍然是开发费用太高。根据财政部、国家发展改革委、国家能源局 2020 年发布的《关于促进非水可再生能源发电健康发展的若干意见》，我国将取消对海洋风力发电在 2021 年 12 月 31 日之后的新开工建设项目的补助。在没有政府补助的情况下，风电项目的收益将会出现较大幅度的下降，并且在今后的发展中还需要进一步降低风电设备的生产和安装费用。

（1）从生产成本上讲，尽管能源岛制氢具有更好的经济性，但是国内的能源需求方发展速度较慢，难以消化。在未来的深度脱碳过程中，能源岛制氢技术将会随着氢能工业的发展而得到更大的发展。由于人工造岛费用高昂，因此，在选择能源岛时，应以天然海岛为基础，以增加总体效益。

（2）在风电场的选型上，由于深海地区的海洋深度和海床的地质条件比较复杂，推荐采用漂浮式风电机组来减少风机的运行费用。但是，我国漂浮式海上风电机组设备的研究开发相对滞后，当前面临的主要问题是如何发展工业技术，如何降低工程造价。

（3）在传输方面，为了降低线路损失，降低风力发电系统的断续运行对电网的影响，可以采取直流动态输电技术。目前，我国海上风力发电技术还不够成熟，为了提高机组的效益，应尽可能地增加机组的单机组能力。

我国尚未制定有关深远海域开发的政策和管理机制，能源岛远海风电的发展还有待于国家大力推进和引导。总之，在"3060"大环境下，深远海风力发电将成为今后海上风电发展的新趋势。

本章参考文献

[1] 饶宏，周月宾，李巍巍，等. 柔性直流输电技术的工程应用和发展展望 [J]. 电力系统自动化，2023，47（1）：1-11.

[2] 宋固，杨力，赵磊，等. 我国海上风电装备产业园/基地发展走向及建议 [J]. 风能，2022（11）：70-74.

[3] 孙岳，蒋欣慰，秦松，等. 海上风电和海洋牧场融合发展现状与展望 [J]. 水产养殖，2022，43

（11）：70-73.

[4] 李雪临，袁凌．海上风电制氢技术发展现状与建议 [J]．发电技术，2022，43（2）：198-206.

[5] 颜畅，黄晟，屈尹鹏．面向碳中和的海上风电制氢技术研究综述 [J]．综合智慧能源，2022，44（5）：30-40.

[6] 王富强，郝军刚，李帅，等．漂浮式海上风电关键技术与发展趋势 [J]．水力发电，2022，48（10）：9-12，117.

[7] 吴瑾，焦文强，田倩，等．海洋氢能发展现状综述 [J]．科技风，2021（19）：129-131.

[8] 王秀丽，赵勃扬，郑伊俊，等．海上风力发电及送出技术与就地制氢的发展概述 [J]．浙江电力，2021，40（10）：3-12.

[9] 赵靓．创新融合，三种海上风电新模式 [J]．风能，2021（8）：46-48.

[10] 廖圣瑄，陈可仁．能源岛：深远海域海上风电破局关键 [J]．能源，2021（5）：46-49.

[11] 陈挺．福建省深远海海上风电开发难点探究和发展建议 [J]．福建建材，2020（10）：96-98.

[12] 孙一琳．海上风电＋制氢，Gigastack 项目进展如何？[J]．风能，2020（3）：48-50.

[13] 孙一琳．能源岛助海上风电点亮欧洲 [J]．风能，2020（1）：72-73.

[14] 莫爵亭，宋国炜，宋烺．广东阳江"海上风电＋海洋牧场"生态发展可行性初探 [J]．南方能源建设，2020，7（2）：122-126.

[15] 时智勇．"十四五"我国海上风电发展的几点思考 [J]．中国电力企业管理，2020（13）：40-42.

[16] 黄海龙，胡志良，代万宝，等．海上风电发展现状及发展趋势 [J]．能源与节能，2020（6）：51-53.

[17] 刘晓辉，高人杰，薛宇．浮式风力发电机组现状及发展趋势综述 [J]．分布式能源，2020，5（3）：39-46.

[18] 张板．多端柔性直流输电系统控制策略研究 [D]．广州：广东工业大学，2020.

[19] 张丽，陈硕翼．风电制氢技术国内外发展现状及对策建议 [J]．科技中国，2020（1）：13-16.

[20] 杨红生，茹小尚，张立斌，等．海洋牧场与海上风电融合发展：理念与展望 [J]．中国科学院院刊，2019，34（6）：700-707.

[21] 罗茵方，琼玫．中国科学院南海海洋研究所副研究员岳维忠"海洋牧场＋海上风电"不止于构想 [J]．海洋与渔业，2019（2）：73-75.

[22] 彭晨阳，刘二森．全球海上风电安装船发展动向 [J]．中国船检，2019（5）：27-32.

[23] 戚永乐，史政．海上升压站平台不同标准对比研究 [J]．南方能源建设，2019，6（1）：55-65.

[24] 李红涛，刘圆，李晔，等．海上风电安装船技术发展趋势及突围路径 [J]．中国船检，2017（9）：84-89.

[25] 吴超．海上风机一体化运输安装船起吊装置研究 [D]．镇江：江苏科技大学，2016.

[26] 谭龙．基于 MMC 的柔性直流输电控制与保护策略的研究 [D]．吉林：东北电力大学，2016.

[27] 康思伟，张雨蓉，栾辰宇，等．系泊锚在海上浮式风机中的应用 [J]．中国海洋平台，2023，38（3）：16-21.